U0022554

經 濟 地 理

胡 振 洲 編 著

學歷：菲律賓聖托瑪詩大學研究院研究
經歷：國立藝專專任教授

東 大 圖 書 公 司 印 行

國家圖書館出版品預行編目資料

經濟地理／胡振洲著.--修訂二版三刷
.-- 臺北市：東大發行，民90
面；　　公分
ISBN 957-19-1370-5（平裝）

1. 市場調查

496.3　　　　　　　　　　　　83010444

網路書店位址　http://www.sanmin.com.tw

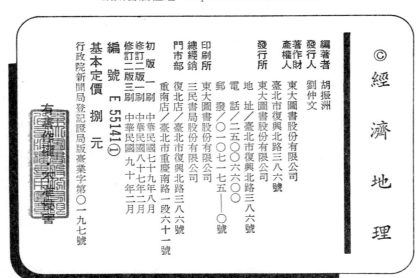

© 經濟地理

編著者　胡振洲
發行人　劉仲文
著作財產權人　東大圖書股份有限公司
發行所　東大圖書股份有限公司
　　　　地址／臺北市復興北路三八六號
　　　　電話／二五○○六六○○
　　　　郵撥／○一○七一七五──○號
印刷所　東大圖書股份有限公司
總經銷　三民書局股份有限公司
門市部　復北店／臺北市復興北路三八六號
　　　　重南店／臺北市重慶南路一段六十一號
初版　一刷　中華民國七十九年八月
修訂二版一刷　中華民國八十七年二月
修訂二版三刷　中華民國九十年二月
編　號　E 55141①
基本定價　捌　元
行政院新聞局登記證局版臺業字第○一九七號

有著作權‧不准侵害

ISBN 957-19-1370-5（平裝）

經濟地理　目次

第三篇　第二級生產活動

第四篇　第三級經濟活動

第五篇　貿易和運輸

第六篇　人口地理

附 圖 目 次

附 表 目 次

第 一 篇
緒　　論

第一章　經濟地理的意義

要想做一個成功的商人，要想在國際貿易上拔得頭籌，必須要熟知國內外商情，必須要熟知經濟地理。

一、現代地理學

由於經濟地理學是地理學的一部，而又與經濟、貿易有密切關係，所以必須先瞭解有關地理學的基本概念。

隨着時代的演進，地理學（Geography）的定義也因時而異，最初，地理學只是「地表事物的記載和描述」。隨後由於人類知識進步，逐漸嘗試對各種地理現象作合理的解釋。及至現代，地理學的含義與往昔並不相同。地理學已經成為研究地表各種現象的空間分布、相互關係及區域特性的學問。它為人類生存提供一面隨時檢討的鏡子。

二、地理學的特性

地理學是一門十分特殊的學問，那就是在先天上具有二元化的特性。一般學問或學科，就其本身的性質來說，有的是屬於自然，如物理學、化學、生物學等學科；有的屬於人文，如歷史學、政治學等學科。而地理學則兼具自然和人文，也跨越了自然和人文兩大領域。有的學問着重於系統分析，有的着重於區域的綜合，地理學則兼具了

系統分析與區域綜合；有的學問着重於理論體系，有的着重於應用功能，地理學則理論與應用兼而有之。因此，地理學具有自然與人文、系統與區域、理論與應用等三個二元特性。地理學的性質，確是十分特殊，在所有的學問領域中，還找不出有另外一種學科可以和地理學相提並論。

三、經濟學和經濟地理學

研究人類的經濟行為以及由它所產生的經濟關係的科學，稱為經濟學（Economics）。而研究地表各種現象的空間分布、相互關係及區域特性的學問是地理學。而經濟地理學則是解釋人類經濟活動的空間組織及其演進過程的科學，舉凡經濟活動和空間（地）的因果關係、地域分布、區域差異等，皆為經濟地理探討的對象。因此，經濟學與經濟地理學都是以人類的經濟活動為研究對象，經濟地理較為偏重於可實證的經濟現象，並不涉及抽象的經濟現象，如滙兌、利率等，經濟學不注重空間分布，而經濟地理則特別注重經濟現象的空間分布、相互關係及區域特性。經濟地理學不屬於經濟學的範疇，而是屬於地理學的範疇。

四、經濟地理學的定義

基於以上對於地理學及經濟學的了解，得知：「經濟地理學是一門解釋人類經濟活動的空間組織及其演進的科學。」經濟地理學也可以說是根據地理學的理論，把當前世界上主要經濟活動的空間組織、因果關係、演進過程等，作綜合的分析研究，以使人類的經濟發展更為合理、有效，以增進人類的共同福祉。

第二章　經濟地理的研究範圍和目的

一、經濟地理的研究範圍

　　經濟活動是經濟地理學的研究對象，而經濟活動通常包括三大產業部門，卽：第一級生產活動，第二級生產活動和第三級生產活動。

　　第一級生產活動是人類一系列生產活動中的第一環。此一部門的活動，包括自給自足社會的野生動植物以及少數礦物的採集活動。商業社會的農、林、漁、牧、礦及自然指向的旅遊業。此一部門所提供的產物，均直接或經由人工培養而取自陸地、海洋、湖泊、山林、礦山；這些產品有一部分則經由第三級生產部門直接運送至消費者手中，而另一部分則須經第二級生產部門加工製造，才能供給消費者使用。

　　第二級生產活動又稱爲製造業，或稱之爲工業部門，包含的類別極爲複雜，舉凡所有的產物加工製造以及營建，都屬於第二級生產活動。

　　第三級生產活動又稱之爲服務業，是指所有不屬於第一、二級生產活動的經濟活動，包括城市與都會經濟活動、銷售活動，其他與第一、二級生產活動相關的一切服務活動。由於銷售活動中包含貿易和運輸，故經濟地理對於貿易和運輸特別留意。更由於一切經濟活動都

離不開「人」，故經濟地理對人口地理亦不容忽視。

二、經濟地理學的研究目的

　　經濟地理學的內容，和人類生活、地理環境皆有密切關係，因此，我們研究經濟地理的目的至少有下列五項：

　　（一）經濟地理學的內容，可使我們瞭解人類經濟活動和地理環境的相互關係，並進一步去利用經濟資源和開發經濟資源。

　　（二）瞭解世界與我國經濟資源的分布及各區間經濟發展的互賴性，擴大了我們的知識領域，對世界事務可有深一層的認識，為知識份子對社會貢獻的必備條件。

　　（三）學習經濟地理可以使我們瞭解國際糾紛與經濟因素的關係，這種認識對於肯定自我，促進國際瞭解有正面的作用。

　　（四）熟讀經濟地理，尤其是本國的經濟地理，可以培養愛國保土情操，並可培養民族自信的泱泱大國的國民風度，進而有助於促進國家的統一與國土的光復。

　　（五）由於交通發達，國際間尋求工業原料、工業能源、貨品市場的商業競爭愈來愈激烈，如何去獲取更多、更好、更便宜的工業原料和能源，如何拓展貨品的海外市場以獲取更大利潤，經濟地理可以為從事國際貿易的從業人員，提供一個最基本的訊息。

第三章　影響經濟發展的地理因素

人類為求生存及延續生活，自遠古以來即從事各種經濟活動，由初期的採集經濟到後來的原始耕作，再進步到精耕而達今日的工商社會，皆為簡、繁不同的經濟活動。這些活動均不能脫離地表而存在，因之，自將受到地理環境的影響。影響的程度則視不同的經濟活動而有差異。可分述如下：

一、影響經濟發展的自然地理因素

地表的自然環境因素包括地形、氣候、水文、土壤及自然植物等，對於人類經濟活動的內容與方式，均能產生相當具有決定性的影響。

（一）地形

地形對人類經濟活動的影響十分明顯。俗語說：「靠山吃山，靠水吃水。」就是說明地形對人類經濟活動影響深遠。地表地形概分為四大類：就是平原、高原、丘陵、山地。一般而論，平原地形利於農業、工業、都市和交通運輸的發展；而山地地形則宜於林業、牧業及觀光事業的發展。我們如能針對不同的地形而作比較相宜的經濟發展，必可收事半功倍的效果。世界上許多國家的經濟發展都配合本國的地形，例如北歐的挪威，由於緯度高達北緯 58 度以上，氣候欠

佳，地形崎嶇，不利於農牧活動，所幸當地海域多不結冰，又爲峽灣海岸，灣水深長，灣內風平浪靜，易於駕舟捕魚，自古以來，挪威人卽以標掠、捕魚爲生，漁業發達冠居歐洲，近代又發展航運業，挪威的經濟發展則以漁航兩業爲主要途徑。

（二）氣候

氣候要素包括氣溫、雨量、氣壓和風，不但對農、林、漁、牧業有決定性的影響，對於工商業和運輸業也有重大影響。世界氣候大別爲寒、溫、熱三帶，但進一步又可分爲十幾種氣候區。每一種氣候區皆有特別適宜的經濟活動，也有不適宜的經濟活動，在氣候要素中，又以氣溫和雨量兩項最重要。 例如在寒帶氣候區， 農作物已不能生長，生活在該區的人民，如北歐的拉普人（Lapps）、亞洲北部的韃靼人（Tartars）以及北美洲北部的愛斯基摩人（Eskimos），他們都以漁獵及牧養馴鹿爲生。

在溫帶氣候下，又可分爲夏季多雨區和冬季多雨區，而由於降雨季節的差異，也造成農業經濟活動的差異。夏季多雨因適與高溫期相符合，故不需灌漑亦可農耕；反之，冬雨區的夏季，乾燥少雨，如果農耕，必須先有灌漑設施。卽使同屬溫帶，雨量的多寡，也可影響作物的種類，我國華中、華南，年雨量均在 750 公厘以上，普遍均可種植水稻，而華北及西北黃土高原，年雨量均在 600 公厘以下，僅能種植小麥和雜糧，農業經濟活動則呈現不同的面貌。

熱帶地區氣溫高，雨量豐富，似乎應爲良好的經濟發展區域，實則不然。因爲熱帶高溫重濕，天然植物生長繁茂，每成爲人類經濟發展的障礙。像今日南美洲的亞馬孫河流域、非洲的剛果河流域，迄今仍是人煙稀少的原始林區，甚少人類的經濟活動，更談不上有什麼經濟發展了。

（三）水文

水文包括河川、湖泊和海洋，優良的河川有利於經濟的發展，河川冲積的平原、谷地，以及因河床上升而形成的河階，是人類經濟活動繁盛之區。河川又爲天然航路，河水又爲飲用水及工業用水主要來源，也是灌溉用水主要來源，河川又可用來修築水庫，作多目標用途，一個國家如果擁有許多優良河川，足以主導國家的經濟發展。湖泊的情況也差不多，而湖泊更可調節氣候，鹹水湖更爲內陸食鹽的供應地。

海洋對經濟發展的影響不容忽視，良好的海洋環境有利於漁業、航運業及造船工業的發展，對於國際貿易的開拓亦極有利。英國、挪威、冰島、日本、當前的我國、新加坡等，都是依賴海洋而求得經濟發展的國家。

（四）土壤與天然資源

土壤是自然環境作用下的產物，土壤的肥沃與否，直接影響農業發展，農作物對於土壤的要求在於土壤的厚度、質地、結構及成分等是否適宜。足夠的厚度、理想的質地、天然的結構以及適當的化學成分，足以保證農業得以相當發展，反之，貧瘠的土壤，要想發展農業，也就困難了。

天然資源的有無足以影響經濟發展，不過並非決定因素，人類可資利用的天然資源有農、林、漁、牧、礦等，其中農、林、漁、牧，一半受自然的影響，一半受人類控制，唯獨礦業，爲純粹天然資源，應列入自然地理因素。天然資源以用途來分，則分爲二大類：①動力資源：如煤、石油、天然氣、水力、鈾等核能燃料。②原料資源：如鐵、銅等各種金屬礦產與非金屬礦產。一般言之，煤和鐵是重工業的基礎，一個國家如果有豐富的煤和鐵，很容易成爲工業國家。其他任

何天然資源，如果產量豐富，對於其國家經濟發展助益亦大。波斯灣國家盛產石油，智利、薩伊盛產銅，巴西、澳洲等國盛產鈾，都直接提高其國家的經濟地位。

礦產資源的有無，並不能決定經濟開發，一國國民如果銳意發展工業，雖欠缺礦產資源，仍然大有可為。例如日本，雖然天然資源並不豐富，而工業亦十分發達；我中華民國臺灣地區，亦缺乏重要礦產資源，由於發揮人定勝天的精神發展重工業，利用進口原料，次第發展進級工業，為世界開發中國家經濟發展的楷模。

二、影響經濟發展的人文地理因素

地理環境中的人文要素包括文化、人口、交通、聚落等，都與經濟發展息息相關，茲簡要說明如下：

（一）文化

世界人種不同，各種人所具有的文化背景各異。文化所包含的範圍甚廣，舉凡人類社會、政治、教育等項有關者，皆為文化。其中又以生活方式和經濟活動的地理因素最有關係。

1. 原始生活方式：其經濟活動係以採集和漁獵動植物為生；與周圍的大環境經濟或全國經濟，幾乎完全脫離；活動區域均分布於不宜於人類居住的地帶。如北美極地的愛斯基摩人，非洲南部的布虛曼人（Bushman）、和托坦人（Hatoten），歐俄北極海沿岸的拉普人（Lapps）和慕耶人（Muyes），我國東北地方靠近黑龍江的鄂倫春人等，由於地理條件較差，經濟發展也較為原始。

2. 游牧生活方式：其經濟生活以放牧牛羊為主，因地理環境特殊，氣候乾燥，生活資源深受限制，文化亦甚落後。其特徵為：逐水

草而居，居無定所。生活資料皆取之於牲畜，畜產品以自給為主，甚少對外貿易。世界上最大的游牧地帶，西起非洲大西洋岸，沿撒哈拉沙漠、阿拉伯半島、伊朗、俄屬中亞，東至我國的蒙新地區以迄大興安嶺，東西綿亙一萬三千公里，均為沙漠草原氣候。

　　3. 農業生活方式：又可分為三種：

　　（1）原始耕作：又稱粗耕、游耕或火耕，其特徵為：耕作技術落後，幾乎不用農具，放火焚林闢地，利用數年即行放棄，單位面積生產量極少，多分布於低緯度森林區。世界最大的原始耕作區為中非洲剛果盆地，其次為南美洲亞馬孫河盆地，再其次為東南亞各地及新幾內亞。

　　（2）精耕自給農作：全球有 27 億人從事精耕自給農作，其特徵為：人口密集而耕地狹小，作物重於一切，為生活資源的全部，耕作以人力或獸力為主，少用機械，單位面積生產量大，經營方式以小農制為主，生活及文化水準相當進步，是世界經濟較穩定的地區。其地理分布全集中在東亞及南亞，以中國、印度、日本、韓國、菲律賓的呂宋島、印尼的爪哇島、中南半島一部為主，其次為西亞兩河流域，以及北非尼羅河流域。

　　（3）工業化農作：在許多新開發的地區，將農業經營工業化和企業化，其特徵為：土地廣大人口稀疏而工商業發達；利用科學管理、機械耕作、作物單一、產銷聯合；多為大農制，耕作粗放，單位面積生產量不大；生產的目的主供外銷，是世界最大的穀物輸出地帶。其地理分布為：美國中部、美加之間、澳洲西南部、歐俄、法國、阿根廷等國。

　　4. 工商業生活方式：今日，高度開發國家的經濟，係以工商業為主，農業人口比例減少，從事製造業和服務業的人口增加，文化水

準高，物質文明也最高，經濟生活最為富足：包括歐洲各國、美國及加拿大、澳洲、紐西蘭、日本等國，亞洲四小龍——中華民國、韓國、香港和新加坡亦將進入經濟開發國家之林。

（二）人口

人是經濟建設的原動力，又是所有經濟物品的生產、交換與消費者，古語說：「有人斯有土、有土斯有財、有財斯有用。」也說明了人口在經濟地理上所處的關鍵地位。今日世界人口分布極不平均，大體上說有三大密集區和四大稀疏區，茲分述如下：

1. 世界三大人口密集區

（1）亞洲季風區：東北起於日本、韓國、中國、菲律賓、印尼、馬、越、泰、緬、印度、巴基斯坦及孟加拉，佔世界人口的50%，總數約27億，區內為世界稻米主要產區，故可養活較多的人口，也為世界提供了廉價的勞工，使經濟產品價格降低，此一地區各國人口數，請參考表0001。

（2）歐洲：為西方文化的繁衍地，人口亦甚密集。全球1/5的人口集中於歐洲地區，人口總數約11億。

（3）北美東北部：是新大陸上的「老開發區」，主要為美國和加拿大，亦為人口密集區，約佔全球人口1/16，人口數約3億。

2. 世界人口七大空疏區

以高緯度寒冷地區、乾燥沙漠地區、熱帶雨林地區及高山高原地區為主。其地理分布：①亞非游牧區。②歐亞大陸北部。③北美洲北部。④南極大陸。⑤南美中部。⑥澳洲中部與新幾內亞。⑦西南非洲。（參考圖0001）

（三）政治制度

政治制度對於經濟活動影響甚大，好的政治制度可以促進經濟開

表 0001 世界主要國家人口比較

單位: 百萬人

國　別	人口	國　別	人口	國　別	人口
中國大陸	1,206.4	伊　朗	62.0	阿 根 廷	33.0
印　度	913.2	泰　國	59.1	加 拿 大	29.5
美　國	261.7	英　國	58.4	坦尚尼亞	28.4
印　尼	195.6	埃　及	58.2	摩 洛 哥	28.0
巴　西	151.7	法　國	57.8	肯　亞	27.0
俄 羅 斯	148.1	義 大 利	57.7	北　韓	22.9
巴基斯坦	126.4	衣索比亞	53.4	羅馬尼亞	22.7
孟 加 拉	125.2	南　韓	44.5	秘　魯	22.5
日　本	124.9	緬　甸	42.5	中華民國	21.2
墨 西 哥	90.6	南　非	41.3	烏 干 達	19.9
奈及利亞	89.4	西 班 牙	40.2	阿 富 汗	19.6
德　國	81.2	薩　伊	39.0	馬來西亞	19.5
越　南	73.6	波　蘭	38.6	澳　洲	17.9
菲 律 賓	69.4	蘇　丹	37.4	斯里蘭卡	17.8
土 耳 其	62.2	哥倫比亞	33.9	迦　納	16.5

資料來源: 1996 The World Almanac and Book of Facts, Mahwah, N.J.
（人口數多為1993～1994年底）

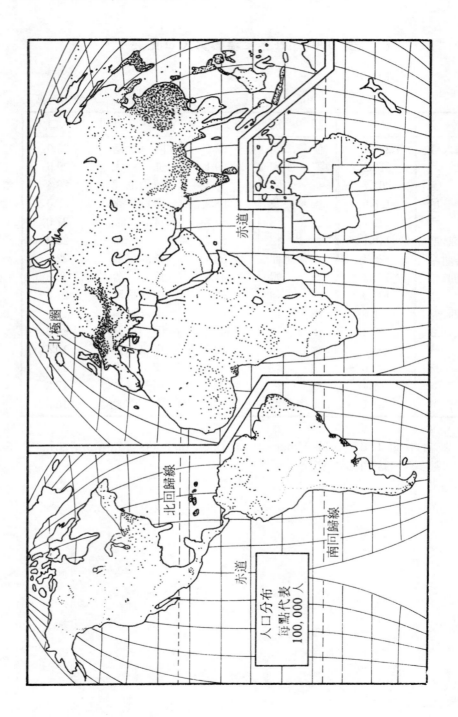

圖 0001　世界人口分布圖（根據前項資料繪製）

發，人民享受較富裕的生活；壞的政治制度阻礙經濟開發，人民一窮二白，長期陷入愁苦之中。世界上政治制度概分為二大類，即民主政治與獨裁政治。民主政治的本質是公意政治、法治政治和責任政治，獨裁政治適得其反。在民主政治制度之下人人有發展自我的機會，經濟活動活潑、自由、繁榮；在獨裁政治制度之下經濟活動呆滯、落後、貧窮。不管其政治體制為何，只要是獨裁的，必定是貧窮的、落後的，由此可見，政治制度與經濟發展關係之密切了。

本 篇 摘 要

1. 研究經濟地理學的定義

　(1) 現代地理學的意義——基本觀念之一。

　(2) 地理學的特性——基本觀念之二。

　(3) 經濟學與經濟地理有何不同——基本觀念之三。

　(4) 經濟地理學的定義。

2. 經濟地理的研究範圍

　(1) 第一級生產活動——農、林、漁、牧、礦、動力資源。

　(2) 第二級生產活動——包括工業區位問題及製造業、營造業、世界主要工業區等。

　(3) 第三級生產活動——服務業、貿易、運輸、人口地理等。

3. 經濟地理的研究目的

　(1) 瞭解人地關係。

　(2) 瞭解資源分布及區域互賴。

　(3) 瞭解國際糾紛與經濟。

　(4) 培養愛國情操。

(5) 促進國際貿易。

4. 影響經濟發展的地理因素

(1) 自然地理因素：地形、氣候、水文、土壤及天然資源。

(2) 人文地理因素：文化、人口、政治制度等。

習　題

一、填充:

(1)最初的地理學只是：＿＿＿＿隨後由於人類知識進步，逐漸嘗試對各種地理現象作＿＿＿＿。及至現代，地理學已經成為＿＿＿＿的學問。

(2)地理學具有三大二元特性,即：＿＿＿＿與＿＿＿＿；＿＿＿＿與＿＿＿＿；＿＿＿＿與＿＿＿＿。

(3)地理學是研究地表各種現象的＿＿＿＿、＿＿＿＿及＿＿＿＿的學問。

(4)經濟地理學與經濟學最大的不同是：經濟地理較為偏重＿＿＿＿經濟現象及＿＿＿＿，經濟學則否。

(5)世界人口有三大密集區是：＿＿＿＿、＿＿＿＿、＿＿＿＿；七大空疏區是：＿＿＿＿、＿＿＿＿、＿＿＿＿、＿＿＿＿、＿＿＿＿、＿＿＿＿、＿＿＿＿。

二、選擇:

(1)農牧業是屬於：①一級生產活動　②二級生產活動　③三級生產活動。

(2)營造業是屬於：①一級生產活動　②二級生產活動　③三級生產活動。

(3)餐飲業是屬於：①一級生產活動　②二級生產活動　③三級生產活動。

(4)下列各項，那一項並非自然環境因素？①地形和氣候　②水文、土壤及自然植物　③文化及風俗習慣。

(5)瑞士觀光業發達，主要是基於下列那一因素？①地形因素　②氣候與水文因素　③土壤與天然資源。

(6)最利於人類經濟活動的是那一種氣候？①寒帶氣候　②溫帶氣候　③熱帶氣候。

(7)良好的海洋環境，有利於何種產業的發展？①觀光及旅遊業　②土木及營造業　③漁業、航運及造船工業。

(8)下列各種礦產，那些最有利於重工業的發展？①煤和鐵　②石油和天然氣　③金和銅。

(9)農作物對於土壤的要求甚多，下列各項何者有誤？①土壤的厚度及質地　②土壤的結構及成分　③土壤的顏色及水分。

(10)美國中部，加拿大與美國之間的農業是屬於：①原始耕作　②精耕自給農作　③工業化農作。

(11)下列各項，何者並非工業化農作的特徵？①地廣人稀、工商業發達　②科學管理、機械耕作、作物單一、產銷聯合　③耕作精緻、自給自足、小農制。

(12)亞洲四小龍中，除中華民國之外，那國有被開除的可能？①新加坡　②香港　③南韓。

三、問答：

1.何謂地理學？有何特性？

2.經濟學與經濟地理有何不同？

3.經濟地理的意義若何？

4.經濟地理的研究範圍若何？

5. 吾人爲何要研究經濟地理？

6. 有那些地理因素足以影響經濟發展？

7. 説出你讀國中時對地理一科的一些看法，以及現在讀經濟地理的一點期望。

第 二 篇

第一級生產活動

第一章　農業生產概述

第一節　農業的重要性

一、農業的意義

農業為人類僅次於漁牧最早的經濟活動，自新石器時代（西元前3,500 年）起，人類已知耕稼。中國上古史上神農氏教民稼穡，代表農耕時代的開始，數千年以來，農業仍為世界人口中大多數人的主要經濟活動。

農業的意義為何？漢書上說：「闢土植穀曰農。」廣義的農業，常指包括漁、牧、礦、林等，亦即指第一級產業。而通常為狹義的農業，指「農種業」。因之，除了種植五穀以外，尚有果農、花農、菜農、菇農、蕉農、菸農等不同的農業經濟活動。

二、農業的重要性

（一）農業是供給人類生活資料的主體：人類日常生活所需，食、衣、住、行、醫藥等各類所需，大半均來自農業生產。許多化工原料亦來自農業。因此，農業產品仍是人類生活資料的主體。

（二）農業是其他生產事業的基礎：任何國家的經濟發展必先以農業爲發展基礎，連山間裏小國——瑞士亦不例外。因爲農業所剩餘的勞力，才能支援工業發展；農產品爲工業原料，並可作爲飼料以發展畜牧業，農業所累積的資本，作爲發展工業的基礎。

（三）農業是孕育人類文明的溫床：人類文明的進化，由茹毛飲血經過了漁獵時代、畜牧時代，始發展到農業時代，由於生活的安定，才有充足的時間從事文化創造。世界各文明古國無不以農立國，如我國、埃及和印度等國，而且都有大河作爲文化發展的溫床。

第二節　影響農業生產的因素

影響農業生產的地理因素約分爲二大類；一爲自然環境因素，一爲人文環境因素，玆分述如下：

一、自然環境因素對農業生產的影響

在各種經濟活動中，以農業受自然環境的影響最大，而自然環境因素中則以氣候、地形、土壤及病蟲害四者關係最大。

（一）氣候對農業的影響

氣候有四大因子——氣溫、雨量、日照和風。無霜期的長短、雨量的多寡、日照的強弱以及風力的大小，皆足以影響農業發展。玆分述如下：

1. 氣溫

氣溫低及常年冰雪的高緯及高山地區，均不宜農作物的發展。我

國西藏因地勢高聳，氣溫甚低，故只能生長耐寒易熟的青稞麥，而不能種植小麥。

各種作物均需要適當的溫度，如稻米生長期間所需的氣溫條件，宜介於 22°C～30°C 之間，整個生長過程所需的累積氣溫應在 3,500°C～4,500°C 之間。又例如棉花所需最低生長氣溫條件為夏季平均氣溫 20°C，全年無霜期不得少於 180 天。大多數農作物都怕霜，如果一地無霜期少於 100 天，則農業發展困難。熱帶地區全年無霜，如果雨水充足或灌溉便利，一年可以三穫。臺灣農業之所以發達，氣溫適合是原因之一。

2. 雨量

一地雨量之是否適宜，在於雨量之多寡、雨量之季節變化與氣溫之配合程度。由年雨量來看：①全年雨量不及 250 公厘者為乾燥區，不宜農作，只可畜牧。②年雨量在 250～500 公厘者為半乾燥區，是半農半牧地帶，如從事農作，須要灌溉始克收穫。③年雨量在 500～1,000 公厘者為適雨區，宜於農業發展，某些作物仍受限制。④年雨量 1,000～2,000 公厘或以上者，是為濕潤地區，如氣溫許可，可種二季水稻。

雨量的季節分布，對於農業發展關係至大，季節分布平均，雖雨量不甚豐沛亦可發展農業，如西歐各地，年雨量普遍少於 1,000 公厘，因無明顯的乾季，農業活動十分活躍；季節分布不平均，年雨量雖高，仍需要灌溉，如臺灣的嘉南平原，年雨量約 1,800 公厘，唯各月降雨量頗不平均，5～10 月，該區降雨量約為 1,500 公厘，佔其全年雨量 83% 以上，而冬季半年，11～4 月，降雨量僅 300 公厘，只佔總雨量 17% 弱，因此，嘉南平原為臺灣農業區中最需灌溉之區，當地所完成的珊瑚潭、白河、曾文水庫等，皆係針對此項自然因素的缺陷而設。

3. 日照

日照是指太陽照射的時間和強度。如陽光不足，作物無法進行光合作用，不能製造葉綠素，並且阻礙吸收二氧化碳，對於作物的生長影響甚大。凡受充分陽光照射的作物，必定枝葉繁茂、花繁實多；反之，作物易於黃化，枯萎柔弱，發育不良。各種作物對陽光的感應並不相同，有些作物需要長時間照射始能開花結果，是爲長日性作物，如麥類； 有的作物只需要短時間日照即能開花結果， 是爲短日性作物， 如大豆、棉花等。也有一些作物對於日照的感應並不敏銳，可稱爲中性作物，如菸草、茶等。

4. 風力

風對於作物的發育亦有影響 。 和風可使空氣流通， 促進葉面蒸發， 協助光合、呼吸等作用，並可傳播花粉及種籽，但如風力過強，可使葉面水份迅速消失，呈現枯萎，並致作物仆倒、折斷，如颱風即爲害農作。我國澎湖地區，地勢平坦，又位於臺灣海峽，每年冬季受寒冽的東北季風吹襲，使當地的樹木及農作物難以向上發育，而農業活動大受影響。

（二）地形對農業的影響

地形的高低起伏，可促使氣候變化及土壤發育，故各種地形對於農業的影響並不相同（圖 0101）。平原以地形平坦，耕種便利，灌溉取水亦甚方便，故常爲農業鼎盛之區。世界大農業區，皆分布在溫帶大平原之上。丘陵因地表傾斜，稍不利於農業，但如傾斜度在 5 度以內，亦甚宜於農業。傾斜度超過 10 度者，可闢爲梯田，超過 30 度，幾乎不能發展農業，但可種植牧草或植林木、果樹，旣可涵養水源，又可美化風景，且可發展畜牧業及果農業。高大的山區在農業經營上價值不高，因高山平地狹小，農田面積無法推廣；耕種於坡地，容易

引起土壤冲蝕，得不償失。故山地經營農業以採經濟價值較高而能耐冷濕氣候的作物，如高冷蔬菜、香菇培植、蘭花養植等。

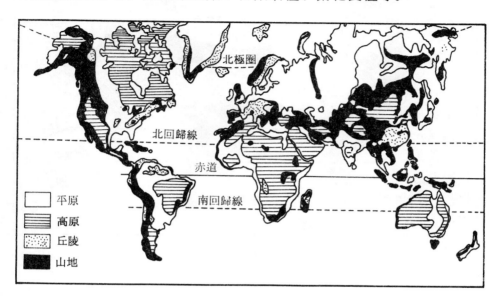

圖 0101 世界平原、高原、丘陵、山地之分布圖
資料來源：Commodity yearbook, 1988, p.23.

（三）土壤對農業的影響

土壤為農業之母，土壤貧瘠不利農業發展。各種農作物對土壤的要求並不一致，一般作物對於土壤的要求在於土壤的厚度、質地、結構及成分和化學反應等是否適宜。（圖 0102）

1. 厚度：土壤的表層深厚，養料和水分愈富，當然有利於農耕，表土厚度如不足 15 公分，僅能栽種淺根作物。20 公分以上的厚度，方可種植深耕作物，而多數作物則需要 100 公分厚度的表土。

2. 質地：質地係指土壤組成物質顆粒的大小而言。土壤在基本上是由黏土、粉砂和砂三種細小顆粒混合而成。若是黏土所佔的成分多，即成黏壤，而黏壤不漏水，富黏性，植物根部插入困難，不利於農作發展；若砂質過多，即成砂壤，利於排水，但不易蓄水，不利於

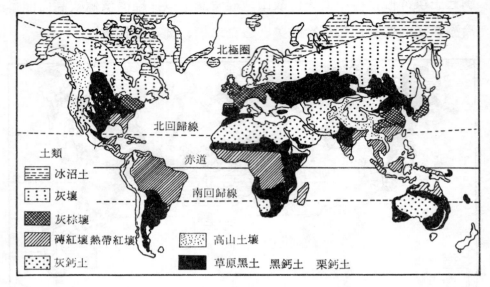

圖 0102 世界土壤分布圖

資料來源: Commodity yearbook, 1989.

水稻種植；若黏土與砂質適中，即成良好的「壤土」，是最佳的土壤，適於大多數植物的栽培。

3. 結構：所謂結構，是指土壤內部土粒的排列，對於土壤中的水分和空氣的含量與運動有決定性的影響。如團粒狀結構，即有利於農作物的生長。如果土壤內部結構不良，通常以增加有機質的含量以改善土壤結構，使土壤不致變壞。

4. 成分和化學反應：構成土壤的主要成分爲矽、氮、磷、鉀、鎂、鈣、鐵、錳、銅、鋅、鈉、硼等，唯此種成分隨時隨地而異，如久經利用的土壤，常缺乏氮、磷、鉀等元素，紫苜蓿則不能生長於常缺鈣質的土壤。多數作物均需要施肥以補充土壤中所缺乏的元素。

土壤中的化學反應深受當地氣候的影響。在熱帶潮濕氣候下，降雨量甚豐，雨水中吸收了不少空氣中的二氧化碳，變成碳酸（$2\,H_2O + 2\,CO_2 \longrightarrow 2\,H_2CO_3$）進入土壤。使土中所含酸性漸強，土壤中原有

的鹼性物質多被淋溶而去，此時的土壤則變成酸性土（Acid Soils）；反之，在氣候乾燥區，土壤中原有的鈣質或鹼性物質，不但因缺少雨水而未被溶解帶走，並且受到地表強烈蒸發的影響，隨土中少量水分上升至地表，形成強烈的鹼性土（Alkaline Soils）；對農作物而言，強酸性土和強鹼性土均不利於農作物的生長，而以酸、鹼適度的中性土（Neutral Soils）最宜於農作物生長。但世界上很少有純正的中性土，因此，弱酸性土和弱鹼性土已是良好的土壤了。

　　人類為求土壤適於作物生長，經常對土壤作各種適當的處理，例如土壤排水不良，潮濕過甚，則需開掘溝渠以排水；反之，若土壤疏漏，則需設法改良土質或增加灌溉。土壤耕作，地方有限，為求作物生長良好，必須經常施肥。而各種作物對肥料的需求各有不同；若施肥過少或土地使用過甚，則造成土壤枯竭。在土壤維護方面，乾燥地區，耕作方向應與盛行風方向直交，減少風力吹蝕，並應多植防風林。在斜坡山地，宜闢建梯田，既可蓄水，又可減少表土冲蝕。至於深耕、施肥、輪作等方法，亦為保護土壤，增強土壤肥力的重要步驟。

　　5. 病蟲害：農業的天然災害，除水旱災之外，病蟲害數最大了。牠不僅影響農作物的收穫量，亦影響作物的品質。據美國農業部發表，美國農業每年所受病蟲害的損失，高達 12 億美元。聯合國糧農組織估計，全球每年因病蟲害而損失 10% 的農作物。臺灣地區十二種農作物病蟲害損失，每年超過 4 億臺幣。臺灣水稻經常患稻熱病，各類果樹亦常患蟲害，蔬菜更時有之，使用農藥卽是為了防止蟲害。

二、人文環境因素對農業發展的影響

地理環境中各項人文因素，如科學與技術、交通與市場、資金和勞工、關稅和政策、人口與消費導向等，對農業發展亦有深刻影響，玆分述如下：

(一) 科學和技術

農業是最為古老的生產事業，但亦需講求科學化及借重現代技術，才能獲得進一步的發展。熱帶雨林中的土著，採取游耕方式，方法簡單而技術落後，雖耕地廣大而產量甚少；精耕區大量施用化學肥料，並改進耕作技術，注意病蟲害防治，使單位面積的生產量大增。另外在育種學的進步，可使農產品產量增加，品類亦俱多樣性，並可擴展栽種面積。如加拿大南部的曼尼土巴 (Manitoba)、阿爾伯他 (Alberta)、沙斯其萬 (Saskatchewan) 三省，因緯度已高，全年霜期甚長，無霜期僅 100 天，已不適於一般小麥生長，但是加國的育種學家，培育出一種快熟小麥，只需要 85 天至 90 天卽可成熟，經大量推廣，現已成為加國重要小麥產區。臺灣農業，最近十數年來，也有許多育種上的成就，如稻米、甘蔗、玉米、花生、小麥等，都已培育出最適合臺灣地理環境的新品種，其他如水果、花卉、蔬荣等，品種繁多，品質亦逐年改良。臺灣在農業上的發達，得力於科學與技術的進步甚大。

(二) 交通與市場

交通與市場對於農業之是否繁榮關係至大。交通便捷可使農產品保持新鮮，免遭腐爛的損失。交通不便，雖有大量農產，也會貨棄於地。因此，便捷的交通運輸，可以貨暢其流，使產地與市場聯為一

體，農民減少損失，增加收益，故各地農區的產業道路之修築是發展農業的先決條件。

市場對農產品的重要性亦不容置疑，一項農產品有固定可靠的市場，是保障利潤的最佳方法。臺灣地區人口二千萬，本身雖爲一消費市場，如不計畫生產，很容易達到飽和。一但生產過剩，農民所受的損失更大。臺灣地區水果和猪肉、蛋類、鷄隻，常因生產過剩，農民損失不貲。

（三）資金與勞工

農業爲長期性生產事業，普通作物如稻、麥、棉、麻之類，在半年之內可以收穫；特用作物則需一年，果樹則需 3 ～ 7 年，橡膠則需 7 ～ 9 年，如此長的時間，必須有充裕的資金，方能保證農村繁榮。一般農民大多獨資經營，資金缺絀，而農產品的質和量又受天時、地利及市場的影響，售價又不易控制，故農友的利潤常不及工商業者。由於產銷不能配合，農業增產未必帶來較多利潤，所謂「穀賤傷農」使農業經營者虧損累累，使農業資金更形短缺。

勞工亦爲影響農業發展因素之一，勞力過剩固然使農民所得減少；勞力不足更影響農業無由發展。前者屬中國大陸，後者則是臺灣地區農村普遍的現象。鼓勵有爲青年下鄉，爲挽救臺灣農業危機的方法之一。

（四）關稅和政策

提高外國農產品進口關稅，藉以保護本國農產品的價格，以免損及農民利益，有時甚至完全禁止外國農產品進口，唯國際貿易講求的是平等互惠，在國際化、自由化的政策之下，保護政策已經行不通了。

在農業政策方面，許多重農國家，訂定各種法律以保障農民利

益，如我國有農產品交易法等。政府為了鞏固經濟基礎，制定農業政策以繁榮農村，如臺灣所實施的耕者有其田、成立農會、興建水利、農地重劃、加強農村建設、推行農業機械化、改善產銷經營、保證價格收購餘糧、辦理無息生產貸款、取消田賦、農產品平準基金等，都是農村繁榮的良策。

（五）人口與消費導向

　　農業生產為人類生活所必需，人口稠密之區，對於糧食的需求自然較多；因之，當一區人口增加時，如無更多的土地來增產，就需要提高單位面積的生產量，否則當地人民的生活水準即將降低。世界各地人口密度差異甚大，其對人口所產生的壓力，自亦不同。亞洲季風區是世界上人口最密集的地區，因而每一農戶的耕作面積甚小，必須實施園藝式的精耕，才能提高生產量，維持溫飽。而在地廣人稀的國家如美、加、阿根廷、澳、紐等國，每一農戶可耕地達數十至數百公頃，只須實施機械化的耕作，即可獲有大量生產，足以使其生活水準不斷提高。

　　消費導向或消費習慣亦影響農業發展，一項新農產品的出現可以將消費者吸引，造成原產品的滯銷或消失，如大量進口火雞肉可使本地肉雞滯銷，外國水果的大量進口使本地水果滯銷，此種消費習慣的改變，雖直接受開放進口的影響，但消費者的需求卻是大量進口的誘因。一旦消費者對某項產品吃上癮，而成為習慣，這項產品的發展就大為看好了。

第三節　農業的類型和農業分區

一、農業類型

農業經營方式因各地地理環境與文化背景之不同而生差異，茲就經營方式與經營目的分述如下：

（一）依經營方式區分的農業類型

1. 集約農業 (Intensive agriculture)：在耕地面積狹小人口稠密的地區，農民為了獲取較多的農產品，必須投入大量的勞力和技術，使用深耕、施肥、灌溉，乃至輪作、間作等方法，以增加單位面積的生產量。這種投入大量勞力以期在有限的土地上獲取最大產量的農業，稱為集約農業，亦即精耕。這種農業盛行於開發較早，人口密集之地。世界最典型的精耕區之一，即是東亞各河口三角洲和環地中海區園藝式農業。臺灣亦是精耕區之一。

2. 粗放農業 (Extensive agriculture)：在地廣人稀的地區，可資利用的勞力較少，可資開闢的土地較多，農民乃以較少的勞力，利用機械或其他方法在較大的耕地上，從事粗疏的耕作，這種農業稱為粗放農業。如美國、加拿大、澳洲等國都屬此項農業，由於耕作粗疏，故單位面積的生產量遠較精耕為小，而總生產量大，生產成本亦最為低廉。

（二）依經營目的區分的農業類型

1. 自給性農業 (Subsistence farming)：農民在狹小面積的耕地上，以簡單的農具，適量栽培多種生活所需的作物，諸如糧食作

物、飼料作物、油料作物等，以求自給自足，這種農業是以生產供自家消費為目的的，稱為自給性農業，這種農業盛行於人口密集而耕地面積有限的，以及落後地區。亞洲、非洲、歐洲均有此種類型的農業。

2. 商業性農業 (Commercial farming)：在耕地較廣而人口較稀的地區，農民配合市場的需要，利用機械工具做大規模經營，大量生產單種或少數幾種作物，以供應市場所需，這種視農產為商品，以所產換取現金為目的的農業，稱為商業性農業。

二、農業分區

（一）世界農業分區

依據耕作方式、作物種類、產品利用等條件相彷彿之區，將之歸納為一區，稱為農業區域。全球共分為五個農業區 (圖 0103)：

1. 亞洲季風農業區

（1）地理分布：北起朝鮮半島、日本羣島，經中國大陸、中南半島、南洋羣島、印度半島。臺灣亦包括在內。

（2）農業特色：投入大量勞力，採高度集約方式，作物種類繁多，單位面積生產量較高。

（3）作物種類：分南北二部，大致以秦嶺、淮河、朝鮮半島以及漢江和日本的津輕海峽為分界線。南部主產稻米、茶葉、桑麻、甘蔗及水果；北部主產小麥、豆類、棉花、玉米及雜糧。

2. 歐洲農業區

（1）地理分布：歐洲全部。

（2）農業特色：農牧並重，耕作科學化，管理企業化。

（3）作物種類：中歐、西歐及北歐，以生產小麥、黑麥、燕

麥、甜菜、馬鈴薯為主，並廣植牧草，發展酪農業；南歐地中海四
週，由於屬地中海氣候區，主產硬麥及水果——葡萄、橄欖、柑橘
等。山區則實行山牧季移。

3. 新大陸溫帶農業區

（1）地理分布：包括北美、南美及澳洲，主要分布於加拿大南
部，美國中部，阿根廷中部，巴西高原南部，澳洲東南部。

（2）農業特色：單一作物、機械耕作，外銷為主，為商業化的
農作區。

（3）作物種類：以小麥、玉米、大豆、棉花為主。

4. 熱帶農業區

熱帶地區因受地形高度的差異，氣候亦有不同，農業類型亦不相
同。又受資金和技術的影響，又可分為下列兩類：

（1）原始性熱帶農業：地理分布集中於非洲剛果河流域、南太
平洋熱帶島嶼、南美亞馬孫河流域。農業特色為游耕及原始耕作。作
物種類以玉米、甘薯及雜糧為主。

（2）熱帶集約式農業：地理分布為中美洲各國、西印度羣島、
西非及東非高原、美洲安地斯山北半部。農業特色為地勢較高之地，
農業採集約精耕方式；在較低地區則經營熱帶企業化栽培業。前者種
植麥類、雜糧、玉米等。後者則種植咖啡、可可、橡膠、甘蔗等。

5. 綠洲農牧兼營區

（1）地理分布：世界各乾燥地區，包括我國蒙新地區，俄國中
亞、中東地區、非洲北部等地。

（2）農業特色：綠洲景觀、實行灌溉、農牧兼營、自給為主。

（3）主要作物：麥類、棉花、雜糧和水果。

（二）中國農業分區

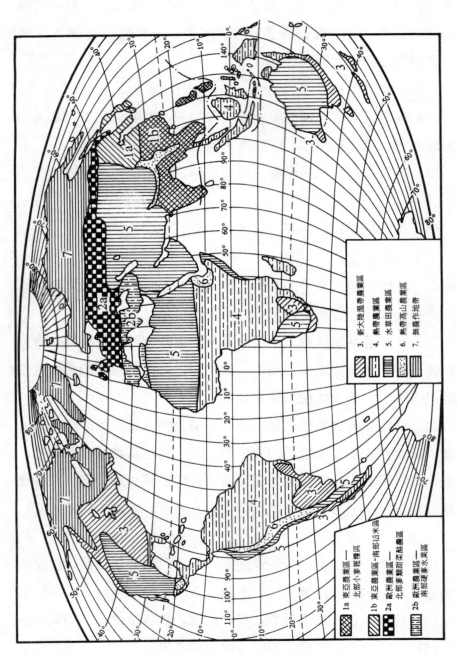

圖 0103　世界農業分區圖

資料來源: Commodity yearbook, 1987.

我國農業地理分區（圖0104），主要依地形、氣候、土壤、主要作物以及土地利用狀況等項目，作為劃分標準，茲分述如下：

1. 三穫地區：又名「水稻兩作區」。

（1）氣候條件：年均溫在 20°C 以上，年雨量在 1,500 公厘，無霜期在 350 天以上。屬於熱帶季風氣候或副熱帶氣候區。

（2）地理分布：海南島及臺灣全部，兩廣大部，閩、贛、湘三省大部。

（3）栽種作物：兩期水稻，另加一次多季短期作物。除水稻外，尚可種植甘薯、甘蔗、玉米及熱帶或副熱帶水果。海南島尚可生產天然橡膠。

2. 二穫地區：又稱「溫帶農作區」，在我國佔地最廣。

（1）氣候條件：南部年均溫在 15°～20°C，年雨量在 1,000 公厘，無霜期在 300 天左右。北部年均溫在 10°～15°C，年雨量在 500～1,000 公厘，無霜期在 240 日左右。

（2）地理分布：上述三穫區以北，長城和隴山以南的廣大江、河平原。又因作物之不同分為六個副區：

　　①長江以南稻茶區：以皖、浙、閩、贛各省，及鄂、黔、桂、粵四省一部。夏作稻米，多作油菜為主，丘陵地則植茶，其他尚有甘薯、苧麻、柑橘、油桐和漆樹等特有作物。

　　②長江水稻、小麥區：長江北岸至淮河沿線。包括蘇、浙、皖、豫、鄂、湘六省。夏作水稻，多作小麥，棉產及蠶絲亦豐。

　　③四川水稻區：以四川盆地為主，兼及甘、陝、鄂、湘各省一部。夏作水稻，亦作雜糧及溫帶水果，為我國南北兼具

的交作地帶。

④西南水稻區：以雲貴高原爲主，兼及康、川、桂省一部，夏以水稻爲主，玉米次之，多作小麥、大麥、油茶、山坡植茶和油桐。

⑤多麥高粱區： 分布於黃淮平原 、 南陽盆地及山東丘陵等地。本區地勢平坦，又爲冲積平原，故耕地面積大，是我國最主要的旱作區。多季作物以小麥、大麥爲主；夏季除高粱外，亦有小米、玉米、棉花、大豆、花生、芝蔴、綠豆等。其中以小麥產量特多。爲我國主要小麥產區。又有各種溫帶性水果。

⑥多麥小米區：分布在山西、陝西、甘肅及河南的黃土高原區； 本區夏作耐旱的小米； 多季仍以小麥爲主， 大麥次之，其他農作物尙有玉米、花生、棉花等。

3. 一穫農業區

(1) 氣候條件：本區爲長城以北，隴山以西的廣大邊疆地區，因多季寒冷綿長，生長季節較短。年雨量約 500 公厘左右，主要降雨在六、七、八三個月，全年無霜期在 200 日左右，愈向北生長季節愈短。

(2) 地理分布：本區有四個副區。

①東北雜糧區：分布於東北九省大部及熱河東南部，農作物以高粱、大豆、玉米、小米、春小麥爲本區五大農產品。遼東半島山坡地盛產蘋果；遼西走廊山坡地盛產梨。

②塞北春麥區： 本區東起興安省的呼倫貝爾高原， 西經熱河、察哈爾、綏遠三省而至隴西高原、以及塞北的少數河谷平原上。夏作以春麥爲主，小米次之，多季無作物。

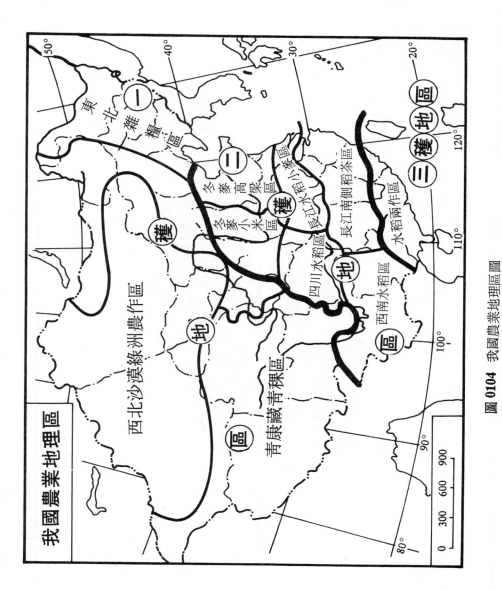

圖 0104 我國農業地理區圖

資料來源：中華民國七十五年統計年鑑。

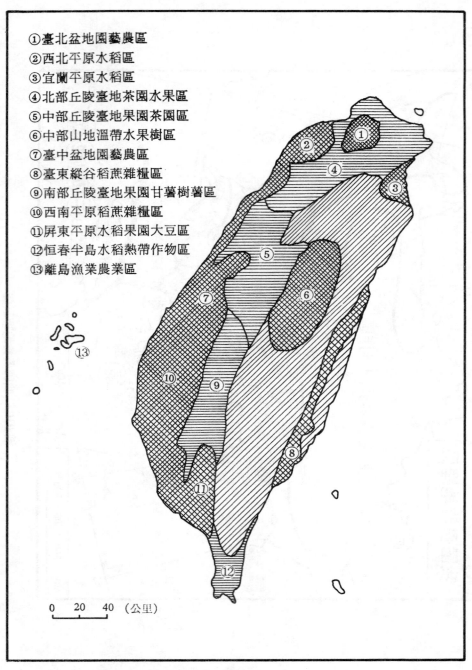

①臺北盆地園藝農區
②西北平原水稻區
③宜蘭平原水稻區
④北部丘陵臺地茶園水果區
⑤中部丘陵臺地果園茶園區
⑥中部山地溫帶水果樹區
⑦臺中盆地園藝農區
⑧臺東縱谷稻蔗雜糧區
⑨南部丘陵臺地果園甘薯樹薯區
⑩西南平原稻蔗雜糧區
⑪屏東平原水稻果園大豆區
⑫恒春半島水稻熱帶作物區
⑬離島漁業農業區

0　20　40　(公里)

圖 0105　臺灣農業區域圖

資料來源: 中華民國七十二年統計年鑑。

⑨西北沙漠綠洲農作區：分布於河西走廊、蒙古、新疆一帶的沙漠綠洲上，利用山上的融雪水或泉水灌溉始可耕作。作物以小麥為主，玉米、水稻、大麥、小米等次之。因面積零星，總產量不多，故無法容納大量人口。本區氣候乾燥，若能發展水利灌溉，可以栽培溫帶瓜果，也可以大規模種植棉花。

④青康藏青稞區：分布於青康藏高原區低地，地勢高聳，氣候寒冷，該地區的低地河谷，只能種植耐寒的青稞，為大麥的一種，利於磨粉炒熟而食。冬季完全無農作，農產品不足，為我國人口稀少地區之一。

（三）臺灣農業分區

臺灣農業發展程度，居全中國之冠，全島分成十三個農業區域，各區發展均具特色，如圖 0105 所示。

本 章 摘 要

1. 農業的重要性──人類生活、生產、文明等均依賴農業。
2. 影響農業生產的因素：
   (1) 自然因素：氣候（氣溫、雨量、日照、風力）、地形、土壤（厚度、質地、結構、成份、化學反應及病蟲害）。
   (2) 人文因素：科技、交通、市場、資金、勞工、關稅、政策、人口、消費導向等。
3. 農業類型：原始耕作、精耕、粗耕、熱企栽培等。
4. 世界農業分區：亞洲季風區、歐洲區、新大陸、熱帶、綠洲區等。

5. 中國農業分區：一穫地區、二穫地區、三穫地區。

6. 臺灣農業區：全省共分十三個農業區域。

習 題

一、填充：

(1)廣義的農業是指：_____。

(2)影響農業生產的地理因素有二，即：_____和_____。

(3)氣候有四大因子，即_____、_____、_____、_____。

(4)各種作物對陽光的感應並不相同,如麥類為_____作物；又如大豆、棉花為_____作物，也有些作物對日光較不敏銳，如菸草、茶，是為_____作物。

(5)土壤久經利用，最常缺乏的化學元素是：_____、_____、_____。

(6)影響農業發展的人文因素有：_____、_____、_____、_____。

(7)新大陸溫帶農業區的主要作物是：_____、_____、_____。

(8)我國一穫農業區的地理分布為：1._____ 2._____ 3._____ 4._____。

二、選擇：

(1)人類文化的創造，到了何種時代才更為充分裕如？ ①漁獵時代 ②畜牧時代 ③農業時代。

(2)下列各項中，何者不是稻米的氣溫條件？ ①生長期間氣溫宜介於22～30℃之間 ②累積氣溫應在3,500℃至4,500℃之間 ③全年無霜期不得少於180天。

(3)所謂適雨區，年雨量是多少？ ①250～500公釐 ②500～1,000公釐 ③1,000～2,000公釐。

(4)臺灣農業發展，最需要水利灌溉的是：①臺北盆地　②嘉南平原　③屏東平原。

(5)地形坡度，超過幾度以上即難發展農業？①二十度　②三十度　③四十度。

(6)土壤的厚度在多少公分以上者方可種植深耕作物？①二十公分　②三十公分　③四十公分。

(7)最宜於農作生長的土壤爲：①酸性土　②鹼性土　③中性土。

(8)臺灣水稻最常發生何種病害？①螟蟲害　②稻熱病　③重金屬中毒。

(9)橡膠樹爲多年生植物，從栽種到生產要幾年功夫？①三～五年　②七～九年　③十～十二年。

(10)加拿大南部有草原三省，下列三者何者有誤？①曼尼土巴　②阿爾巴他　③魁伯克。

(11)我國三穫區面積不大，下列三者何者非三穫區？①臺灣及海南島　②兩廣及閩贛大部　③江浙皖三省。

(12)我國主要的旱作區是：①松遼平原雜糧區　②黃淮平原爲主的冬麥高粱區　③黃土高原冬麥小米區。

三、問答：

1. 依個人的感受，說出農業對人類的重要性。

2. 有那些因素足以影響農業生產？

3. 解釋下列各地理名詞：

　　(1)原始耕作

　　(2)粗耕

　　(3)精耕

(4)熱帶企業化栽培業

4. 世界分爲那些農業區? 各區有何特點?

5. 我國分爲那些農業區? 各區有何特點?

6. 臺灣共分爲那些農業區?

7. 如果你是農家子弟, 你以爲政府應如何照顧農民?

第二章　邱念 (THÜNEN) 的
土地利用理論

邱念開農業地理之先河

邱念 (Johan Heinrich Von Thünen) 於 1783 年生於德國的奧登堡 (Oldenburg)，於 1850 年逝世，享年 67 歲，一生致力於農業理論與實際的研究。其第一本鉅著「孤立國」(Der Isolierte Staat) 出版於 1826 年，此書不僅探討不同種類的耕作方式，而且對農業區位有獨特的分析，開研究農業區位之先河，在農業地理的理論研究上，奠定了不朽的地位，今日討論農業地理，無不以邱念的土地利用理論為依歸。

第一節　兩個原則和六個向心農業環圈

一、邱氏理論的基本假設

邱念根據經驗所得，加上個人見解，提出以下五個理論假設：

（一）有一個與外界隔絕的孤立國，國的中心有一個城市，城周

圍都是農業區。

（二）中心城市是四周農業區農產品的主要市場，農作物的市場價格一定。

（三）農業區是一個均質的平原，卽各地的土壤沃度、氣候、及其他自然條件均相同。

（四）所有農人均擁有相同和足夠的市場資訊，且以追求最高利潤爲耕作目的。

（五）平原上只有一種交通工具，各地對外移動的難易程度相同，但運費隨距離而變化。

二、邱念土地利用二大原則

根據以上五種假設，邱氏乃對平原上的農業如何經營，提出兩項原則：

第一，農業經營型態受距離都市遠近的影響：由於農產品的市場只有中心都市一地，且市場價格一定，故距離都市愈遠的地區，愈需要負擔較高的運費，致使利潤相對降低。當距離延伸到都市外圍某一地點時，因運費增加，使種植某一種作物無利可圖，則該地點就成爲該作物的耕作界限。然而，該地點對於投入較少且運輸成本較低的粗放農作，可能仍可獲利，因此，各種作物的耕作界限並不一致。換言之，接近都市中心市場的地區，農人有較多的選擇機會，決定種植某種有利可圖的作物；遠離都市中心市場的地區，農人的選擇機會則較少。自都市中心市場起，隨着距離的增加，利潤作物的選擇數目隨之減少，甚至完全沒有選擇的機會。

第二，農業經營型態決定於農作物利潤的多寡：在距都市中心最

短的距離內，農人要種植何種作物？採取何種型態經營？完全取決於作物的利潤。某一種作物可獲得較大的利潤，則種植某一種作物。邱氏認為不同型態的農作物，分別依同心環圈，圍繞着都市中心分布。城市中心至各農作圈的最大距離，受市場的售價、生產成本、運費三種因素所決定。當利潤降低，亦卽市場售價低於生產成本及運費時，此一作物因無利可圖而放棄種植，原先採取的經營型態也將因為利潤低落而解體。

三、邱念的六個向心農業環圈

根據以上兩個原則——距離影響農作，利潤決定類型——邱氏又提出其著名的六個向心農業環圈，圍繞着城市中心市場（圖 0201）。

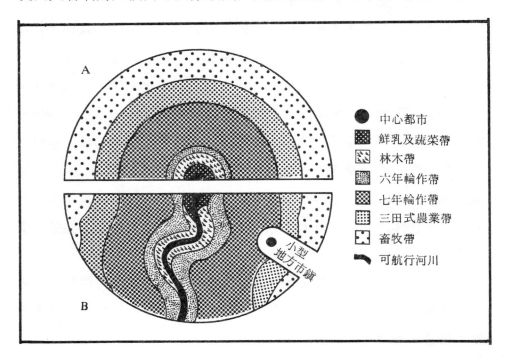

● 中心都市
　鮮乳及蔬菜帶
　林木帶
　六年輪作帶
　七年輪作帶
　三田式農業帶
　畜牧帶
　可航行河川

圖 0201　邱念的農業土地利用模式圖

第一帶，緊靠城市中心，從事蔬菜栽培與鮮乳業。這兩項農業活動，生產成本和集約程度均甚高，且其產品都具有易腐和不便運輸的特性，因此，此類活動只宜在緊靠都市的地區發展，以減少運輸成本的支出。此外，本地區由於集約度極高，地力耗損很大，必須大量使用來自都市的水肥，以保持土壤沃度。因此，本圈帶的範圍，應不致離都市太遠。

第二帶，第二向心帶的住民，以林業生產為主。生產柴薪、木炭及木材的林木帶。在邱念時代，柴木是供市場地區燃料和家用取暖的主要來源，故柴木的需求量又大於木材的需求量。邱念認為，農人在城市附近種植林木，其利潤僅次於種植蔬菜和鮮乳業。更由於樹木成熟期甚長，生產成本亦甚高，又因其產品相當笨重，不能負擔較高的運費，以在相當接近都市中心地區為宜。

第三帶，此帶為不休耕的六年輪耕帶。在六年的作物輪作中，以二年種植黑麥，其餘四年，每年分別輪種馬鈴薯、大麥、苜蓿、豆類等。現金收入來自黑麥、大麥、和家畜產品在市場上銷售，其他作物則充作家畜飼料。土壤的肥力，賴家畜的糞便及輪作的苜蓿、豆類綠肥，耕作集約度可維持較高的水準，因此，採行不休耕的輪作制度。

第四帶，為七年休耕一次的輪作帶。本區的集約度較第三帶為低。耕作方式則採取三年輪種黑麥、大麥和燕麥，三年輪種牧草實行放牧，而後休耕一年，每七年完成一個循環。其中出售至市場的主要農產品為黑麥、奶油、乳酪，有時也出售牲畜。

第五帶，為三田式農業帶。本區的農業活動，比第四帶集約度更低，休耕率更高。其輪作方式為：一年種植穀物，一年放牧，一年休耕，每三年循環一次。

第六帶，為畜牧帶。由於距離都市最遠，運輸成本最高，因此，

本區以從事畜牧爲主。區內雖然亦生產黑麥等穀類，但皆在農場自行消費。出售至市場的只限於奶油、乳酪或牲畜等畜產品。

　　此外，邱氏又推論，如果孤立國中，有一條具有通航價值的河川經過中心都市時，則各種農業活動，將受影響而改變其區位分布：卽由原來的同心圓圈帶排列，轉變成大致和河川平行的帶狀分布。同時，如果農業區中出現另一個小型地方市鎮，則此一地方市鎮周圍的農業活動，則將出現另一個小型的圈帶結構。

第二節　邱念的區位分析

　　計量分析（Quantitative analysis）爲研究人類經濟活動所以發生原因的基本方法之一，不但可以解釋人類經濟活動的分布和定位，而且還可以預測其分布與定位。經濟地理的計量分析首要工作爲事實或資料的蒐集，然後再根據這些事實或資料求出其有意義的一般相關原理。

　　邱念理論卽是根據其實際經營農場的經驗和事實，將動態的現實世界單純化爲孤立國，並以簡單的計量分析界定其圈帶結構，而發展出來的農業區位理論。在邱念的區位理論中，界定各種農業活動區位分布的要素是區位租，玆分別說明如下：

一、區　位　租

　　當一切的條件相等時，所有的土地所獲得的利潤應都相等。然而由於土地距市場有遠近之別，負擔的運費有多寡之分，因此，每塊土

地所獲得的利潤就有高低之不同。這種因距離的關係而獲得的利潤即為區位租。

通常土地的區位租，以下列的公式計算：

$$LR = Y(m-c) - Ytd$$

式中　LR＝區位租

　　　Y＝單位面積生產量

　　　t＝單位農產品的單位距離運費

　　　m＝單位農產品市場價格

　　　d＝產地到市場的距離

　　　c＝單位農產品的生產成本

如果根據邱念的基本假設：即市場價格（m）一定，生產成本（c）相同，則上述公式的意義為：區位租和距離成反比（圖0202）。

以下將由簡單到複雜，說明不同狀況下，區位租如何影響農業土地利用。

二、區位租與土地利用

（一）一種作物一個市場的農業區位

如圖0203所示，A作物的市場價格一定，生產成本各地相同，因運輸成本的變化，使A作物的競租曲線，隨距離的增加而逐漸遞減，至40公里處時，區位租等於0，即市場價格和生產成本的差額為運輸成本所抵消（Y(m-c)-Ytd=0）。區位租等於0的地點及其以外的地區，栽種A作物已無利可圖，因此成為作物栽培的界限（圖0203）。

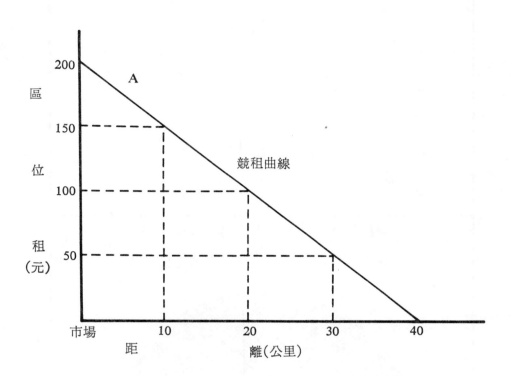

d （公里）	0	10	20	30	40
Y(m－c)（元）	200	200	200	200	200
Ytd （元）	0	50	100	150	200
LR （元）	200	150	100	50	0

圖 0202　單位土地的區位租和市場距離的關係

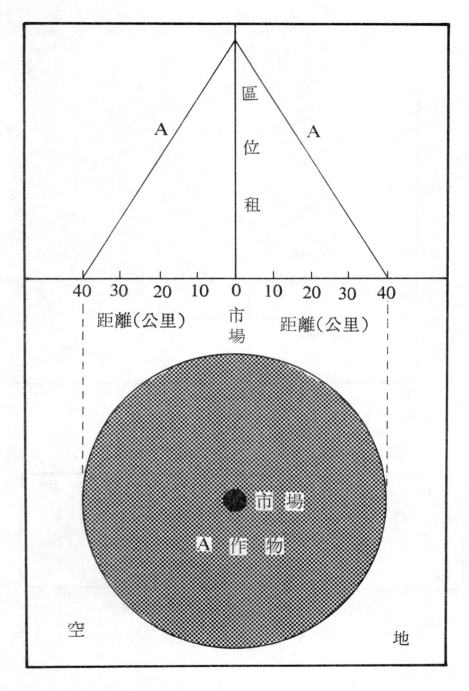

圖 **0203**　均質地面單一市場單一作物的競租曲線及其空間分布

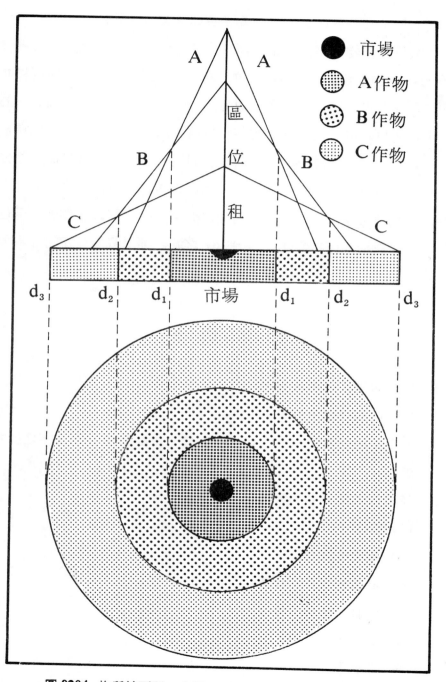

圖 0204 均質地面單一市場三種作物的競租曲線及其空間分布

（二）三種作物一個市場的農業區位

由於不同作物有不同的單位面積生產量（Y）；單位產品市場價格（m）；單位生產成本（c）；單位運價（t）。因此，各種作物競租曲線的斜率亦各自不同。農民在一地區選擇作物時，在追求最高利潤的前提下，均以具有最高區位租的作物爲選擇對象，卽一塊土地應種植那一種作物，係取決於那一種作物能爲此塊土地，帶來最高的區位租。如圖 0204 所示，從市場到 d_1 之間，A作物的區位租高於B和C作物，故成爲A作物的栽培區；同理，d_1 到 d_2 之間，B作物的區位租最高，以栽培B作物最佳；d_2 到 d_3 之間，則以栽培C作物才有利可圖。

本 章 摘 要

1. 邱念開農業地理之先河。

2. 邱念的五個理論假設。

3. 邱念土地利用的二大原則——型態受距離影響、型態決定於利潤。

4. 邱念的六個向心農業圈：

    (1) 都市中心

    (2) 林業帶

    (3) 不休耕六年輪作帶

    (4) 休耕七年輪作帶

    (5) 三田式農業帶

    (6) 畜牧帶

5. 邱念的區域分析：

（1）區位租

（2）區位租與土地利用——一種作物一個市場及三種作物一個市場的農業區位

習　題

一、填充：

(1)對於土地利用有卓越貢獻的邱念是_____國人，其第一本鉅著是_____。

(2)邱念土地利用理論的二大原則是：第一_____，第二_____。

(3)所謂三田式農業帶，其輪方式是：_____、_____、_____。

(4)所謂區位租是指_____，其計算公式為：_____。

(5)農人決定種植何種作物，應取決於_____，因為可以為農民帶來最大_____。

二、選擇：

(1)開研究農業區位之先河的是那位地理學家？①邱念　②麥欽德　③洪保德。

(2)所謂均質的平原是指那項因素？①人文條件一致　②自然條件相同　③各地產量一樣。

(3)所謂「耕作界限」是指：①運費增加及無利潤地帶　②土地經久利用不再生長作物　③人力不足，最大耕作面積限度。

(4)以臺灣的地理條件，邱念的土地利用理論對臺灣：①不能適用　②可以適用　③視情況而定。

三、問答：

1. 邱念是何等人士？他有何重要貢獻？

2. 邱念的五個理論假設是怎樣的？

3. 邱念土地利用的二大原則之內容若何？試詳述之。

4. 繪圖並說明邱念的六個向心農業圈。

5. 詳述邱念的農業區位分析理論。

6. 邱念的土地利用理論，在臺灣應用之可能性若何？

第三章　穀類作物

　　「穀類」爲人類的主要糧食作物，其重要性在於：①人類的熱量攝取，多半由它供給；②單位面積上有很高的生產量。主要的穀類作物有稻米、小麥及其他麥類、玉米等。

第一節　稻　米

　　稻米爲人類兩大糧食之一，全世界約有 1/3 以上的人口以稻米爲主食，其重要性僅次於麥類，由於稻米所需的地理環境較小麥爲苛，因之，稻米的生產約 91% 集中於季風亞洲。

一、稻米生長所需的自然條件

　　約有下列數點：

　　（一）氣溫：稻米爲熱帶或副熱帶作物，播種時的氣溫宜在15°C以上，發芽時氣溫不得低於 8°C，否則秧苗將凍死，生長期間所需氣溫條件，宜介於 22°C～30°C，整個生長過程所需的累積溫度應在 3,500°C～4,500°C 之間，以臺灣稻米爲例，第一期稻作，北部積溫爲 3,552°C，二期稻作，北部積溫爲 3,649°C。而浙江省的旱稻僅需

2,000°C，印度的一般稻米則需積溫 4,000°C。

（二）雨量：稻米性喜高溫多雨，生長季節中，需頻頻有雨，否則需要灌溉。適合種稻的年雨量，最好在 1,000 公厘以上，但播種期間，不宜暴雨，以免穀種流失，但若秧田浸水，稻種發芽迅速，幼根向下伸展緩慢，入土過淺，易成浮苗，生長力反弱。水稻在整個生長期間所消耗的水量，每公頃約在 3,600 立方公尺，等於 3,600 公噸，可見水稻需水之多。年雨量較少之區，稻米雖可生長，但單位面積的生產量則較低。

（三）地形和土壤：水稻性喜高溫，故平原低地、河口三角洲、氾濫平原，均最有利於種稻。雨水充足的丘陵地，亦可利用梯田以種植水稻。中國華南地區，菲律賓的呂宋島以及中南半島均有梯田。水稻所需的土壤，以壤土為佳，因壤土滲透性佳、吸收力大，最宜於種稻。黏性特強或砂質過高的土壤，均不適合種植水稻。

二、稻米生長的人文條件

（一）人工：水稻是屬於精耕下的產物，傳統稻作需要大量人工投入生產，所謂「一分耕耘，一分收穫」便是傳統稻作的最佳寫照。現今日本、臺灣則因「機械」使用的進步，使水稻栽培已呈現相對粗放的景觀。世界各地雖也有宜於種稻的自然條件，若缺乏勞工或技術的使用也不生產水稻。如非洲的剛果河流域、南美亞馬孫河流域。傳統稻米產區，集中於人口密集、勞工低廉的東亞及東南亞。另外，澳洲北部、美國東南部亦有水稻的栽培，這種栽培乃是以粗放的機械生產為主。

（二）技術：世界主要稻米產區，通常也是世界古文明發展最早之區。例如：中國、印度。由於稻米這類作物單位面積收穫最高，但是單位人工

生產力低，所以生產稻米需投入大量人力。由於技術發展，機械設備的使用，代替了人力的大量投入。如美國東南部、澳洲北部等適宜栽種稻米的區域，機械生產技術發達，而能脫離人力大量使用的生產因素。但是由於美、澳等地，因飲食習慣不同，因此水稻的栽培也不廣。

三、稻米的地理分布

季風亞洲是世界最大的稻米產區，佔全球91％，其次是南北美洲及非洲。分國而言，以我國產量最多，印度次之，印尼居第三位，孟加拉第四，中、印、印尼、及孟加拉四國的稻穀產量已佔全球70％左右，但以人口眾多，並無外銷，世界主要稻米生產國家及產量，略如表 0301 所示。

表 0301 世界主要稻米生產國的耕作面積及產量

國　　　　　家	1992〜1995平均		
	栽培面積 （千公頃）	生產量 （千公噸）	單位面積產量 （公噸／公頃）
中 國 大 陸	30,873	125,965	4.08
印　　　度	42,103	77,813	1.85
印　　　尼	10,946	30,995	2.83
孟　加　拉	10,001	17,660	1.77
越　　　南	6,560	15,091	2.30
泰　　　國	9,018	13,306	1.48
日　　　本	2,148	9,217	4.29
緬　　　甸	5,266	8,607	1.63
巴　　　西	4,333	7,101	1.64
菲　律　賓	3,451	6,480	1.88
世 界 總 計	145,271	355,169	2.44

資料來源：Agriculture Statistics

（一）中國大陸稻米的地理分布（圖0301）

圖 0301   我國稻米分布圖
資料來源: 中華民國七十五年統計年鑑。

我國稻米生產範圍甚廣，北起遼寧省南境，南迄海南島均可種稻，西北如新疆、寧夏（西套）、青海（湟中），均可生產，東北如圖們江流域、黑龍江平原，亦可栽種。但其主要產地則以下列各區最為重要:

1. 長江中游兩岸沖積平原及大湖區域。

2. 長江下游三角洲及太湖流域。

3. 四川盆地。

4. 珠江流域。

5. 東南丘陵及臺灣各平原及盆地。

6. 雲南壩子。

我國大陸地區一九九二至一九九五年產稻米約一億二千萬公噸，佔全球35%，以四川省產量最多，其次是廣東省。單位面積生產量也以廣東為

最高。

　　臺灣地區稻穀產量，光復時期（民國三十四年）僅 64 萬公噸，民國八十四年約 169 萬公噸，主產於嘉南平原、屏東平原、西部濱海平原及臺中、臺北盆地、蘭陽平原。

　　（二）其他主要稻產國家（圖 0302）

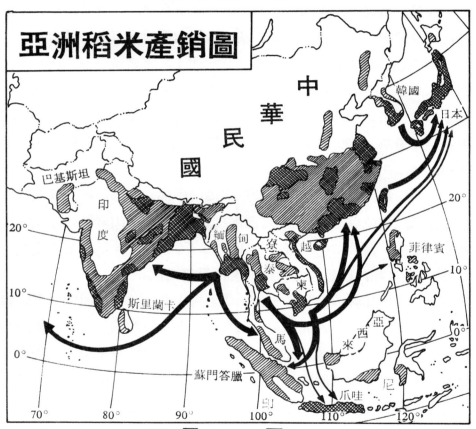

說明：▨ 主要產地　▨ 次要產地

圖 0302 亞洲稻米產銷圖

資料來源：中華民國七十八年農業月刊二月版。

　　1. 印度半島：本區包括印度、巴基斯坦、孟加拉及斯里蘭卡。印度稻米產於恒河中下游平原及恒河三角洲，印度半島東西兩側沿海低地平原，巴基斯坦稻米產於印度河下游平原，孟加拉稻米產於布拉

馬普德拉河與恒河下游聯合三角洲上。年產量 1,766 餘萬公噸。斯里蘭卡稻米產於沿海平原，年產量 700 餘萬公噸。印度半島稻米產量不足以自給。

2．中南半島：本區包括泰國、緬甸、越南、高棉、寮國、馬來西亞及新加坡。其中，泰、緬、越三國原為世界主要稻米出口國，仰光、曼谷、西貢（胡志明市）為三大稻米出口港，自 1975 年以後，越南已無稻米出口。僅餘泰國、緬甸二國尚有餘糧可供外銷。

泰國稻作主產於湄南河下游及三角洲上，年產量 1,300 萬公噸，泰國人口僅 5,720 萬，每年有餘糧 500 萬公噸可供輸出。緬甸稻作主要分布在伊洛瓦底江、西陽江下游及三角洲、以及薩爾溫江三角洲上。年產量為 860 餘萬公噸，每年約有15.9萬公噸的剩餘稻米可供外銷。

3．印尼：印尼稻米主產於爪哇島的中部和西部。因該區氣候濕熱，無明顯的乾溫季，故年可種兩次水稻，由火山岩風化而成的土壤亦甚肥沃。每公頃平均可產 2,000 公斤，1995 年，印尼生產稻米 3,099 萬公噸，已超過孟加拉，居世界第三位。

4．日本和韓國：日本人也以稻米為主食，其稻作面積佔全國耕地54％，多分布於河谷低地及沿海平原。九州及四國沿太平洋岸的稻作，年可二熟，其他各地皆為一熟。日本境內因山多田少，故十分精耕，厚施肥料，講求灌溉，其單位面積生產量，每公頃達 5,000 公斤以上，居世界之冠，近年食米產量已可自給。1992～95 年產 9,217 萬公噸，居世界第七位。

韓國稻米生產集中於西部及南部海岸平原，稻作面積佔全國耕作面積47％，1992～95 年，南韓生產稻米 504 萬公噸，北韓無統計發表，南韓稻米不足自給，每年需進口約 30 萬噸。

5. 亞洲以外生產稻米國家：巴西是亞洲以外生產稻米最多的國家，1992〜95 年生產稻米 710 萬公噸，居世界第九位。主要產區在東南沿海岸地區。美國稻米產於德克薩斯州、路易斯安那州南部及加州北部、阿肯色斯州東部。1992〜95 年產稻米 583 萬公噸。因美國食米人口不多，故有大量出口，1990 年外銷稻米達 300 萬公噸，居世界第二位。

　　埃及的稻作分布於尼羅河三角洲，年產稻米 260 萬公噸，因埃及係以小麥及玉米為主食，故 1989 年有 3.3 萬公噸可供外銷。

　　歐洲產稻米國家，首推義大利及西班牙。法國南部亦有生產。義國每年產稻米 84 萬公噸，尚可有少量可供外銷。

表0302　　*世界主要稻米輸出國及數量*

單位：千公噸

國家　　　數量　年度	1986	1987	1988	1989
美　　　　　　　國	2,392	2,472	2,260	3,061
澳　　　　　　　洲	178	186	298	339
烏　　拉　　圭	282	212	273	267
埃　　　　　　及	40	101	71	33
緬　　　　　　甸	636	486	64	159
巴　基　斯　坦	1,316	1,270	1,210	854
中　華　民　國	173	240	104	68
泰　　　　　　國	4,524	4,443	5,267	6,311
中　國　大　陸	950	1,022	698	315

資料來源：Commodity yearbook, 1992.

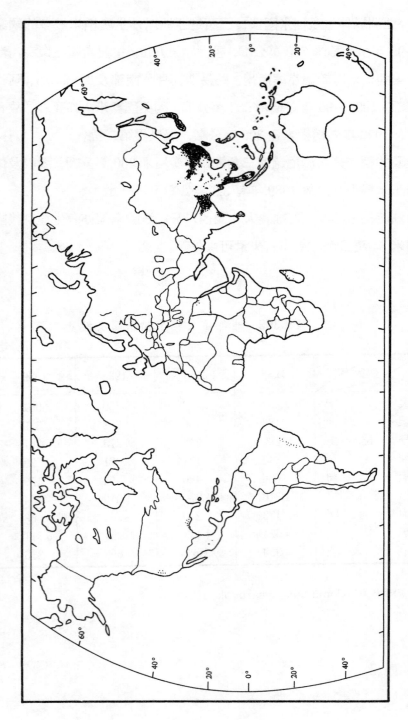

圖 0303　世界稻田分布圖

資料來源：Commodity yearbook, 1987.

第二節　小　麥

　　麥類是穀類作物中最重要的一種，不但其生產量大，全球以麥類為主食的人口亦多，而又為國際重要商品，對世界經濟的影響也很大。

　　麥類可分為小麥、大麥、黑麥、燕麥、蕎麥、青稞等，其中小麥和黑麥為人類主要食糧，大麥除供給食用及飼料外並可釀造大麴酒及啤酒，蕎麥可供食用，但產量不多。燕麥主供飼料。青稞為高原地區人民主要食糧。

一、小　麥

（一）小麥的分類

　　依生長季節來分，可分為春麥和冬麥。春麥在春季播種，夏季成長，秋季收穫，全球約有 1/4 為春麥，多在緯度較高之區。我國長城以北均為春麥區，以緯度稍高，冬季嚴寒，只宜種植春麥。冬麥在秋末播種，經過漫長的冬天至翌年初夏收穫，世界約有 3/4 為冬麥，我國長城以南、隴山以東地區所產者均為冬麥。歐洲地中海地區及美洲中緯度地區所產者，皆為冬麥。

　　小麥生長受雨量多寡的影響，又可分為軟麥和硬麥。在雨水豐足或經灌溉的小麥，所含澱粉質較多，蛋白質較低，麵粉筋力不夠，稱為軟麥，宜於製餅乾及點心；在雨量較少，天氣晴朗之區生長的小麥，所含蛋白質較多，麵粉筋力強韌，是為硬麥，宜於製麵包和麵

條、通心粉等。這類小麥因品種較佳，所磨成的麵粉，通稱高筋麵粉。

（二）小麥的生長環境

小麥對環境的適應力強，由高緯度至低緯度均能生長，但以溫帶最宜，愈向低緯，小麥的產量愈少。更由於耐寒快熟品種的培育，小麥已在高緯度大量生產，不過仍有地理上之限制。茲作說明如下：

1. 氣溫：多季短而不甚嚴寒之地，一年之中有 100 天的無霜期，年均溫在 16°C 以上，均可種植小麥。播種時最好涼爽而濕潤；成熟期需要晴朗而多陽光。

2. 雨量：小麥性喜中等雨量，以年雨量在 400～1,000 公厘為最宜。世界小麥主要產區，雨量多在 700 公厘左右。生長期雨水過多，不利於小麥生長。

3. 土壤：以肥沃而富有鈣質的壤土最佳。草原黑土和黑鈣土是最宜於麥作的土壤。因其鬆疏多孔、排水良好、保肥土強、空氣流通。如蘇俄的烏克蘭、美國中西部、我國華北、加拿大的草原三省，皆為此種土壤。

（三）小麥的主要產地及銷售狀況

世界小麥產量以中國大陸最多，美國、前蘇聯、印度、加拿大等國次之。各主要小麥生產國及年產量列表（表 0303）示之如下：

表0303　世界主要小麥生產國及產量

國　　　家	產量（千公噸）		國　　　家	產量（千公噸）	
	1986	1992～1995		1986	1992～1995
中 國 大 陸	89,002	101,360	波　　　蘭	7,390	7,757
前 蘇 俄	92,300	77,710	捷　　　克	5,305	5,333
美　　　國	56,792	65,174	羅 馬 尼 亞	7,900	4,850
印　　　度	46,885	55,861	南 斯 拉 夫	4,776	4,747
法　　　國	26,587	30,977	西 班 牙	4,292	4,556
加 拿 大	31,850	26,742	沙烏地阿拉伯	2,000	3,868
土 耳 其	19,000	16,167	匈 牙 利	5,803	3.655
德　　　國	14,599	15,930	保 加 利 亞	4,000	3,619
巴 基 斯 坦	19,923	15,469	墨 西 哥	4,772	3,574
澳　　　洲	17,358	14,882	巴　　　西	5,433	3,273
英　　　國	13,874	13,402	摩 洛 哥	3,809	2,674
阿 根 廷	8,900	10,167	南　　　非	2,034	1,803
伊　　　朗	7,128	10,000	希　　　臘	2,200	1,767
義 大 利	9,070	8,197	丹　　　麥	2,177	1,495

資料來源：Agriculture Statistics, 1995～1996, I9.

　　小麥為國際貿易中穀物類最大之商品，但產量多的國家未必為輸出多的國家，如俄國及中國大陸，產量高居世界第一、二位，每年卻需進口小麥以供急需，倒是產量並非最多，而有大量餘糧的國家，如美、加、澳等國，反而有小麥可供出口。

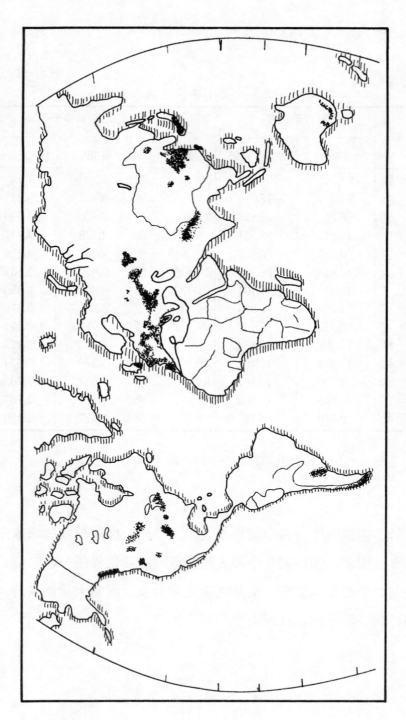

圖 0304　世界小麥分布圖

資料來源：Commodity yearbook, 1987, p230.

二、世界小麥主要產地

(一) 獨立國協

是世界重要小麥生產國家，栽培面積達 4,223 萬公頃，佔全國耕地面積 30%，產區東起亞洲的葉尼塞河(Yenisey R.)流域，向西一直達烏克蘭，東西長達 5,000 公里，南北寬度不等，介於 150～650 公里，是世界最大的麥產區。

在歐境內部分中地勢平坦，俄羅斯大平原一望無際，適於機械耕作，唯單位面積生產量不及美、法等國。每公頃僅 1,400 公斤 (1995)。 因氣候乾燥，所產春麥皆為硬麥，品質較佳。1994～95年生產小麥達 6,012 萬公噸，由於人口增加，又要對東歐各國輸出，因而向美、加進口穀物以解除國內糧荒。

(二) 北美洲

小麥耕作面積 1994～95 年約 3,678 萬公頃，佔全球 16%，其最重要的產區為北美中央大平原，該平原自加拿大境內的草原三省 (小麥耕地) 向南延伸至美國的南達科他州、北達科他州、明尼蘇達州。此區，生長季節 120 天，年雨量 300～550 公厘。本區地勢平坦，利於機械耕作，又為新興農業區，土壤肥沃，產量甚豐。

大平原的中段和南段，全在美國境內，北由內布拉斯加州向東到密蘇里，向南到德克薩斯州北部，此即為著名的小麥帶，栽種面積佔全美45%。

美國東部亦盛產小麥 (圖0305、0306) 是北美第二個小麥產區，西起伊利諾州，向東經印第安那、密西根、俄亥俄、賓州、馬利蘭而至德拉瓦州。本區農場面積較小，單位面積的產量則較高。

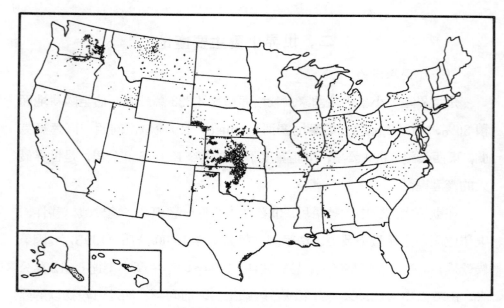

圖 **0305**　美國冬麥分布圖

資料來源: 1985 年「美國農業年鑑」p.25。

圖 **0306**　美國春麥分布圖

資料來源: 1985 年「美國農業年鑑」p.24。

加拿大小麥產區集中於草原三省，卽沙斯其萬、曼尼土巴、阿爾伯他，全部爲春麥，多集中於溫尼伯（Winnipeg），由於加國人口少，有大量輸出，多運往歐洲。

（三）中國

我國小麥的地理分布，較之稻米尤爲廣濶，但耕地面積反不及稻米爲廣，根據聯合國糧農組織統計，中國大陸地區，小麥種植面積爲3,024萬公頃，產量10,136萬公噸。主要產區分布於長江以北，北緯 30°～40° 之間，以黃淮平原、汾渭平原、長江中下游平原、四川盆地等是主要冬麥區；松遼平原、河套平原、熱河及察哈爾南部，是春麥主要產區。又秦嶺、淮河以北所產的小麥，品質較佳，屬於硬麥區；秦嶺、淮河與長江之間所產的小麥，品質較差，半屬硬麥；長江以南所產的小麥，全是軟麥，品質更差。黃淮平原是我國最大的小麥產區，河北、山東、河南、江蘇、安徽五省的產量，已佔全國總產量62％以上。

臺灣小麥栽培面積變動極大，最多是 21,759 公頃 (1961)，自民國 60 年代以來，臺灣小麥栽培面積每年都在 1,000 公頃左右，不到 50 年代的十分之一。由於臺灣冬季氣候溫和，小麥成熟甚快，全屬軟麥，品質欠佳，大半靠以進口小麥因應需要，不但價格低廉，品質又好。近年以來，平均每年進口小麥在 85 萬公噸左右，多由美國、加拿大和澳洲進口。

（四）歐洲

歐洲各國均有小麥生產，只是北歐各國緯度較高，產量不多。西歐各國，夏季涼爽，冬季溫和，雨水豐沛，所產多爲軟麥，由於人口稠密，土地面積有限，除法國之外，歐洲各國皆需進口小麥，故成爲世界最大的小麥市場。

1. 法國：主要產區爲巴黎盆地、北部平原及羅亞爾河（Loire

R.)、加倫河(Garonne R.)中游一帶，1994～95 年平均產量已逾 3,097 萬公噸，除自給之外，還可以外銷數百萬公噸。

2. 義大利：產區分布於北部波河(Po. R.)平原，所產爲硬質冬麥，1994～95 年平均產量約 819 萬公噸。可以勉強自給。

3. 德國：產區位於中德黃土區，如萊比錫盆地(Leipzig Basin)、紹林吉盆地（Thuringer Basin）、下萊茵河谷平原（D. Rhine Valley）、巴伐里亞高原(Bavaria Plateau)及法 蘭克福平原（Frankfort Plain）。 德國因人口眾多（德國人口約七千九百餘萬），小麥生產尚不足以自給。

4. 匈牙利：主要產區在匈牙利平原(Hungarian Plain)及摩拉維亞平原(Moravia Plain)等地，大部分爲黃土區，1994～95 年平均產量約 365 萬公噸，每年約有 20 萬公噸可供輸出，是東歐國家中，唯一不需要進口穀物的國家。

（五）阿根廷

阿根廷是南半球重要小麥生產國及輸出國，主要產地在彭巴(Pampas) 草原的邊緣。草原區內排水不良，尚未開闢，至今仍爲大畜牧區。南、北、西三面地勢稍高，大部分種植小麥，形成新月型，稱之爲「阿根廷新月型小麥區」， 南起布蘭加灣（Bahia Blanca），繞向西北，然後改向東北， 直達聖達非（Santa Fe），此一新月型地區， 屬於半乾燥草原氣候。 阿根廷的小麥輸出港是布宜諾斯艾利斯(Blenos Aires) 及巴希亞布蘭加。

（六）澳大利亞

澳洲小麥產區分爲兩部，一在東南部，面積較大，包括維多利亞州(Victoria)、新南威爾斯（New South Wales）；西南部面積較小，包括澳大利亞州。 東南部主要輸出港爲雪梨（Sydney）、 布利斯班

（Brisbane）及阿得雷德（Adelaide）；西南部主要小麥輸出港是伯斯（Parth）、奧巴尼（Albany）。

（七）印度半島及其他

印度半島小麥產區分布於西北部印度河平原，1994～95年平均產量約5,676萬公噸，但以人口眾多，自給不足，尚需進口大量穀物。其他產小麥國家尚有埃及、南非、韓國、日本等國。

第三節　其他麥類

一、大麥的產銷

大麥較之小麥更能適應生長環境，而且生長季甚短，約65天即可成熟，故大麥的地理分布最廣，由寒帶至副熱帶皆有生產，即使是丘陵、山地或貧瘠而乾燥的地區，均可生長大麥，因此，大麥的分布，遍及全球。歐洲是世界大麥主要產區，自蘇俄的白海東岸起，以迄南歐的伊比利半島，甚至北非的亞特拉斯山地，均生產大麥。其他如亞洲的小亞細亞半島、印度半島北部，我國東北、北美洲美、加交界處，亦有大麥生產。因大麥性黏，食用者少，主要供釀造大麴酒、啤酒、醬油等，並可作飼料。

1992年全球大麥產量約160,134千公噸，以俄國產量最多，加拿大、美國次之。我國大陸大麥產量達2,000千公噸，以四川省產量最多，江蘇、湖北、山東、河南等省次之。臺灣也產少量大麥，多集中在彰、嘉、南三縣境內，年產量僅44公噸，不足本省所需，為了製造啤酒及作為餵馬飼料，每年進口數萬公噸。

二、黑麥的產銷

　　黑麥又稱稞麥，以其所製成的麵粉色黑，故名黑麥。黑麥顆粒較小，出粉率低，靭性及營養價值亦較小麥為低，但較小麥更能耐寒耐瘠，可生長在 −18°C 的低溫，對於土壤無選擇性，故小麥不能生長的地區，才栽種黑麥。主要產地為歐洲的東北部，以俄國及德國為主，由萊茵河至烏拉山之間，是世界上主要的黑麥產區。此外，亞洲地區的西伯利亞、土耳其、伊朗、阿富汗；美國的東部和南美的阿根廷亦有生產。

　　黑麥製成的黑麵包，富有營養，唯不及小麥麵包好吃，黑麵包在歐洲人的食物中，逐漸為白麵包所取代，黑麥的生產減少。世界黑麥產量約為 2,921 萬公噸，每年僅有 5％的黑麥在國際上流通。絕大多數的黑麥供食用，一部分供作釀酒。美國的威士忌酒和俄國的伏特加酒，皆由黑麥所釀造。

　　世界主要產黑麥國家為俄國、波蘭、中國、德國等國，以俄國產量最多，1992 年年產量約 1,390 萬公噸。我國蒙新地區亦產少量。臺灣不產黑麥，由於天氣太熱，黑麥成熟太快，不易結實。近年亦有少量進口，供作黑麵包的原料。

三、燕麥的產銷

　　燕麥可以在冷濕的氣候下生長，又可適應貧瘠的土地，凡不能種植小麥或大麥之地，才種燕麥。主要產地在北溫帶，尤其是北美洲、歐洲及俄國三區最多，產量佔全部90％。主要為牲畜飼料，只有歐洲

的山地居民，如瑞士、挪威、蘇格蘭等地，以燕麥爲主食。以燕麥煮粥，亦爲一般人所喜愛，故燕麥片銷量爲數可觀。燕麥富脂肪、礦物質及蛋白質，故爲良好飼料。

　　世界燕麥產量以俄國產量最多，其次爲美國、加拿大等國。

　　我國亦爲燕麥重要生產國之一，根據聯合國糧農組織估計，年產量約 60 萬公噸。主要產地爲綏遠、察哈爾、山西、江蘇、四川等省。臺灣不產燕麥，近年因養馬需要，每年由美國進口約 500 公噸的燕麥。

表 0304　世界主要黑麥、燕麥生產國及產量

單位：千公噸

國　　　家	黑　麥			燕　麥		
	1984	1990	1992	1984	1990	1992
俄　　　國	14,600	16,431	13,900	15,600	15,553	14,333
波　　　蘭	7,878	6,044	3,981	2,846	2,119	1,236
德　　　國	1,779	3,989	2,422	3,480	2,105	1,314
美　　　國	689	259	304	6,923	5,189	4,276
加　拿　大	868	599	265	3,824	2,692	2,823
中 國 大 陸	1,340	900	600	1,800	600	600
法　　　國	360	236	207	1,774	848	690
丹　　　麥	160	545	333	180	102	93
阿　根　廷	261	95	45	568	434	450

第四節　玉　　米

玉米又名包穀或玉蜀黍，原產於美洲新大陸，本是印地安人的主要食糧，16世紀傳入歐洲，不久卽傳遍世界，唯主要產區仍在美洲。

一、玉米的用途

玉米的用途甚廣，除供食用外，並爲工業原料——提煉糖漿、榨玉米油、提煉酒精、製造澱粉並作爲造紙及人造絲的原料。最主要的用途還是作爲飼料以畜養牛羊豬及家禽、魚類等。

二、玉米的生長環境

玉米爲夏季作物，凡高溫多雨、陽光充足之地，都是玉米生長的理想環境，尤以陣雨之後卽陽光普照，爲玉米生長的最佳天氣。一般而言，無霜期不得少於150天，平均氣溫不得低於24°C，夜間氣溫不得低於10°C，在生長季節內，雨量要在600～1,200公厘。由於玉米莖高葉大，對於土壤的肥力消耗甚大，故宜在較肥沃的土地上種植，一般均需特別施肥，雨量較少的乾燥地區及山坡地亦可生長，但產量較少。由於玉米可儲存較久，且生產地區與消費地區並不配合，故有較大的國際貿易量。

三、玉米的地理分布

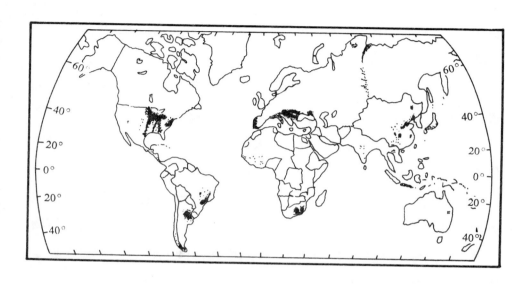

圖 0307 世界玉米分布圖
資料來源: Commodity yearbook, 1987, p29.

（一）美國：美國的玉米分布，最南從北緯 37° 至北緯 40°，其間自俄亥俄州（Ohio）的東部起，西至內布拉斯加州（Nebraska）爲止，東西延長 1,400 公里；北自南達科達州（S. Dakota）東南部，南迄密蘇里州（Missouri）的北部止，南北寬度 480 公里，此卽爲舉世聞名的「玉米帶」（Corn belt），是美國農產品中最重要的一種。美國的農民中有 2/3 種植玉米。尤以伊利諾州（Illinois）和愛阿華州（Iowa），是世界玉米產量最多之區。玉米帶上同時也種植牧草，故成爲豬、牛、羊、家禽等主要產區。玉米、母牛和豬是愛阿華州的「三寶」。

　　(二)獨立國協及其他地區：聶伯河(R. Dnieper)以東及頓河(Don R.)下游兩側，爲獨立國協主要玉米產區；巴西高原東南部的巴拉那(Parana)、聖他加薩林那(Santa Catharina)、南格蘭河(Riogrando Dosul)流域，爲巴西主要玉米產區；其他國家尚有阿根廷、羅馬尼亞、墨西哥、南非、印度、泰國等，都生產玉米。

　　(三)中國：我國的玉米產區，呈帶狀分布，自合江省的虎林，以迄雲南的瀾滄江作一直線，沿線兩側均爲我國玉米主要產區，以東北九省及黃河下游、雲貴高原產量較豐。由於平原地帶多種植高經濟作物——稻米和小麥，玉米只能在丘陵及山地種植。

　　臺灣玉米產量有限，全靠國外進口，由於保證價格偏低，農民種植興趣較低，加以生產地帶——嘉南平原，與水稻、甘蔗等對抗作物競爭下，勢難立足。1995 年種植面積僅 28,614 公頃，全年總收穫量僅 375,517 公噸，1991年臺灣進口玉米約 547 萬公噸，主要由美國進口，其次由南非及泰國進口，主供飼料及工業之用。

　　世界各主要玉米生產國及產量及國際貿易， 請參考表 0305 及 0306。

表 0305 世界主要玉米生產國的栽培面積及產量

國　　家	栽培面積（千公頃）				生產量（千公噸）			
	1979～81	1986	1990	1992	1979～81	1986	1990	1992
美　　　國	29,661	28,000	27,094	29,195	192,084	209,632	189,885	240,774
中國大陸	19,986	19,219	21,648	21,085	60,720	65,560	99,091	95,340
巴　　　西	11,430	12,465	13,110	13,429	19,265	20,510	23,739	30,619
墨 西 哥	6,836	6,818	6,947	7,348	11,866	12,154	14,253	14,997
法　　　國	1,774	1,855	1,568	1,853	9,641	10,792	9,291	14,613
阿 根 廷	2,895	3,351	1,918	2,321	9,333	12,400	5,047	10,699
前 蘇 俄	3,058	5,169	2,837	2,999	9,082	12,500	9,886	7,362
南斯拉夫	2,250	2,376	2,229	2,199	9,736	12,502	6,724	7,025
羅馬尼亞	3,226	4,250	2,467	3,337	10,218	20,000	6,810	6,829
南　　　非	4,900	4,150	3,475	3,452	11,322	8,077	8,709	3,125

資料來源：U.N., 1991～92 *FAO Production Yearbook,* 1991～92, pp. 83-84.

表0306　世界玉米的國際貿易統計（1993年）

單位：千公噸

輸　　出　　國	輸出量	輸　　入　　國	輸入量
美　　　　　國	40,365	日　　　　本	16,863
中 　國 　大 　陸	11,098	韓　　　　國	62,071
阿　　根　　廷	4,871	中 國 大 陸	5,466
法　　　　　國	7,632	俄　羅　斯	4,391
南　　　　　非	1,700	埃　　　及	2,148
世 　界 　合 　計	68,631	世 界 合 計	68,722

資料來源：U. N., 1993 *FAO Trade Yearbook,* 1993, pp. 100-101.

本　章　摘　要

1. 稻米

（1）稻米的生長條件：自然的包括氣溫、雨量、地形、土壤

等，人文的包括人工、技術等。

(2) 稻米的地理分布：季風亞洲佔91％，其他地區佔9％，包括巴西、美國、埃及、義、西、法等國。

2. 小麥

(1) 小麥的分類：兩種分法——春麥、冬麥；硬麥、軟麥。

(2) 小麥的生長環境——氣溫、雨量、土壤。

(3) 小麥的產銷：六大生產國——中、俄、美、印、加、法六國。

3. 大麥的產銷：歐洲最多，俄國居首、加國居次、法國第三。外銷量不佔重要地位。

4. 黑麥的產銷：歐洲東北、俄國最多，波蘭次之，德國第三，外銷有限。

5. 燕麥的產銷：集中於北美、歐洲、俄國。以俄、美、加三國產量最多。

6. 玉米

(1) 玉米的生長環境：高溫多雨、陽光充足、土地肥沃。

(2) 玉米的地理分布：美國玉米帶、法國、中國產量最多。

習　　題

一、填充：

(1)穀類對於人類的重要性是：＿＿＿＿、＿＿＿＿。

(2)主要穀類作物有：＿＿＿＿、＿＿＿＿、＿＿＿＿、＿＿＿＿。

(3)世界稻米主要生產國，依序是：＿＿＿＿、＿＿＿＿、＿＿＿＿、＿＿＿＿。

(4)我國主要稻米生產地區有六，即：＿＿＿＿、＿＿＿＿、＿＿＿＿、＿＿＿＿、＿＿＿＿、＿＿＿＿。

(5)印度半島生產稻米國家有：＿＿＿＿、＿＿＿＿、＿＿＿＿、＿＿＿＿。

(6)世界小麥主要生產國，依序爲：＿＿＿＿、＿＿＿＿、＿＿＿＿、＿＿＿＿、

　　＿＿＿＿、＿＿＿＿。

(7)世界小麥主要出口國家有：＿＿＿＿、＿＿＿＿、＿＿＿＿、＿＿＿＿。

(8)美國著名的小麥帶是由北面的＿＿＿＿向東到＿＿＿＿，向南到＿＿＿＿

　　北部。

(9)美國的玉米帶包括的州有：＿＿＿＿、＿＿＿＿、＿＿＿＿、＿＿＿＿等。

(10)世界主要玉米生產國有：＿＿＿＿、＿＿＿＿、＿＿＿＿、＿＿＿＿，主要

　　輸出國有：＿＿＿＿、＿＿＿＿、＿＿＿＿、＿＿＿＿。

二、選擇：

(1)全世界稻米生產，季風亞洲佔：①80%　②90%　③70%。

(2)我國稻米生產，以何省最多？①臺灣　②四川　③廣東。

(3)小麥生長環境，就土壤而言，以何種土壤最佳？①富有鐵質的壤土

　　②富有鉀質的壤土　③富有鈣質的壤土。

(4)世界最大的麥產區是位於何國？①美國　②俄國　③法國。

(5)我國最大的小麥產區是：①松遼平原　②長江中下游平原　③黃淮

　　平原。

(6)臺灣地區小麥進口多半來自那些國家？①中國大陸　②美加及澳洲

　　③法國。

(7)法國小麥產地位於：①羅亞爾河、加侖河中游谷地　②波河平原

　　③萊比錫盆地。

(8)南半球小麥生產及出口國家，居首位的是：①巴西　②智利　③阿

　　根廷。

(9)大麥的主要用途是：①釀酒　②作飼料　③供食用。

(10)世界生產大麥最多的國家是：①美國　②俄國　③德國。

(11)臺灣每年進口約三百萬公噸玉米，主要來自：①泰國　②南非　③美國。

(12)世界最大的玉米輸入國是：①日本　②中國大陸　③中華民國。

三、問答：

1.稻米的生長條件及地理分布若何？

2.小麥的生長條件及地理分布若何？

3.大麥、黑麥、燕麥主要產於那些國家？

4.玉米的生長條件及地理分布若何？

5.臺灣地區稻米的生產情形若何？何以臺灣稻米會生產過剩？

6.你較爲喜食米飯還是麵食？以個人觀點而言，是否應改變習慣？

第四章　工業原料作物

第一節　纖維作物──棉花、麻、蠶絲

纖維作物中以棉花、麻類和桑柞樹（蠶的飼料）為主，作為人類的衣着所需或化工原料。

一、棉　　花

棉花是一切纖維作物中用途最廣、物美價廉者，旣可大規模生產，而且漂染容易，是人類最普遍的衣料，並為製造火藥、假象牙及衞生用品的原料。

（一）棉花的生長環境

棉花的生長條件甚為嚴格，無霜期至少要 180 天，生長期氣溫需 21°C 左右，雨量在 700～1,000 公厘，乾燥區可用灌漑植棉。另一重要條件為成熟期最忌多雨，否則妨礙棉花發育或打濕棉絮，容易腐爛變黃。土壤則以疏鬆而易透水的沙質壤土為宜。

（二）棉花的產銷

1. 我國棉花的生產：我國為世界六大產棉國之一，棉花主分布

於長江以北、長城以南的平原，約分四大區：

（1）長江三角洲：海岸地區的新漲沙地，廣植棉田。北自江蘇阜寧，南至杭州灣，以南通、上海、無錫、餘姚為產棉中心。

（2）江漢平原：以漢水下游及洞庭湖西北部最盛。漢口、孝感、沙市是棉產中心。

（3）黃淮平原：以海河流域及黃河兩岸地帶產棉最盛。天津、石門、濟南、鄭縣為產棉中心。

（4）汾渭平原：渭河盆地及汾河谷地為主要產區。渭南、新絳是產棉中心。

2. 世界重要產棉國（圖0402）

（1）俄國：為世界重要產棉國，主要棉田在俄屬中亞及裏海北岸。塔什干（Tashkent）和撒馬爾汗（Samarhand）為兩大產棉中心。

（2）美國：世界聞名的棉花帶(Cotton belt)，橫亙於密士失比大平原的南部，由於環境適宜，又有充足的黑人勞工，所以成為世界上最大的產棉區之一。以阿肯色斯（Arkansas）、田納西（Tennessee）、密士失比（Mississpp）、路易斯安那（Louisiana）及德克薩斯（Texas）五州為主要產地。休斯敦（Huston）、孟非斯（Memphis）為棉花集散中心。紐澳爾良（New Orleans）、加爾維斯敦（Galveston）、薩凡那（Savannah）為聞名全球的棉花輸出港。（參考圖0401）

（3）其他地區：巴西高原南部、墨西哥高原西北部、非洲尼羅河兩岸、巴基斯坦的印度河平原、土耳其西部平原等，都是重要的產棉區。

世界棉產地甚為集中，而產棉國中又非全為工業國，所以棉花的國際貿易量甚大。主要棉花輸出國以美國居第一位，依序為墨西哥、埃及、蘇

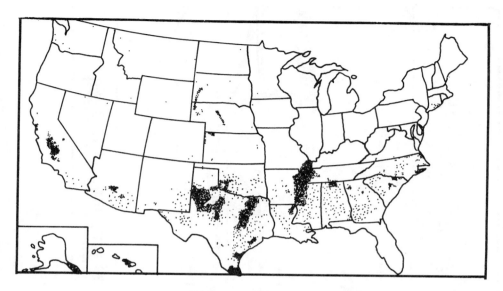

圖 0401　美國棉田分布圖
資料來源: Commodity yearbook, 1987, p.190.

表 0401　世界主要棉產國的棉產量

單位: 千公噸

國　　　　家	1979～81	1986	1990	1992
中國大陸	2,627	3,540	4,508	4,528
美　　　國	3,044	2,130	3,375	3,527
印　　　度	1,280	1,360	1,671	2,195
前　蘇　聯	2,733	2,550	2,593	2,046
巴基斯坦	730	1,240	1,637	1,594
巴　　　西	555	735	660	620
土　耳　其	488	475	655	605
澳　　　洲	78	258	289	431
埃　　　及	504	434	303	324

資料來源: U.N., 1991～92 *FAO Production Yearkook,* 1991～92, pp. 198-199.

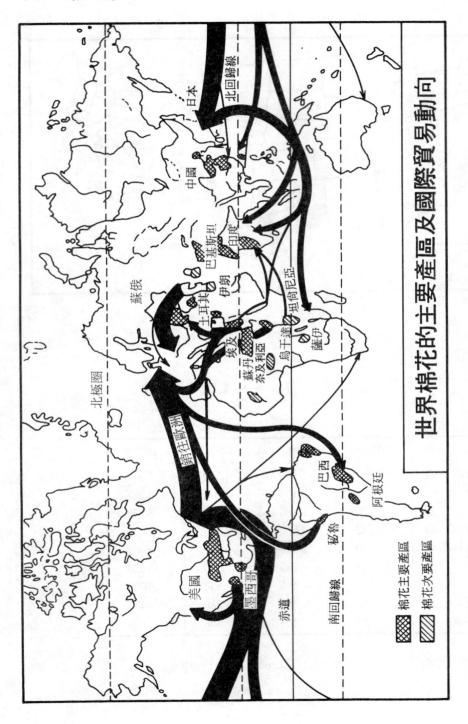

圖 0402 世界棉花的主要產區及國際貿易動向圖

資料來源: Commodity yearbook, 1987, p.223.

丹等國次之；主要輸入國為西歐的英國、德國、法國、義大利以及亞洲的日本。英國的利物浦(Liverpool)、法國的哈佛(Le Havre)、德國的漢堡(Hamburg)、日本的神戶(Kobe)為世界四大棉花輸入港。

　　臺灣氣候不適合栽種棉花，故棉產量微不足道，每年要進口大量美棉以應紡織業需要，年進口量約 35 萬公噸。自從轉口貿易被允許後，由大陸轉口之棉花數量與日俱增。

二、麻　　類

　　麻類依纖維的粗細，可分為兩大類，細質纖維可做紡織原料，如亞麻、苧麻、黃麻等；粗質纖維，不宜供紡織，只可作為繩索或造紙原料，如瓊麻、馬尼拉麻、龍舌蘭麻等。

　　（一）亞麻（Flax）

　　亦稱胡麻，纖維細軟而有光澤，原產地為埃及，其後傳遍世界。亞麻性喜寒冷濕潤，西歐氣候最為適宜，因此，歐洲波羅的海沿岸便成為世界亞麻的主要產地。尤以愛沙尼亞、拉脫維亞、立陶宛三小國產量最多。亞洲地區出產亞麻，以日本、印度和我國產量最多。我國亞麻主產於北方各省，以晉、冀、魯、豫四省最多。中印兩國種植亞麻以採取亞麻仁以榨油為主，取其纖維僅為副產品，纖維較粗硬，歐洲則以取其纖維為主，不待成熟即行收割，故質地柔細，為上等麻料。

　　一九九二年全球亞麻產量約 673 千公噸。歐洲人傳統上喜愛麻類織品，麻紡織仍甚發達，瑞士即以生產高級麻織品聞名世界。

　　臺灣亦產少量亞麻，主產於彰、中、雲三縣，民國八十年度產量為 500 公噸。

(二) 苧麻 (Ramie)

為我國原產麻類，西人稱為中國草 (China grass)，纖維細長而富靱性，且易於漂白，故又稱「白麻」，為我國麻織業最重要的原料。苧麻為多生草本植物，宜在濕熱的氣候下生長，年可收割二、三次，自溫帶至熱帶均可栽培，但以副熱帶為宜。我國為世界最大的苧麻生產國，年產量約 13 萬公噸。主要產區為鄱陽盆地，以宜黃、萬載、宜寧為中心；兩湖盆地，以瀏陽為中心；四川盆地，以隆昌、榮昌、江津為中心。

臺灣亦產少量苧麻，主產於南投、臺南二縣，年產量僅 30 幾公噸，目前苧麻全賴轉口貿易，原產地仍以大陸居多。

(三) 大麻 (Hemp)

又稱火麻，原產地為亞洲，其生長條件與亞麻相似，但畏霜，宜在溫帶或副熱帶種植，主要生產國有俄國，以裏海、黑海沿岸最盛，年產 1.8 萬公噸。其次為義大利、南斯拉夫、羅馬尼亞、土耳其、奧地利等國。亞洲地區以印度產量居世界第三位，我國大麻產區分布在西南部的雲南、貴州等省。世界大麻年產量約 19.6 萬公噸，大部分都在原產地產銷。國際貿易量年僅 4 萬公噸，主要由南斯拉夫及印度外銷，各約 1,500 公噸，俄國輸出約 5,000 餘公噸。

由於大麻葉具有麻醉神經的作用，墮落青年常吸食以麻痺自身，許多國家列為毒品之一，禁止栽種大麻。

(四) 黃麻 (Jute)

以色黃而不易漂白得名，原產地為亞洲，主產地以亞洲的印度、孟加拉及中國大陸為主。黃麻性喜高溫多雨，生長期四個月，土壤以含有機質的黏性土壤為宜。當黃麻成長後，不怕洪水淹沒，故適於印

度半島的恒河及布拉馬普德拉河聯合三角洲及洪水平原上種植，其中孟加拉與印度所生產的黃麻，佔全球總生產量68.83%，除供當地銷售外，有大量外銷，市場遍及世界，以英、美、法、義、比、日為最大輸入國。孟加拉灣的吉達港（Chitagong）是世界最大的黃麻輸出港。

（五）其他麻類

包括馬尼拉麻（Abaca）、瓊麻（Sisal hemp）、龍舌蘭麻等。馬尼拉麻主產於菲律賓，佔全球95%，年產量7萬公噸，為製造船用繩索的上好材料。其他生產國家尚有馬來西亞及中美洲的哥斯達黎加，產量在3萬公噸以下。

瓊麻又名西沙爾麻，屬於龍舌蘭科的熱帶植物，可製繩索，可取代馬尼拉麻，主要產地為巴西，佔全球54.83%。臺灣年產瓊麻約2,500餘公噸，主產於恒春半島。

表0402　世界主要黃麻生產國的產量

單位: 千公噸

國　　　　家	1979～81	1986	1990	1992
印　　　度	1,469	1,400	1,661	1,260
孟 加 拉	949	907	976	898
中國大陸	575	715	726	619
泰　　　國	234	254	181	161
世界總計	3,619	3,681	3,747	3,135

資料來源: U. N., 1991～92 *FAO Production Yearbook,* 1991～92, p. 196-197.

表0403　世界主要瓊麻生產國的產量

單位: 千公噸

國　　　　　家	1979～81	1986	1990	1992
巴　　　　西	234	246	185	210
坦 尚 尼 亞	80	25	34	35
肯　　　　亞	42	50	39	35
墨 西 哥	86	60	35	30
中 國 大 陸	20	16	16	17
世 界 總 計	527	436	368	383

資料來源: U. N., 1992 *FAO Production Yearbook,* 1992, p. 197.

三、蠶　　絲

蠶絲本非纖維作物，而養蠶所需的飼料——桑樹和柞樹，則間接供給人類纖維原料，用桑葉所養的蠶為桑蠶，以柞葉所養的蠶稱為柞蠶，由此可知，蠶絲乃動植物的聯合產物。我國是世界上最早知道養蠶取絲的民族，相傳黃帝之妃嫘祖教民養蠶，歷代帝王及后妃，均重視蠶絲，自 5 世紀起，中國蠶種開始傳入土耳其的君士坦丁堡，12世紀傳入義大利的佛羅倫斯（Florence），15 世紀末葉傳入法國的里昂（Lyon）。中國的養蠶取絲之傳入日本，約在我國唐代，日本的大化革新，將中國文化全盤吸收，養蠶技術卽其中之一。

（一）蠶桑的生長環境

絲，旣為動植物聯合產物，植桑方可養蠶，養蠶始能繅絲，二者必須兼顧。桑樹宜植於溫帶，但是緯度較高之地亦可植桑。但養蠶則以高溫而濕潤的氣候為宜，同時飼蠶需要大量人工，必需在人口稠密之區，始有大規模發展之可能，因之，世界飼蠶業的地理分布，無形中密集於亞洲季風區之內，以日本、中國最為興盛。

（二）蠶絲的主要生產地區

1. 中國：分桑蠶及柞蠶兩種

（1）桑蠶絲的主要產地

　　①太湖流域：江蘇南部、浙江北部地區，為我國最大的蠶絲產區。吳縣、無錫、吳興、杭州是絲織中心，所產為「白絲」。以產「杭紡」、「湖綢」著名。

　　②珠江三角洲：分布於：東江惠陽以下；西江梧州以下；北江英德以下的沿岸平原及珠江三角洲，以南海、順德、番

禺爲中心。本區桑蠶係農民主業，每年可育蠶六、七次，
產量亦多，皆就地設廠繰絲織綢，所產的黑色香雲紗，遠
近馳名。

③四川盆地：以四川西部的成都、樂山及川北的嘉陵江流域
的三臺、南充等地爲中心，所織絲綢以色澤艷麗著名，四
川著名的「蜀錦」，宜製女裙及被面。

(2) 柞蠶絲的主要產地

①伏牛山地：河南西南部的南陽盆地周圍丘陵，以南陽、鎮
平爲中心。

②山東丘陵：膠東丘陵以煙臺爲中心；膠西丘陵以周村爲中
心。

③遼東半島： 半島南部爲主要產地， 安東、 蓋平爲最大中
心。

1950 年以前，我國生絲獨霸世界市場，以後日本生絲崛起，且凌
駕我國之上。1992年，中國大陸僅生產生絲64,002公噸，絲業每況愈
下。臺灣絲業自民國六十二年起在中部苗栗、南投以及屏東、臺東等
地設立蠶絲生產專業區，利用良好的自然環境，集中栽桑，訓練蠶
農，革新養蠶技術及設備，輔導農工雙方訂定契約生產，改進蠶繭收購辦
法，增加農民收益，迄民國七十六年底止，栽桑面積 2,034 公頃，生
產生絲 5 萬公斤。仍不敷省立需要，每年仍須進口 30 萬公斤。

2. 世界其他蠶絲生產國

(1) 日本生絲的產銷：日本絲產遍及全國，北緯 40° 以南的本
州中部，桑田密布，絲業鼎盛，長野縣爲絲業中心，橫濱爲世界著名
絲港。1992 年年產量爲 4,000 公噸，居世界第一位。

(2) 其他產絲國家：義大利北部波河（Po River）平原及倫巴

底平原(Lombardy P.)、威尼斯等區。法國的隆河(Rhone R.)谷地，里昂(Lyon)是絲織業中心。其他產絲國尚有巴西、韓國、越南、泰國、土耳其、黎巴嫩、敘利亞等。近年俄國在高加索地區推廣絲業，頗有成效。

第二節　植物油類作物——大豆、花生、橄欖、芝蔴、油菜

在千萬種植物之中，有許多其種子可供榨油，以供人類食用或作塗料及工業之用，稱爲油類作物，主要有大豆、花生、橄欖、芝蔴、油菜等。各種油類作物之含油率，參考表0404。

表0404　油類作物含油率

油類作物	百分比	油類作物	百分比	油類作物	百分比
椰　　乾	63	亞麻仁子	30	橄　　欖	15
棕櫚核	45	葵花子	30	榮　　實	15
芝　　蔴	45	棉　　子	18	松　　子	15
紅花子	38	蓖麻子	16	柏　　子	15
花　　生	36	桐　　子	16	玉　　米	15
油菜子	35	大　　豆	15		

一、大　豆

又名黃豆，含有豐富的蛋白質及脂肪，營養價值極高，是我國人民的主要食品。大豆除榨油以外，尚可製造醬油、豆醬、味精及豆類

食品，在工業上又可製造塑膠、尼龍、人造奶油、潤滑油、肥皂及其他化工原料。 豆葉可充飼料並可製造人造菸草， 豆餅可作飼料或肥料，豆莖可作燃料或造紙原料，故外國人稱大豆爲「萬能作物」。

（一）大豆的生長環境

大豆適於溫暖的氣候。性耐乾燥，不甚懼霜，唯於未開花前需要適當的雨水，開花時不宜過濕，結實後又需要較多的雨水，其生長環境類似玉米，但較玉米更可抗寒。年均溫以攝氏 10 度爲宜，年雨量不得少於 400 公厘，土壤以容易排水爲宜。以北半球而言，初夏播種，九月末收穫。

（二）大豆的產銷

大豆爲我國原種產物，19 世紀才傳往歐美，1960 年以前，中國一向是世界大豆王國，自 1960 年以後，美國大豆生產超過中國，1991 年美國大豆生產約 5,403 萬公噸，中國大陸則生產 980 餘萬公噸，落居世界第四，第二爲巴西，第三爲阿根廷。其餘爲印度、俄國、加拿大等國。（表 0405）

表0405　世界主要大豆生產國的產量

單位: 千公噸

國　　　　家	1979～81	1986	1989	1991
美　　　　國	54,861	54,622	52,354	54,039
巴　　　　西	13,468	13,335	24,071	14,771
阿　根　廷	3,657	7,100	6,500	11,250
中　國　大　陸	8,266	11,000	10,239	9,807
印　　　　度	359	1,300	1,806	2,100

資料來源: U. N., 1992 *FAO Production Yearbook,* 1992, pp. 107-108.

　　我國大豆主產於東北及華北，其次是四川省。美國大豆主產於中央平原北部，約與玉米帶重疊。

　　大豆的國際貿易，美國爲主要輸出國，其次爲阿根廷、巴拉圭、巴西等。主要輸入國爲日本、德國、荷蘭、西班牙、俄國、英國等。（表0406）

表0406　世界大豆的國際貿易統計

單位：千公噸

輸出國	輸出量		輸入國	輸入量	
	1986	1993		1986	1993
美　　　國	21,379	19,512	日　　　本	4,817	5,031
巴　　　西	1,200	4,185	荷　　　蘭	2,746	3,353
阿　根　廷	2,604	2,428	德　　　國	3,093	3,176
巴　拉　圭	634	1,360	俄　　　國	2,012	2,534
中　　　國	1,370	373	西　班　牙	2,389	2,117

資料來源：U. N., 1993 *FAO Trade Yearbook,* pp. 215-216.

　　臺灣地區八十四年僅生產大豆 8,894 公噸，尚不足需要量 0.4%，每年進口在 180 萬公噸以上，主要由美國進口，轉口貿易後由大陸進口數量日增。

二、花　　生

　　又名落花生，原產地爲巴西，300 年前傳至中國，現已傳遍熱帶及溫帶地區。

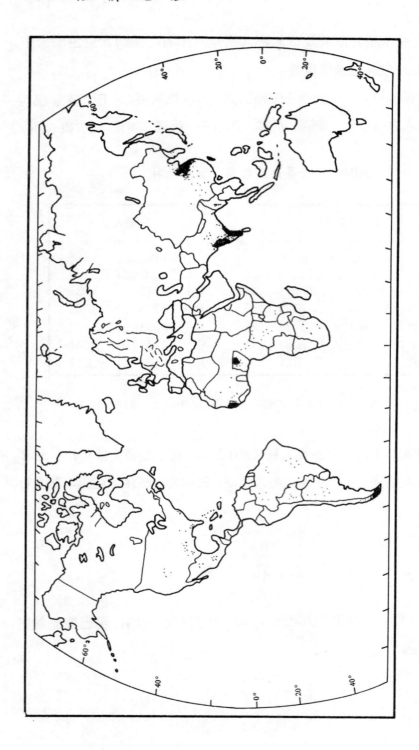

圖 **0403** 世界花生分布圖

資料來源: Commodity yearbook, 1987, p.25.

（一）花生的生長環境

需要有連續 3～4 個月氣溫在 22°C 以上，生長期間需要日照充足、雨水充份，但在落花結果時期宜天氣乾燥，土壤宜於疏鬆的砂壤，以便排水，否則，土壤中的花生易於腐爛。

（二）花生的用途

花生可作食用，可供榨油，花生油爲我國人民主要食用油之一。花生油可作爲製造肥皂的原料，並可製造人造牛油。花生餅是最好的飼料和肥料。

（三）花生的產銷

花生主產於亞洲及西非洲，以印度出產最多，主產於德干高原各省。印度年產花生在 820 萬公噸以上，中國大陸居第二位，年產量 558 萬公噸，美國居第三位，約 194 萬公噸，其次是塞內加爾、奈及利亞、緬甸、蘇丹、薩伊等國。印度和塞內加爾爲世界二大花生輸出國。（圖 0403）（表 0407）

表0407　世界主要花生生產國的產量

單位：千公噸

國　　　　家	1979～81	1986	1990	1992
印　　　　度	5,999	6,400	7,622	8,200
中　國　大　陸	3,501	5,995	6,433	5,580
美　　　　國	1,550	1,677	1,634	1,943
奈　及　利　亞	466	700	1,166	1,214
塞　內　加　爾	690	720	703	578
緬　　　　甸	390	651	459	466
蘇　　　　丹	760	454	123	454
薩　　　　伊	334	400	425	440
越　　　　南	94	275	213	215

資料來源：U. N., 1992 *FAO Production Yearbook,* 1992, pp. 109-110.

臺灣自食用沙拉油充斥市場之後，花生銷路大減，栽種面積亦逐漸減少，民國八十四年總收穫量為 92,225 公噸，主要產地為臺灣中部各縣沿海及澎湖縣。北港是全臺花生銷售市場。

三、橄　　欖

（一）橄欖的生長環境

橄欖樹原產於土耳其及敍利亞一帶，不久即傳遍地中海四周及世界各宜種地區。 橄欖為地中海氣候型特有的多年生經濟林木， 葉窄小，可耐乾旱，樹齡甚長，可活五、六百年之久，多溫不宜低於 −5°C，以北半球而言，每年 4～6 月開花，需要少量雨水，月均溫宜在 18°C，每年 10～12 月結果，每棵可結橄欖 10～12 公斤，出油率 15%。

（二）橄欖的用途

橄欖油為南歐及北非各國主要食用油，並可充作化粧品工業原料，亦可直接供作食用。

（三）橄欖油的產銷

南歐三大半島——義大利、伊比利、巴爾幹——為主要產地。義大利、 西班牙、 希臘、 葡萄牙、 法國等為最大生產國。亞洲的土耳其、以色列、黎巴嫩；北非的突尼西亞；美國的西部沿岸、智利中部沿海都有出產。

地中海區的橄欖油，全年產量約 165 萬公噸，佔全球 90%，唯國際貿
易量僅 25 萬公噸。以西班牙出口最多，約佔 40%，主要銷往北美及西歐
各國。（表 0408）

表0408　*世界主要橄欖及橄欖油生產國及產量*

單位：千公噸

國　　　　家	橄　　欖			橄　欖　油		
	1979～81	1986	1991	1978～81	1986	1991
西　班　牙	2,025	2,539	2,891	435	534	608
希　　臘	1,465	1,205	1,800	302	267	355
土　耳　其	727	950	800	129	170	96
義　大　利	2,962	2,050	775	635	430	685
敍　利　亞	65	399	91	59	70	43

資料來源：U. N., 1992 *FAO Production Yearbook,* 1992, pp. 119-120.

四、芝　蔴

芝蔴是油類作物中顆粒最小而出油率最高的，含油率在 45% 以
上，由於芝蔴籽小油多，榨油甚爲容易，所榨出的油稱爲蔴油，又因
富有香味，亦稱香油。臺灣通稱「小磨蔴油」，以其用古法製造名之，
是食用油中最令人唾涎的油類。榨油的油渣，是上等的肥料及飼料。

芝蔴有黑白兩種，黑芝蔴被認爲更富滋補價值。

　　我國是世界上最大的芝蔴產國，主產於華北，以河南、河北、山東、江蘇、安徽、湖北、四川等省最多，年產量 30 萬公噸，佔全球22%。印度恒河上游乾燥地區亦盛產芝蔴，年產量與中國不相上下，其餘國家如蘇丹、墨西哥、緬甸、土耳其、委內瑞拉等亦有生產。

五、油　菜

　　油菜爲多季作物，在我國長江流域常和水稻輪作，分布面積甚爲廣濶，長江流域的四川、湖南、江西、安徽、江蘇等省爲主要生產地帶。油菜成熟後，種籽可以榨油，出油率可達 35%，質地清香，爲我國長江流域居民主要食用油類。油渣可飼養家畜或作肥料。臺灣油菜爲蔬菜之一種，嫩葉及莖部美味可口，甚少作爲榨油原料。

　　世界油菜籽主產於亞洲，佔全球 2/3，其次是歐洲，佔全球 1/4。世界產油菜籽國家以我國居首，其次爲印度。歐洲則產於中歐各國，多自產自銷，故油菜籽在國際貿易上無重要地位。

第三節　栽培作物──煙草、橡膠

一、煙　草

　　煙草（Tobacco）原產地爲中、南美洲，17 世紀傳播至世界各地，雖非人類的生活必需品，但全球有 20% 的吸煙率，其市場普遍和銷路廣大可見一斑。煙草中含有尼古丁（Nicotine）等毒素，久吸有損健康，但因毒性緩慢，人類久吸成癮，戒之不易，明知其有毒，有

些人仍照吸不誤。吸煙易罹肺癌，已為醫學界所公認，但世界煙草的消耗量，仍然與日俱增。

（一）煙草的生長環境

煙草為一年生草本植物，由於適應能力強，世界各地分布甚廣，自高緯度至低緯度，自溫濕地區至乾燥地區均能生長。不過煙草較為喜熱畏寒，尤怕霜害，生長期中理想的氣溫在 18°C～27°C 之間，成熟期宜有適當的日照。

（二）煙草的主要生產地區

世界重要的煙草產地，以下列各國最為重要：　（圖 0404）

1. 美國：以阿帕拉契山脈（Appalachian Mts.）以東的南卡羅來納州（S. Carolina）、北卡羅來納州（N. Carolina）、維吉尼亞州（Virginia）及西部的俄亥俄州（Ohio）和肯塔基州（Kentucky）為最大的生產中心。

2. 獨立國協：主產於南部烏克蘭、克里米亞半島（Crimea Pen.）和高加索區的喬治亞區（Georgia）的黑海低地、亞塞爾拜然（Azerbaidzhan）及中亞細亞。

3. 中國：目前是世界第一煙草生產國，產區廣大，南起廣東，北至黑龍江省，皆有生產，就中以四川、貴州、湖南、山東半島及河南省中部所產煙草最為著名。

臺灣煙草主產於臺中、臺南、高雄及屏東縣境內，八十四年年產量約一萬二千公噸。由於地理環境關係，所產的煙草品質欠佳，高級煙草，全賴由國外進口，主要來自美國。

4. 印度：亦為世界重要煙草生產國，主產於德干高原，栽種於雨季末期，在乾季內收穫，亦屬多作。印度人口眾多，煙草銷售量大，品質亦低，無煙草可供出口。

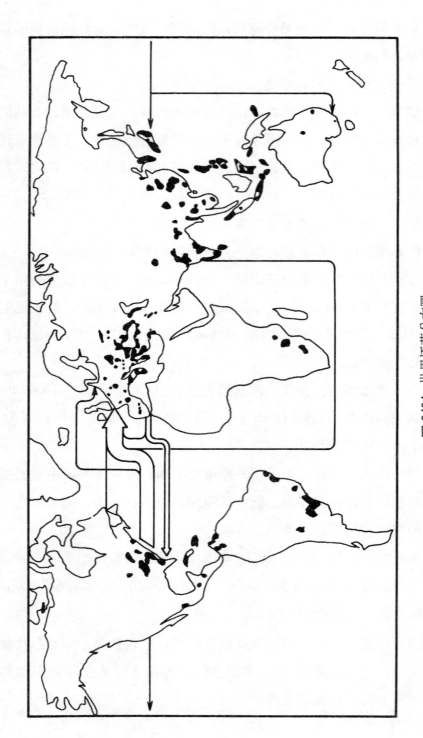

圖 **0404** 世界煙草分布圖

資料來源: Commodity yearbook, 1985, p.132.

5. 其他國家：包括巴西，主產於沿海高坡地帶，如巴伊亞洲
(Bahia)、聖保羅州 (San Paulo)、明納斯州 (Minas)，所產煙草品
質良好，主銷阿根廷、西班牙、荷蘭等國。其他生產煙草的國家尚有
古巴、巴基斯坦、土耳其、菲律賓等國，品質亦馳譽世界。（表 0409）

表0409　世界主要煙草生產國的栽培面積及產量

國　　　家	栽培面積（千公頃）			生產量（千公噸）		
	1979～81	1986	1991	1979～81	1986	1991
中國大陸	640	959	1,568	1,134	1,728	3,121
美　　　國	368	242	308	813	544	753
印　　　度	429	401	383	458	439	560
巴　　　西	313	280	289	397	386	414
土　耳　其	211	176	261	204	170	247
義　大　利	61	80	84	131	156	192
希　　臘	92	100	83	125	153	178
印　　　尼	185	201	150	105	170	159
日　　　本	61	48	30	144	124	71

資料來源：U. N., 1990 *FAO Production Yearbook,* 1991.

(三) 煙草的產量與運銷

中國是世界最大的煙草生產國，因人口眾多，無煙草輸出。美國是世
界上最大的煙草輸出國。1993 年輸出煙草 211,878 公噸，品質之優，冠於
全球，是世界各國製造高級香煙的原料供應地。煙草為美國三大農產出口

品之一(另二項爲小麥和玉米)，勒星頓(Lexington)爲世界最大的煙草市場。美國煙草多輸往西歐、日本、中華民國。英國是世界最大的煙草進口國，煙草的國際貿易請參考表 0410。

表0410　世界煙草的國際貿易

單位：百萬美元

國　　　家	輸　　出 金　額		國　　　家	輸　　入 金　額	
	1984	1993		1984	1993
美　　　國	1,371	1,322	美　　　國	396	1,002
巴　　　西	242	697	德　　　國	492	674
辛 巴 威	144	470	日　　　本	392	611
土 耳 其	255	396	荷　　　蘭	242	421
希　　臘	216	337	英　　　國	795	392
義 大 利	21	169	西 班 牙	157	224
中國大陸	—	145	中 國 大 陸	—	129
印　　度	118	122	義 大 利	75	116
保 加 利 亞	154	97	前 蘇 俄	223	101

資料來源：U. N., *FAO Trade Yearbook*, 1993, pp. 211-212.

二、橡　　膠

　　橡膠爲另一項企業性栽培業，在經濟作物中曾顯赫一時，在人類未發明人造橡膠以前，天然橡膠眞是天之驕子，除日常用品之外，飛機及各種車輛的輪胎、戰車的履帶、工業履帶、電線外皮，一切電氣

之絕緣護圈或外殼，各種橡膠管等，用途之廣，難有其他物質可比擬，自人造橡膠發明以後，天然橡膠才稍受影響，唯天然橡膠仍十分重要，因為天然橡膠有許多優點，不是人造橡膠可以完全取代的。

（一）橡膠的生長環境

橡膠原產於巴西亞馬孫河盆地，17 世紀在世界熱帶地區。橡膠為熱帶植物，需要炎熱多雨才能生長良好。氣溫應在 24°C～35°C 之間，雨量須豐沛，年雨量至少需 1,800 公厘，而且無明顯的乾季。就地形而言，斜坡較平地或陡坡為佳。其他人文因素如：充沛的人力和便利的交通運輸。馬來西亞和印尼正符合上述地理條件。

（二）橡膠的產銷

馬來西亞的馬來半島是世界上天然橡膠重要產區，分布於靠近西海岸和馬六甲海峽一帶的海岸平原。印尼橡膠以蘇門答臘東部海岸平原，爪哇島北岸和婆羅洲西北岸為主要產地。泰國南部、越南與高棉湄公河下游地區亦產橡膠。緬甸則大部分產於坦沙里（Tenasserin）沿海地區。南洋以外生產橡膠的地區有非洲西岸與赤道附近，以奈及利亞、薩伊、南美洲亞馬孫河盆地仍產野生橡膠，唯產量不多。

我國天然橡膠生產，有雲南省及海南島地區。臺灣恒春半島亦曾推展天然橡膠生產，後因氣候限制，未能成功，目前國內所需天然橡膠，全賴國外進口。

第四節　糖類作物——甘蔗、甜菜

製糖原料有兩種，一爲甘蔗，主產於熱帶或副熱帶地區；一爲甜菜，主產於溫帶地區。二者所提煉的糖，在化學成分及甜度上，完全相同，唯二者產地不同，彼此常有競爭，一般言之，蔗糖較甜菜糖稍佔優勢，一方面由於蔗糖產量較甜菜糖產量爲大，另一方面甜菜種植所需勞工及生產成本較高，而蔗糖較甜菜糖售價低廉。（表 0411）

表 0411　*甘蔗和甜菜生長條件比較*

生長條件	甘　　　　　　　蔗	甜　　　　　　　菜
溫　　度	21°～27°C（70°～80°F）	16°～23°C（60°～73°F）
雨　　量	最少 1,250 公厘（約 50 吋）	約 650 公厘（25吋）在生長期間降雨量爲主
土　　壤	土層較深，地力肥沃，排水良好的壤土爲佳	排水良好而肥沃的壤土或石灰質的壤土
勞　　工	需要衆多而低廉的勞工	需要相當多的勞工

一、甘　　蔗

（一）甘蔗的生長環境

甘蔗性喜高溫，全年之內不宜降霜，年均溫介於 20°C～25°C 之間，年雨量在 1,200 公厘以上，如少於此數，即需人工灌漑，收穫季節不宜多雨，否則將減低含糖成分而增加收穫的困難。甘蔗最理想的

生長環境爲雨季長而乾季短的熱帶或副熱帶，因此，甘蔗生長全集中於北緯 34°至南緯 30°之間。

（二）世界蔗糖的重要產地　（圖 0405）（表 0412）

1. 西印度羣島：包括古巴、波多黎哥、海地、牙買加、千里達、小安地列斯羣島等。古巴，由於氣溫、雨量均適合種植甘蔗，故有 2/3 以上的耕地種植甘蔗，是西印度羣島最大的甘蔗產地。哈瓦那（Havana）、馬坦薩斯（Mactanzas）、聖大克拉拉（Santa Clara）、馬維塔斯（Madvitas）、關達那木（Guantanamo）等地，是古巴的蔗產中心。

2. 南美洲：包括巴西、阿根廷、秘魯、哥倫比亞、委內瑞拉、蓋亞那、厄瓜多爾等國，1992 年年產量約 347,649 千公噸，佔全球 30%，其中以巴西產量最多。巴西甘蔗產於東部及東南海岸，在此狹長的熱帶低地，以伯南布哥（Pernambuco）、埃斯匹里托（Espiritis）生產最盛。

3. 北美洲：包括美國、墨西哥、瓜地馬拉等國，1992 年年產量約 102,427 千公噸，佔全球產量 9%，以美國產量最多，主產於佛羅里達州及加里福尼亞州南部。

4. 印度半島：包括印度、巴基斯坦、孟加拉及斯里蘭卡。1992 年年產量約 124,749 千公噸，約佔全球 11%，本區以印度出產最多，主產於恒河流域及半島東西兩岸。

5. 非洲：包括南非、莫三比克、辛巴威、烏干達、馬拉加西、埃及及印度洋中的模里西斯（Mauritius）、留尼旺（Reunion）等島，1992 年年產量 71,369 千公噸，佔全球 6%。

6. 中國：包括海南島、四川、江西、福建、廣東等省，1992 年年產量 77,548 千公噸，佔全球 7%。

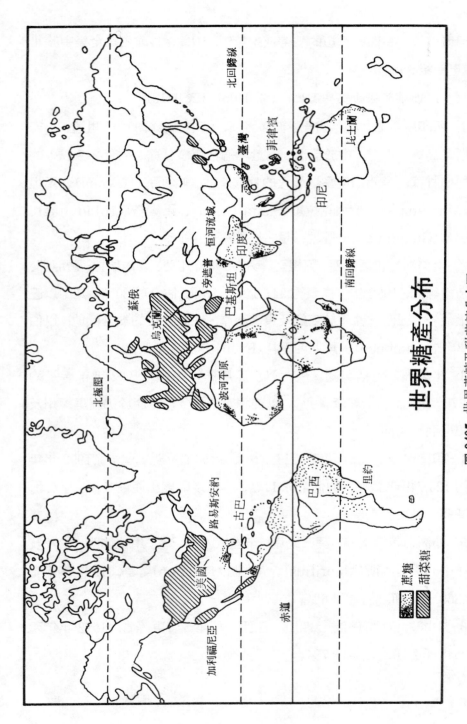

世界糖產分布

圖 0405　世界蔗糖及甜菜糖分布圖

資料來源: Commodity yearbook, 1985, p.249.

表0412　世界主要糖生產國及產量

蔗糖　　　　　　　　　　　　　　　　　　　　　　　　單位：千公噸

國　　　　　家	1979〜81	1985	1990	1992
巴　　　　　西	14,782	8,890	26,267	27,067
印　　　　　度	14,491	7,343	22,557	24,930
中　國　大　陸	3,385	3,769	6,345	7,755
古　　　　　巴	6,932	8,200	7,623	5,800
澳　　　　　洲	2,341	3,550	2,437	2,930
菲　律　　賓	3,151	1,888	2,541	2,730
美　　　國	2,446	2,318	2,552	2,670
印　　　　　尼	1,951	1,788	2,798	2,312

甜菜糖　　　　　　　　　　　　　　　　　　　　　　　單位：千公噸

國　　　　　家	1979〜81	1985	1990	1992
前　蘇　　聯	7,268	7,800	8,297	5,992
法　　　　　國	3,031	4,350	3,173	3,133
德　　　　　國	3,688	2,900	2,790	2,715
美　　　　　國	2,208	2,595	2,496	2,617
義　大　利	1,474	1,263	1,177	1,430
波　　　　　蘭	1,339	1,898	1,672	1,105

資料來源：U. N., 1991〜92 *FAO Production Yearbook,* pp. 168-170.

臺灣為世界重要產蔗糖地區之一，由於臺灣不斷地發展進步，蔗田已有減少趨勢，而在日據時代的蔗糖生產可堪稱一時，95%的蔗田分布於西部及西南部平原。自臺中以迄於屏東，都有糖廠分布，以生產粗糖，或製精糖，並有各種副產品，包括蔗板、人造木板、工業酒精、飼料、酵母、養豬、養雞、種蘭花等 30 餘種，為製糖與畜牧綜合經營的公營事業。

7. 太平洋區：包括澳洲、飛枝羣島(Fiji Islands)、夏威夷羣島。年產量 33,253 千公噸，佔全球 3%。

8. 東南亞：包括菲律賓、印尼、馬來西亞及中南半島上各國，1992 年年產量 104,580 千公噸，約佔全球 9%，其中以菲律賓產量最多，1992 年年產量約 27,300 千公噸。

二、甜　菜

(一) 甜菜的生長環境

甜菜原產地為西班牙，狀如大頭菜，每顆重約一公斤，亦稱甜蘿蔔，夏季溫暖而雨量適中的溫帶和冷溫帶均可栽培。夏季三個月的平均氣溫在 20°C 左右，無霜期必需在 150 天以上，雨量中等，成熟期天氣晴朗乾燥，可以增加含糖成分，土壤以肥沃而深厚的砂質壤土為宜。

(二) 甜菜的主要產地

甜菜主要產地在歐洲。以國協、法國、波蘭、德國、捷克等國產量最多。國協是世界最大的甜菜糖生產國，主要生產地帶為烏克蘭黑土地帶，是「國協的糖庫」。法國的巴黎盆地及亞耳沙斯平原為甜菜糖主要產地。波蘭的盧布令 (Lublin)、華沙 (Warsaw)、波沙南

(Poznan) 等區均產甜菜。德國的易北河流域的馬德堡 (Magdeburg)
法蘭克福 (Frankfort) 及薩克森區 (Saxany) 爲德國甜菜主要產地。
捷克在易北河谷地亦盛產甜菜。

　　歐洲以外的甜菜糖產地，以美國和加拿大最多。美國西部灌漑區
以及密西根州南部，俄亥俄州北部爲甜菜主產地。加拿大南部安大略
省半島區之西南端平原亦盛產甜菜。

　　世界甜菜糖產量，約佔世界糖生產量的20%，1992 年年產量約
279,991千公噸。俄國產量最多，年產量52,924千公噸；美國第四；德國
第三；法國第二。

本 章 摘 要

1. 棉花的生長環境：無霜期 180 天，生長期氣溫 21°C，雨量 700～1,000 m.m. 成熟期乾燥、土壤以沙質壤土為宜。

2. 棉花的產銷：

產：中國有六大產區，美國有棉花帶，俄國有中亞及裏海北岸，及巴西、墨西哥、埃及、巴基斯坦、土耳其等國。

銷：四大輸出國——美、墨、埃、蘇丹。

3. 各種麻類：亞麻、苧麻、大麻、黃麻、馬尼拉麻、瓊麻等。亞麻蘇俄最多（愛、拉、立三小國）；苧麻中國第一；大麻蘇俄最多；黃麻印度、孟加拉最多；馬尼拉麻菲國最多。

4. 蠶桑的生長環境：氣候溫濕、人力充沛。土壤良好。

5. 蠶絲的產銷：中國、日本、義大利、法國、巴西等國。

6. 大豆的生長環境：溫暖乾燥的氣候、土壤肥沃、排水良好。類似玉米。

7. 大豆的產銷：

世界六大生產國：美國、中國、巴西、墨西哥、印尼、俄國、加拿大。

四大輸出國：美國、巴西、阿根廷、中國。

8. 花生的生長環境：高溫多雨、日照充足、沙質土壤、排水良好。

9. 花生的用途及產銷：

用途：榨油、工業用、肥料、飼料。

產銷：主要生產國為印度、中國、美國、塞內加爾、印尼。重

要輸出國為印度、塞內加爾。

10. 其他油料作物：

橄欖，主產於地中海四週，義、西、希、葡、法為最大生產國。

芝麻，出油率最高，中國生產最多。

油菜，亞洲最多，主產中國，次為印度。

11. 煙草的生長環境：喜熱畏寒、日照充足、土壤肥沃、人工充足。

12. 煙草的產銷：

產國：美、俄、中、印、巴西、古巴、巴基斯坦、土耳其、菲律賓。

銷售：美國為最大輸出國。英國是最大輸入國。

13. 橡膠的生長環境：炎熱多雨、坡地、人力充足、交通便利。

14. 橡膠的產銷：主要生產國——馬來西亞、印尼、泰國、越南、高棉、緬甸、西非、南美、中國（海南島）。

15. 甘蔗的生長環境：高溫多雨，收穫季乾燥、土壤肥沃、人力充足。

16. 蔗糖的產銷：主產於西印度羣島、南美洲、北美南部、非洲、中國、東南亞以及太平洋區。

17. 甜菜的生長環境：溫帶地區，夏暖而雨量適中，土壤肥沃、砂質壤土。

18. 甜菜糖的產銷：主產於歐洲、美國、加拿大。俄國產量第一，法國第二，德國第三。

習　題

一、填充：

(1)可供人類紡織之用的天然纖維物質有：_____、_____、_____。

(2)棉花除供紡織之外，還可供作_____、_____、_____等。

(3)世界六大產棉國，依序是：_____、_____、_____、_____、_____。

(4)美國有名的棉花帶包括五州，即：_____、_____、_____、_____、_____。

(5)棉花之所以成為國際主要商品，是因為：_____。

(6)世界四大棉花輸入港是：_____、_____、_____、_____。

(7)世界亞麻產地以波海三小國最多，該三國為：_____、_____、_____。

(8)世界主要黃麻生產國有：_____、_____，最大輸出港是_____。

(9)世界主要蔗糖生產國為：_____、_____、_____、_____、_____、_____。

(10)世界主要菸草生產國為：_____、_____、_____、_____。

二、選擇：

(1)棉花的生長要件除了無霜期至少要 180 天、21℃、雨量 700～1,000 公釐之外，尚需：①成熟期最忌多雨　②最怕有風沙　③最怕有蟲害。

(2)臺灣進口棉花，多半在高雄卸貨，原因是：①高雄接近臺南棉紡工業區　②基隆港多雨　③以上二者皆在考慮之外。

(3)被稱之爲「中國草」的是：①亞麻　②苧麻　③大麻。

(4)世界最大的馬尼拉麻生產國是菲律賓，其主要用途是：①船用繩索　②供紡織品使用　③供化學工業用。

(5)世界生絲生產以那二國最盛？①中國和日本　②中國和義大利　③日本和義大利。

(6)南陽是我國著名柞蠶絲生產地，該地位於：①山東半島　②遼東半島　③伏牛山地中心。

(7)所有油料作物中，以何種出油率最高？①椰乾　②芝蔴　③大豆。

(8)世界主要大豆生產國依序是：①美國、巴西、中國大陸　②中國大陸、巴西、美國　③中國大陸、美國、巴西。

(9)大豆的生長環境以年均溫言，以幾度爲宜？①攝氏 10 度　②攝氏 15 度　③攝氏 20 度。

(10)花生的生產居世界第一位的是：①美國　②印度　③中國大陸。

(11)橄欖樹的生長環境，最宜於何種氣候？①熱帶沙漠氣候　②溫帶乾燥氣候　③地中海氣候。

(12)世界最大的菸草生產國及消費國是那裏？①美國　②中國大陸　③俄國。

(13)世界主要的天然橡膠生產國是：①馬來西亞　②印尼　③泰國。

(14)亞洲國家中生產蔗糖最多的國家是：①印尼　②馬來西亞　③菲律賓。

三、問答：

1.棉花的生長環境及產銷狀況若何？

2.各種麻類以那些國家生產最多？

3.桑蠶絲的生產條件及生產狀況若何？

4. 大豆的生長環境及產銷狀況若何？

5. 花生的生長環境及產銷狀況若何？

6. 其他油料作物──橄欖、芝蔴、油菜──其產銷狀況若何？

7. 菸草的生長環境及產銷狀況若何？

8. 橡膠的生長環境及產銷狀況若何？

9. 甘蔗的生長環境及蔗糖產銷狀況若何？

10. 甜菜的生長環境及甜菜糖產銷狀況若何？

11. 你爲何喜歡純棉和純絲織品？

12. 你家的食用油是何種油類？爲什麼選用這種油類？

13. 你對吸食煙草有什麼看法？

第五章 飲料作物—茶、咖啡、可可

第一節 茶

茶的原產地為我國西南部的四川、雲南等省。我國周代已知飲茶，到漢代成為中上階層的常用飲料。唐代陸羽寫茶經，飲茶之風遍及全國，其後傳入日本及南洋，13 世紀以後傳入印度，再傳入歐洲，飲茶乃成為世界性生活方式。就人數而言，全球飲茶的人數遠超過飲用咖啡的人數。世界上約有 20 億人以茶為主要飲料。

一、茶樹的生長環境

茶樹為宜在副熱帶氣候下生長的常綠灌木，性喜全年溫濕，年雨量要在 1,000 公厘以上，如有 2,000 公厘的年雨量則生長更佳。全年不宜有明顯的乾季，氣溫不宜低於 13°C，亦不喜過於高溫，植茶區的風力不宜過強，否則葉面蒸發過速導致茶樹凋萎。

茶樹對於地形和土壤的選擇甚為嚴格，山坡地區排水良好而空氣濕度較大，雲霧亦多而土地價值低廉，是茶園的理想生長環境。

二、茶葉的種類

茶葉因製造過程不同，可分爲三類：

（一）紅茶（Black tea）：其製造過程包括：茶菁凋萎、揉捻、乾燥、整形，然後置入較高的溫室醱酵，使葉中的單寧酸氧化，使綠葉變成紅褐色，是爲紅茶。英、美人士較喜飲用，可在茶中加牛奶及砂糖飲用。印度的阿薩密（Assam）所產的即以紅茶爲主。

（二）綠茶（Green tea）：製法同前，只是不必醱酵，所泡之茶汁呈綠色，茶葉仍爲綠色。若茶中滲入茉莉花，即成香片，國人較喜飲用綠茶及香片。臺茶之中，綠茶多於紅茶。

（三）烏龍茶（Oolong tea）：此茶係採半醱酵方式製成，醱酵時間較紅茶爲短，爲介於紅茶與綠茶之間的茶類。此茶具有特別風味，爲臺茶名品之一，主要產於南投縣鹿谷鄉鳳凰山山麓臺地，該地四季溫濕，雲霧籠罩，故稱爲「凍頂烏龍茶」。

三、世界重要產茶國家

（一）中國

我國主要茶產區全在長江以南，長江以北僅六安和四川二茶區。我國有六大茶區：

1. 皖浙贛茶區：安徽茶區位於皖南，以「祁門紅茶」、「屯溪綠茶」以及「六安茶」最爲著名；浙江茶區遍及全省，以「湖杭龍井茶」、平水紹興的「平水茶」、溫州平陽的「溫紅」最爲有名；江西茶區分布於鄱陽湖四周丘陵地帶，以武寧修水的「寧州茶」較爲有名。

2. 兩湖茶區: 主要分布在兩湖盆地東西兩緣的丘陵地上，著名的有湘省的「平瀏茶」、「安仁茶」; 湖北省則有「羊樓司茶」。

3. 閩粵茶區: 福建全境丘陵地區，均有茶葉生產，以閩西「武夷茶」最爲有名。 廣東茶區分布於西江沿岸各縣， 雲霧山的「羅定茶」亦甚有名。

4. 四川盆地茶區: 主產於嘉陵江、沱江及岷江下游淺丘地帶，就中以「沱茶」及北碚縉雲山的「甜茶」堪稱特產。

5. 康滇茶區: 西康的「雅安茶」、雲南「普洱茶」，中外馳名。

6. 臺灣茶區: 主產於大安溪以北的丘陵臺地上， 如苗栗、 新竹、桃園、臺北四縣; 少部分在南投縣及臺東縣。臺茶種植面積約三萬公頃，93%栽種小葉中國茶; 7%栽種大葉阿薩密茶。前者焙製綠茶及烏龍茶; 後者焙製紅茶。臺茶年產量 4.9 萬公噸，75%供外銷，主要銷往北非的摩洛哥、美國及香港。

(二) 世界其他產茶國家: (表 0501)

1. 印度: 茶區在東部阿薩密省、西孟加拉省 (W. Bengal) 及南部的馬德拉斯省 (Madras)、克拉那省 (Kerala)， 全國茶園面積 36 萬公頃，年產量 73 萬公噸，居世界第一位。印度茶全係企業化經營，以產紅茶爲主，主銷英國，輸出量居世界第二位，僅次於斯里蘭卡，茶爲印度僅次於黃麻的第二大輸出品。

2. 斯里蘭卡: 舊名錫蘭，位於印度半島尖端外側海上。茶園面積 24 萬公頃，主分布於中南部山區。錫蘭緯度低，年溫差小，年雨量適中，無顯明的乾季，全年可採茶，又有充足的勞工，爲茶產的良好環境，茶葉品質較印度茶爲優，年產量 24 萬公噸，僅次於印度，但輸出量居世界第一位，輸出值佔該國輸出總值 2/3。

3. 日本: 茶園分布於本州中部及九州南部丘陵地帶。栽種面積

約5萬公頃，年產茶約 9 萬公噸。日人以「茶袋」及「茶精」拓展外銷，頗投歐美人士所好，世界茶葉市場被爭去不少。日茶約70%供外銷。

其他產茶國家尚有印尼、俄國、越南、泰國、坦桑尼亞、肯亞、土耳其等國亦產少量。

表0501　世界主要產茶國及國際貿易(1991)

單位: 千公噸

生　產		輸　出		輸　入	
國　　　家	產量	國　　　家	輸出量	國　　　家	輸入量
印　　　度	730	斯里蘭卡	215	英　　　國	203
中國大陸	566	印　　　度	201	巴基斯坦	102
斯里蘭卡	241	中國大陸	198	埃　　　及	80
肯　　　亞	204	肯　　　亞	152	美　　　國	78
印　　　尼	158	印　　　尼	138	德　　　國	32
土　耳　其	136	土　耳　其	41	伊　　　朗	24
前　蘇　聯	118			伊　拉　克	23
日　　　本	90			澳　　　洲	22
阿　根　廷	48			荷　　　蘭	21
伊　　　朗	45			法　　　國	20
馬　拉　威	41			日　　　本	20
孟　加　拉	38			義　大　利	17

資料來源: U. N., 1992 *FAO Production Yearbook*, pp. 176.

（三）茶葉的國際貿易

　　世界茶的生產量，每年約 253 萬公噸，輸出量約佔 40%，約爲101萬公噸。斯里蘭卡、印度、中國大陸、日本是世界四大茶葉輸出國。加爾各答（Calcutta）、可倫坡（Colombo）爲世界二大茶葉輸出港。英國則爲世界最大茶葉輸入國。

　　目前中國大陸年產茶約 56 萬公噸，有19萬公噸可供外銷，輸出地遍及各產區，輸出港則以上海、廣州爲主。臺茶每年有 4.9 萬公噸可供外銷。

第二節　咖啡和可可

一、咖　　啡

　　咖啡（Coffee）爲常綠灌木，原產地爲非洲衣索匹亞高原，西元六世紀移植於阿拉伯半島的葉門，現在則以熱帶美洲爲主要產地。咖啡是一種含刺激性的飲料，原本在我國並不普遍，近年以來，臺灣地區經濟繁榮，西化之風漸盛，飲用咖啡之風日益普遍，唯主要消費地區仍是溫帶地區的歐美國家。茶、咖啡、可可同爲現代人類的三大飲料。

（一）咖啡的生長環境

　　咖啡爲熱帶及副熱帶植物，性喜高溫多雨的氣候，唯過熱又妨礙咖啡生長。 氣溫宜在 15°C～25°C 之間， 年雨量 1,300～2,500 公厘，開花及結實期宜少雨。通常生長在 1,000～2,000 公尺的高坡，土壤必須肥沃，有大量的腐植質，如陽光太強，須種植高莖樹木爲之

遮蔭。在北緯 28° 至南緯 30° 之間均可生長。

　　（二）咖啡的產銷（表 0502）

表0502　世界主要咖啡生產國及國際貿易（1991）

單位：千公噸

生　產		輸　出		輸　入	
國　　　家	產量	國　　　家	輸出量	國　　　家	輸入量
巴　　　西	1,525	巴　　　西	1,095	美　　　國	1,186
哥 倫 比 亞	971	哥 倫 比 亞	740	法　　　國	520
印　　　尼	419	印　　　尼	381	德　　　國	424
墨 西 哥	334	象 牙 海 岸	198	義　大　利	378
瓜 地 馬 拉	208	瓜 地 馬 拉	173	瑞　　　典	362
象 牙 海 岸	199	烏 干 達	125	英　　　國	352
烏 干 達	165	薩 爾 瓦 多	123	荷　　　蘭	303
薩 爾 瓦 多	149	哥斯達尼加	105	日　　　本	297
菲 律 賓	133	薩　　　伊	84	加　拿　大	135
哥斯達尼亞	112	肯　　　亞	83	澳　　　洲	120

　　1. 巴西：爲當今世界咖啡王國，不論是生產量及輸出量均居世界第一，主產於聖保羅州（San Paulo）、明納斯州（Minas）、巴拉那州（Parana）及里約州（Rio）。栽培面積 251 萬餘公頃，年產量 152 餘萬公噸，爲該國首要輸出品，佔輸出總值 30%，以輸往美國爲主，德、法、義、荷等國次之。聖保羅是世界最大的咖啡市場；聖多斯

（Santos）是世界最大的咖啡輸出港。

2.其他國家：尚有哥倫比亞，主產於中央山脈東西兩側及東部山脈西側，年產量約 97 萬公噸，居世界第二位。印尼為世界第三咖啡生產國，年產量約 41 萬公噸，2/3 可供外銷，約佔印尼出口總值15%。另外生產國家尚有象牙海岸、墨西哥、衣索比亞、烏干達、瓜地馬拉、薩爾瓦多等國。臺灣亦有少量生產，產於中部山區。

世界咖啡1993年總生產量496公噸，巴西佔19.35%、哥倫比亞佔13.65%、印尼佔 7.69%、象牙海岸佔 5.4%。

二、可　　可

（一）可可的生長環境

可可樹（Cocoa）為熱帶灌木，生長地平均氣溫在 24°C～28°C 之間，最低溫不得少於10°C，年雨量需2,000公厘，全年必須高溫，不宜有漫長的乾季。可可樹不耐熱帶日光，故掩蔽日光乃為必要措施，最好植可可樹於大樹之下。可可樹怕風，可可莢懸在樹幹甚重，枝莖脆弱，經風吹襲，容易墜落，故以谷地及丘陵地且排水良好而富有腐植質的土地較為適宜。

（二）可可的產銷（表0503）

可可粉可作飲料，並為製造巧克力（Chocolate）的原料，原產地為南美洲。現以非洲幾內亞灣沿岸地區產量最多，佔全球 44%。象牙海岸是世界輸出可可最多的國家；迦納居第二位，馬來西亞、巴西居第三、四位。其他如喀麥隆、赤道幾內亞及幾內亞灣內小島里約莫尼

(Rio Muni)、費南杜波（Ferandopoo）羣島等均產可可，中美洲各
國亦有出產。迦納首都阿克拉（Accra）是世界最大的可可輸出港。
（表 0503）主要輸入國爲美國、德國、荷蘭、英國及法國。

表0503　世界主要可可生產國及國際貿易(1991)

單位：千公噸

生　產		輸　出		輸　入	
國　　家	產量	國　　家	輸出量	國　　家	輸入量
象 牙 海 岸	736	象 牙 海 岸	698	美　　國	348
巴　　　西	382	迦　　納	292	荷　　蘭	332
迦　　納	298	馬 來 西 亞	225	德　　國	297
馬 來 西 亞	248	奈 及 利 亞	135	英　　國	196
印　　尼	220	巴　　西	115	俄 羅 斯	180
奈 及 利 亞	182	印　　尼	106	法　　國	86
厄 瓜 多 爾	125	喀 麥 隆	96	義 大 利	48
喀 麥 隆	100	厄 瓜 多 爾	68	比 利 時	35

資料來源：U. N., 1992 *FAO Trade Yearbook,* 1993, pp. 72-73.

本 章 摘 要

1. 茶的生長環境：全年溫濕，土壤肥沃，山坡地排水良好。

2. 茶葉的種類：分紅茶、綠茶、烏龍茶等。

3. 世界重要產茶國：中、印、斯里蘭卡、日本、印尼等國。斯、印、中、日為四大出口國。

4. 咖啡的生長環境：高溫多雨、土壤肥沃、日照不可太強。

5. 咖啡的產銷：主產於巴西、哥倫比亞、印尼等國。主要輸出國：巴西、哥倫比亞、瓜地馬拉、薩爾瓦多。

6. 可可的產銷：主產於非洲幾內亞灣沿岸各國。主要輸出國為象牙海岸、迦納、巴西等國。主要輸入國為荷蘭、德國、美國等。

習 題

一、填充:

(1)茶葉以製造過程言, 可分爲: _____、_____、_____三種。

(2)舉出我國各地著名茶: _____、_____、_____、_____、_____。

(3)世界茶葉生產居前五位的是: _____、_____、_____、_____、
_____。

(4)輸出茶葉最多的國家是: _____、_____、_____、_____。

(5)有世界咖啡王國之稱的是: _____, 主要產地爲: _____、_____、
_____、_____。

(6)世界主要咖啡輸出國爲: _____、_____、_____。

(7)可可的原產地爲_____, 現以_____產量最多。

(8)臺灣市面上常見的咖啡有那些牌子? _____、_____、_____, 其
產地爲: _____、_____、_____。

二、選擇:

(1)我國是世界上最早飲茶的國家, 並有人著有《茶經》, 而《茶經》的
作者是: ①陸羽 ②杜康 ③周公。

(2)臺灣名茶中屬於烏龍茶的以何種最優? ①凍頂烏龍茶 ②文山包種
茶 ③花東鐵觀音。

(3)臺灣南部不產茶葉, 其原因是: ①南部有漫長的乾季 ②南部多平
原 ③南部土質欠佳。

(4)印度和錫蘭以產何種茶出名? ①紅茶 ②綠茶 ③烏龍茶。

(5)咖啡消費最大的國家是: ①美國 ②英國 ③日本。

⑹世界最大的可可輸出港是：①阿克拉　②聖多斯　③可倫坡。

三、問答：

1. 試述茶樹的生長環境及茶葉之分類。

2. 茶、咖啡、可可各以那些國家生產最多？輸出最多？

3. 以咖啡的生長環境而言，臺灣那些地方適合種植咖啡？

4. 茶與咖啡，你較為喜愛那一種？為什麼？

5. 你能舉出那些名種茶及名牌咖啡？

6. 你能舉出那些食品是用可可原料製成的？

第六章 蔬果類作物

第一節 水果作物——香蕉、鳳梨、葡萄、柑橘

一、香 蕉

香蕉（Banana）為熱帶水果，其品種甚多，大小風味均有不同，有些可以生食，有些則必須煮熟方可食用。

（一）香蕉的生長環境

需要全年高溫多雨，理想的氣溫在 20°C～30°C 之間，年雨量需 2,000～5,000 公厘之間，如不足 1,000 公厘即需灌溉，不利於強風，因蕉幹易於折斷。

（二）香蕉的產銷

香蕉主產於熱帶及副熱帶，中南美洲、印度半島、南洋羣島及臺灣。巴西香蕉產量居世界第二位，1992 年年產量約 565 萬公噸，印度居第一位，年產量約 700 萬公噸，菲律賓居第三位，年產量約 390 萬公噸，第四位為厄瓜多，年產量約 360 萬公噸。（表 0601、0602）

中國大陸的廣東、福建及海南島亦產香蕉，唯不如臺灣產量多及品質之佳。臺蕉分臺中蕉及高屏蕉兩種，臺中蕉分布於臺中縣自集集

表0601　世界香蕉的國際貿易

主要輸出國		主要輸入國	
國　　　別	金額（千美元）	國　　　別	金額（千美元）
象 牙 海 岸	50,000	加　　拿　　大	169,990
哥 斯 達 黎 加	496,000	美　　　　國	1,300,618
巴　　拿　　馬	200,158	伊　　　　朗	16,800
美　　　　國	189,929	日　　　　本	477,148
哥 倫 比 亞	424,661	韓　　　　國	56,640
厄　　瓜　　多	557,749	法　　　　國	362,587
菲　　律　　賓	226,072	德　　　　國	578,041
		義　　大　　利	277,109
		英　　　　國	391,598

資料來源: U. N., 1992 *FAO Trade Yearbook,* 1992.

表0602　世界主要香蕉生產國及產量

國別＼產量	1979～81 （千公噸）	1990	1991	1992
巴　　　　西	4,348	5,506	5,526	5,650
厄　瓜　多	2,104	3,055	3,525	3,600
墨　西　哥	1,435	1,986	1,889	1,600
宏 都 拉 斯	1,402	1,046	973	1,086
印　　　尼	1,886	2,411	2,472	2,500
印　　　度	4,403	6,734	6,800	7,000
菲　律　賓	4,006	2,913	2,951	3,900
泰　　　國	1,550	1,613	1,620	1,630

資料來源: U. N., 1992 *FAO Production Yearbook,* 1992, pp. 181-182.

至魚池，或由草屯沿烏溪上溯，經國姓而至埔里，沿線蕉園密布，爲臺中蕉的主要產地。高屏蕉則分布於高雄縣及屏東縣內，以旗山、美濃爲中心。以往香蕉爲臺省重要外銷農產品之一，民國五十六年生產量達 65.38 萬公噸，民國八十四年僅 17.3 萬公噸，主要銷往日本，近年以來中南美蕉及菲律賓蕉競銷日本，本省香蕉銷日深受打擊，僅及原銷量的 1/10，如何重振「香蕉王國」的美譽，爲本省農業當務之急。

二、鳳　　梨

鳳梨（Pineapple）又名波羅，爲熱帶水果之一，原產於中南美洲，今已廣及於各熱帶及副熱帶地區。鳳梨味道微酸而甘美，葉可作纖維及造紙原料。

（一）鳳梨的生長環境

鳳梨性喜全年高溫多雨，如雨量不足 2,000 公厘，則需要灌溉。土壤以肥沃的沙質壤土最爲適宜，排水良好，日照充足更能增加鳳梨的糖分。

（二）鳳梨的產銷

世界著名的鳳梨產地爲夏威夷，年產量 58.6 萬公噸，鳳梨及鳳梨罐頭的輸出超過美金四億元，僅次於蔗糖輸出。主要產地爲莫洛開島（Molokai），由於企業化經營，產量大，品質亦甚優良。（表 0603）

其他生產鳳梨的國家尚有巴西、泰國、菲律賓、馬來西亞及臺灣等地。主要輸入國爲美國、英國、加拿大、德國、日本等國。

臺灣是我國鳳梨著名產地，主產於西部丘陵及臺地之上，民國八十四年種植面積 7,000 餘公頃，總收穫量約 17 萬公噸，較之往年減產，主要原

因為國際市場競爭激烈，果價偏低，果農栽培興趣下降。

表0603 *世界主要鳳梨生產國及產量*

單位：千公噸

國　　　別	1979～81	1990	1991	1992
墨　西　哥	530	455	299	299
美　　　國	597	522	504	499
巴　　　西	392	736	779	800
中 國 大 陸	299	697	923	1000
印　　　度	548	787	800	820
菲　律　賓	861	1,156	1,171	1,170
泰　　　國	2,857	1,865	1,931	1,900

資料來源：U. N., 1992 *FAO Production Yearbook,* 1992, pp. 179-180.

三、葡　　萄

（一）葡萄的生長環境

需要熱而乾燥的地區，無霜期在 150 天以上，年雨量需要 400～1,400 公厘，以地中海氣候最利於葡萄生長。

（二）葡萄的重要產區

歐洲地中海區為世界主要葡萄產區，西起法國的羅亞爾河（Loire R.）口，向東北沿北緯 35° 線至德國東部，然後轉向南，沿喀爾巴阡山至黑海之濱，此線以南皆產葡萄。本區之內以法、義、西、葡、希

各國最爲有名。法國的巴黎盆地、加倫盆地、隆河谷地、地中海沿岸爲重要產區。義大利的中南部平原，西班牙的瓦倫西亞平原（Valencia Plain）及斗羅河（Douro R.）及太加斯河（Tagus R.）中游谷地爲主要產地，葡萄牙則以太加斯河及斗羅河下游及南部低地爲主要產地，希臘葡萄產地集中於摩里亞半島（Morea Pen.）北端。

歐洲以外的葡萄產地，首推美國的加州，其次爲南美的智利，亞洲的土耳其，非洲的阿爾及利亞，澳洲、紐西蘭及南非共和國等產量亦豐。

我國亦爲重要產國，以新疆的吐魯番、山東的卽墨、察哈爾的宣化以及遼東半島所產最爲著名。尤以吐魯番所產「水晶葡萄」，粒大、透明、味道甘美，全國馳名。

臺灣近年在中南部苗、中、彰、投各縣推廣葡萄種植，引進國外優良品種，成效良好，生產足供本省需要，並有部分外銷。

表0604　世界主要葡萄生產國的栽培面積、產量及葡萄酒產量（1991）

國　　　　家	葡　　萄		葡萄酒產量（百萬百升）
	栽培面積（千公頃）	生產量（千公噸）	
義　大　利	935	9,230	59.8
法　　　國	940	7,020	65.6
前　蘇　聯	884	5,400	22.0
西　班　牙	1,480	5,087	38.8
美　　　國	300	4,944	16.8
阿　根　廷	256	4,220	21.0

資料來源：U. N., 1992 *FAO Production Yearbook,* 1992, pp. 152-153.

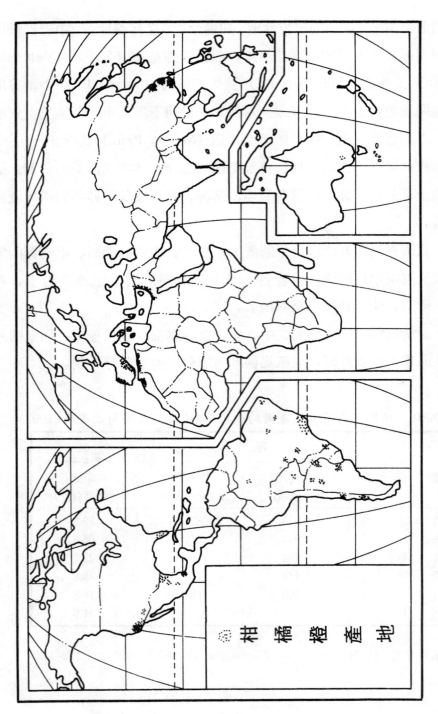

圖 **0601** 柑、橘、橙主要產地圖

資料來源: Commodity yearbook, 1986, p.20.

表0605　世界主要柑橘生產國及產量

單位：千公噸

國　　　家	1979-81	1986	1989	1991
巴　　　西	10,243	13,321	17,803	18,942
美　　　國	9,519	6,815	8,118	7,258
中 國 大 陸	783	2,111	4,692	5,385
西　班　牙	1,657	2,048	2,676	2,504
墨　西　哥	1,811	1,410	1,166	2,175
義　大　利	1,659	2,190	2,066	1,942
印　　　度	1,170	1,379	1,800	1,890
埃　　　及	956	1,170	1,398	1,600
希　　　臘	577	822	932	703
以　色　列	866	725	559	567

資料來源：U. N.,1991 *FAO Production Yearbook,* 1991, pp. 162-163.

四、柑　　橘

　　柑橘原產地爲我國南方，1485 年由葡萄牙人傳入歐洲，後來再由西班牙人傳入美洲，爲地中海氣候型與副熱帶氣候區的優良水果。柑橘果汁豐富，且酸甜適度，芳香可口，尤宜於久藏運輸，爲國際貿易中最多的果類之一。

（一）柑橘的生長環境

　　柑橘爲長綠果樹，年雨量需 1,500 公厘以上，降水不足之區則需

要灌溉。冬季不宜有霜，否則柑橘樹會被凍死，因此，在美國加州南部的柑橘園內，冬季均有增溫裝置，每有低溫的夜晚，即燃燒增溫以驅霜。

（二）柑橘的生產

柑橘主產於下列各區：　（圖 0601）

1. 季風亞洲的華中、華南、日本南部、印度及南洋各地。
2. 地中海沿岸各國。
3. 墨西哥灣區及西印度羣島。
4. 美國西部的加州。
5. 南半球的南非；澳洲東南部及南美洲東南部。

世界柑橘類水果的年產量約 5,531 萬公噸，以巴西產量最多，達 1,894 萬公噸，美國產量居第二位，義大利居第三。我國柑橘產量約 538 萬餘公噸，臺灣年產量約 4.7 萬公噸。（表 0605）

第二節　蔬菜作物——各種薯類、根類
蔬菜、豆類

一、各種薯類

薯類有馬鈴薯、甘藷、水芋、樹薯等多種。均可作食糧，亦為蔬菜之一種。唯有些薯類經濟價值不高，除供當地食用外，無貿易價值，茲就薯類中產量最多的馬鈴薯及甘薯兩種，略作敍述。

（一）馬鈴薯

又稱洋山芋或洋芋，原產地為美洲，16 世紀末葉傳入歐洲，現已

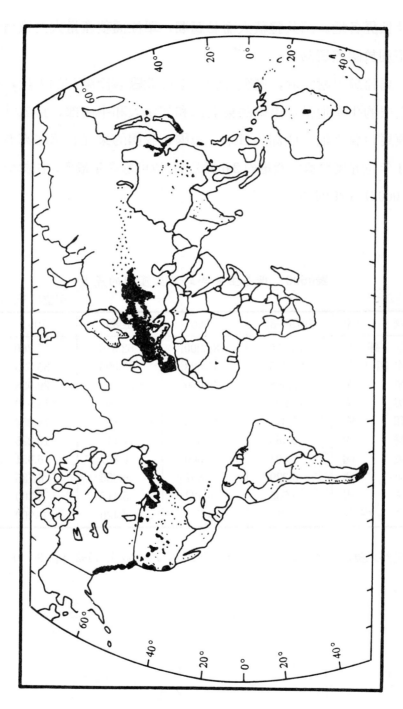

圖 0602　世界馬鈴薯分布圖

資料來源: Commodity yearbook, 1986, p.25.

遍及世界各地。因其體積大而易腐爛，單位面積產量大而價格低廉，故不利於國際貿易。

　　馬鈴薯可耐寒濕，適應力強，故西北歐寒冷濕潤的大陸，是馬鈴薯主要的生產地帶。美國的東北部和加拿大和中南部，為歐洲以外的重要馬鈴薯產地。亞洲的日本、韓國、我國的東北、華北亦有生產。1991年世界馬鈴薯生產量約2.6億公噸，以俄國產量最多，中國大陸居次。（圖0602）（表0606）

表0606　世界主要馬鈴薯生產國的產量

單位：千公噸

國　　　家	1979～81	1986	1989	1991
前 蘇 聯	76,706	87,200	62,310	57,260
中 國 大 陸	25,415	45,028	31,096	35,533
波　　蘭	39,508	39,000	34,390	29,038
美　　國	14,923	16,078	16,803	18,970
印　　度	9,377	10,696	14,857	15,254
德　　國	19,465	18,559	17,115	10,225
英　　國	6,601	6,500	6,867	6,951
荷　　蘭	6,329	6,857	6,856	6,735
法　　國	6,735	6,622	5,417	6,300
羅 馬 尼 亞	4,317	4,513	4,420	1,900

資料來源：U. N., 1992 *FAO Production Yearbook,* 1992, pp. 90-91.

（二）甘薯

又稱紅薯或番薯，原產地爲美洲熱帶地區。16世紀傳至世界各地。由於甘薯對於自然環境的選擇，較任何作物爲寬，土地不論肥瘠，地形不論高低，只要在雪線以下均可生長，唯在氣候炎熱、雨水充足之地生長最好，產區遍及全世界，唯以中國大陸產量最多。

薯類中尚有水芋、樹薯等，水芋可供食用，爲蔬菜之一種；樹薯供澱粉及塗料之用，並爲工業酒精的原料。由於產量不多，亦無國際貿易事實，故從略。

二、根類蔬菜

根類蔬菜包括蘿蔔、胡蘿蔔、蕪菁、白笋和飼料菾菜等，基本上這些作物均生長於涼冷之地。根類作物在現代科學農業的輪作制度中，扮演着重要角色。除胡蘿蔔和白笋以外，根類作物以充作飼料爲主。

三、豆　　類

豆類包括豌豆、蠶豆、大豆、花生、扁豆等。豌豆種類甚多，廣植於不同的氣候條件之下。大豆亦爲油類作物之一種，其未完全成熟前——青豆爲蔬菜之一種，其生產狀況已如前述。蠶豆、扁豆等以生長在冷溫濕潤氣候爲佳。由於豆類不宜長途運輸，故生產地多圍繞大都市附近，以不超過8～10小時車程爲主。在國際貿易上不佔重要地位。

本 章 摘 要

1. 香蕉的產銷：主產於中南美洲、印度、菲律賓、中國華南、臺灣。主要輸出國：巴西、印度、厄瓜多爾、菲律賓。

2. 鳳梨的生長環境：鳳梨性喜全年高溫多雨、肥沃的砂質壤土、排水良好、日照充足。

3. 鳳梨的產銷：主要於夏威夷、巴西、泰國、菲律賓、馬來西亞、臺灣。主要輸入國：美、英、加、日、德國。

4. 葡萄生長環境：熱而乾燥、中等雨量、土地肥沃。

5. 葡萄的產銷：歐洲地中海區為主要產區──法、義、西、葡、希各國，美國加州、智利、土耳其、北非、澳、紐及南非。中國的卽墨、宣化、吐魯番所產更為上品。

6. 柑橘的生長環境：夏熱多雨、冬季無霜，與葡萄同。

7. 柑橘的產銷：主產於季風亞洲、地中海沿岸、美國加州、墨西哥、西印度羣島、南非、澳洲等國。主要輸出國：美國、巴西、西班牙、以色列。

8. 各種薯類：馬鈴薯，主產於西北歐，其次為美、加、中、日、韓。甘薯，遍及全球中低緯地區。

9. 豆類：包括蠶豆、大豆、豌豆、扁豆，主產於溫帶及副熱帶。

習 題

一、填充：

(1)世界主要香蕉生產國，依序為：＿＿＿＿、＿＿＿＿、＿＿＿＿、＿＿＿＿。

(2)臺蕉分臺中蕉及高屏蕉兩種，臺中蕉分布於臺中縣自＿＿＿＿至＿＿＿＿；高屏蕉則分布高屏二縣，以＿＿＿＿、＿＿＿＿為中心。

(3)世界主要葡萄生產國家，依序為：＿＿＿＿、＿＿＿＿、＿＿＿＿、＿＿＿＿。

(4)世界主要柑橘生產國家，依序為：＿＿＿＿、＿＿＿＿、＿＿＿＿、＿＿＿＿。

(5)世界主要馬鈴薯生產國家，依序為：＿＿＿＿、＿＿＿＿、＿＿＿＿、＿＿＿＿。

二、選擇：

(1)臺蕉主要外銷市場是：①日本　②韓國　③香港。

(2)世界最大的鳳梨產地是：①巴西　②泰國　③夏威夷。

(3)我國所產葡萄中，有「水晶葡萄」美譽的係何地所產？①山東即墨　②新疆吐魯番　③察哈爾宣化。

(4)在可供食用的作物中，何者因體積大而易腐爛，在國際貿易上十分不利？①馬鈴薯　②玉米　③黃豆。

(5)在各種作物中，最能適應地理環境的是何種作物？①馬鈴薯　②甘薯　③玉米。

(6)世界甘薯生產量，以何國最多？①巴西　②俄國　③中國大陸。

三、問答：

1.香蕉的生長環境及產銷狀況若何？

2.鳳梨的生長環境及產銷狀況若何？

3.葡萄的生長環境及產銷狀況若何？

4.柑橘的生長環境及產銷狀況若何？

5.各種薯類、豆類以那些國家生產最多？

6.臺灣香蕉在日本市場日趨沒落，到底是何原因？

7.臺灣果農今非昔比，到底爲了什麼？

8.依序寫出你最喜歡吃的五種水果，並打聽它的產地。

9.看一看你家附近的水果攤，數一數攤上有那幾種水果？

第七章　林　業

第一節　世界主要林產國家

　　世界森林的地理分布，集中於中低緯度國家，全球森林總面積約 38 億公頃，佔陸地總面積 29%，以區域而言，南美洲森林面積最廣，約有八億三千萬公頃，以歐洲林地最少，僅一億四千餘萬公頃。如以國別而言，以獨立國協境內林地最多，依次為加拿大、巴西、美國、薩伊、中國、印尼等國。

　　世界林地分布，依林相分類，概如下述：（圖 0701）

一、熱帶林區

　　多集中於南北緯 20°之間，又可分為下列三區：

　　（一）亞馬孫河流域：本區以巴西為主，由於終年炎熱多雨，天然植物茂密，是世界上最大的赤道雨林區，但因地理條件限制，大部分地區均未開發，林木中盛產巴西柚木、橡樹、椰子、棕櫚、巴西松、西洋松、桃花心木、花梨木等為最多。

　　（二）剛果河流域：位於非洲中部薩伊境內，為另一個赤道雨

林，情況與亞馬孫河流域類似。

（三）**東南亞洲**：包括南洋羣島的印尼、菲律賓、馬來西亞、新幾內亞；中南半島上國家——泰國、緬甸、越南、寮國、高棉等國，林地面積佔全區 70%，盛產柚木、桃花心木、柳安木、杉木、檀木及漆樹、竹、藤類。

二　溫帶林區

又稱中緯度林區，分布於南北緯 40°左右，以美國面積最大，其次以西歐各國如德、法等國，亞洲的中、日、韓三國林地亦多。

（一）**美國**：現存林地面積 2.9 億公頃，分布於北部、南部及西部山地為主，主要林木有樺、橡、楓、杉、松類等。

（二）**西歐各國**：以德國林地面積最廣，林地佔全國面積 27%，其中以針葉林面積最大。法國西部的阿爾莫利加山地（Armorica），東北部的佛日山地（Vosges Mts.）及東北部的侏羅山地（Jura Mts.），都是著名的森林分布區。

（三）**東亞地區**：以日本林地比例最高，約有 2/3 的土地為森林所覆蓋，山林之勝，觸目皆是，北海道更有廣大的原始森林，林木中以針葉林為多。韓國林區集中於北韓鴨綠江與圖們江流域，亦以針葉林為主。我國亦為重要溫帶林區國家，於我國林區一節中作專門敍述。

三、寒帶林區

分布於北緯 45°與北極圈之間，以獨立國協、加拿大、北歐各國面積最大。

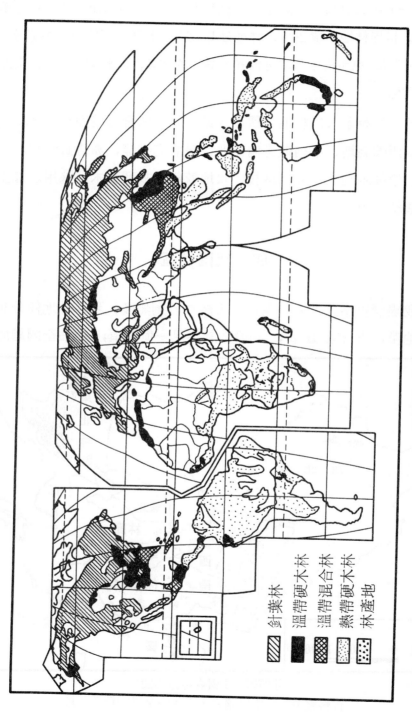

圖 **0701** 世界森林分布圖

資料來源: Commodity yearbook, 1985, p.23.

　　(一)獨立國協境界附近: 林地面積七億三千八百萬公頃, 佔全境面積 1/3, 世界林地面積 20%, 林地分鄰近歐洲部分及西伯利亞兩部分, 西起列寧格勒, 東至海參崴, 是世界上最大的林區, 以針葉林爲主, 南部略有濶葉林。

　　(二)加拿大: 林地面積達 3 億公頃, 佔全國總面積 25%, 主要林區以西部高地、不列顛哥倫比亞、魁北克省等, 亦爲針葉林。

　　寒帶林木高大, 多爲良材, 質地較軟, 故稱軟木, 適用於加工製造及造紙之用。

四　我國林區

　　我國歷史悠久, 人口稠密, 天然林所剩無多, 現存林地僅分布於高山地帶, 呈零星分布, 一般估計不足一億公頃, 僅佔全國總面積

圖 0702　我國森林分布圖
資料來源: 中華民國六十六年中華民國統計年鑑。

10％左右，全國共分六個林區。（圖 0702）

（一）東北林區：東北為我國較晚開發之區，故能保留較多的原始林。主要分布於環繞松遼平原之三面山地，為我國最大林區。區內水陸交通便利，採伐較為容易。本區林木以落葉林如：樺樹、白楊、落葉松、雲杉、冷杉為主。

（二）西南林區：分布於川西、滇西山地，當青康藏高原之東緣，以高度不大、雨量豐沛、林木茂盛，利用長江各支流之漂運，極利開發，為我國次大林區。本區除有溫帶濶葉林、針葉林及混合林之外，最南部高溫地區，亦有熱帶林木，如樟木、黑檀、柚木等。

（三）東南林區：分布於閩、浙丘陵及臺灣、海南二島。閩江、甌江、九龍江、汀江等流域的丘陵地上，尤以閩江流域林地最多。

臺灣地區森林，除了供給木材之外，對於國土保安、防風防洪、農田水利、水源涵養、土沙扣止、森林遊樂等各項建設之保障至為重要。林地佔 61.82％，90％以上為國有林地，儲材約二億五千萬立方公尺。肖楠、油杉、紅檜、扁柏、香杉為臺灣五大珍木；阿里山、八仙山、大雪山為臺灣三大林場，現因伐木減少；闢為森林遊樂區。

（四）西北林區：我國西部之新疆及西蒙山地，可得大西洋及北極海輸入之水氣，雨水較豐，林木繁茂，以人口稀少，尚保存部分天然林，有溫帶林亦有寒帶林，以雲杉為主。

（五）華中林區：分布於沅、資、湘、贛等江的上游及皖南丘陵地區，全域因農業發達，森林砍伐過度，不足本區需要，林木以常綠濶葉林為主。

（六）華北林區：分布於豫西山地及山東丘陵，林地面積小，為我國森林資源最缺乏之區。

　　森林爲顯著的地理特徵之一，其對人類的影響亦是多方面的，可緩和氣候、減輕土壤侵蝕、保持水土、調節河流流量、供應工業原料等。林木的生成有一定年限，濫伐林木易造成森林破壞、土壤嚴重侵蝕、減低林木再生速度，故保林、造林工作實爲重要，現代許多國家如德、日的人造林十分成功，臺灣地區目前也是大量植林，成果斐然。

第二節　世界林產品產銷狀況

一、林產品重要產國

　　森林的直接產品爲原木，其用途約 46% 爲燃料用材，54% 爲工業用材。世界原木的砍伐量，在 1985 年爲 344,000 餘萬立方公尺，其中軟木約有 15 億立方公尺；硬木則達 19 億立方公尺。世界主要林產國家及銷量，概如下述：

　　(一)獨立國協境域：林產量居世界第一，1985 年針葉原木產量爲四億二千萬立方公尺，濶葉原木產量爲 8,700 萬立方公尺。歐俄部分約佔總產量 54%，以歐俄中西部爲主。亞洲部分約佔 46%，以西伯利亞爲主。林產以軟木爲主。獨立國協境域的林業開採有二大問題：(1)木材蘊藏量以亞洲部分爲主，該區遠離市場。(2)林產運輸 2/3 依靠鐵路，運費昂貴。其中原木輸出，以針葉林木、紙漿和礦坑支柱三類爲主。

　　(二)美國：針葉林（軟木）和硬木開探量為 2:1，就林地而言，太平洋海岸樅木區，生產巨大樅木；西部松林區，分布於落磯山地，以生產西洋松及其他針葉林木為主，亦為巨大原木，南部松林區，以人造林為主，南部因溫度較高，樹木生長迅速，原木樹徑只有半公尺左右，加以地勢平坦，又接近市場，故利於砍伐及再植。就產量而言以太平洋海岸居首，西部落磯山脈居次，南部地方居第三位。1985年針葉原木產量約三億七千萬立方公尺，闊葉原木約 8,900 萬立方公尺。美國紙漿生產居世界第一位。

　　(三)巴西：沿東南海岸的熱帶雨林區，是巴西人口稠密地區，主要木材供應地區，木材以原木為主，主要作為燃料。亞馬孫河地區森林資源甚為豐富，宜於大量投資開發，1987 年，巴西原木生產，闊葉林為一億五千萬立方公尺，針葉林為 3,000 萬立方公尺。

　　(四)加拿大：木材生產中心有三：一為東海岸的魁北克省，該省林地佔61%，軟木、硬木均有。第二區為新伯倫瑞克(N. Branrick)和安大略省（Ontarin）。第三區為西部太平洋沿岸一帶，尤以不列顛哥倫比亞開探最盛。該省林地佔 58%，林產量佔全加 50%，是加國最大的林產區。加國年產木材約一億五千萬立方公尺，主要銷往美國、歐洲、澳洲、南非及亞洲各國，是世界上最大的木材輸出國。加國紙漿產量亦豐，僅次於美國，居世界第二位。

　　(五)北歐：瑞典、挪威、芬蘭三國為世界重要木材輸出國，木漿生產亦多。瑞典利用基阿連山區（Kjolen Mts.）的森林及中部廉價的水電來鋸木、造紙。芬蘭地處高緯，境內冰蝕湖密布，寒帶森林茂密，在其出口貨中，原木、紙漿和紙三項，佔其外銷總值90%，對於芬蘭經濟的重要性可以想見。

（六）中國：東北是我天然林最富之區，主要分布在長白丘陵和大小興安嶺，因交通便利，採伐較易，為主要木材供應地。西南林區材積僅次於東北林區，滇緬邊境更有柚木天然林，唯交通不便，砍伐不易；東南林區以臺灣產量最多，近因保土因素，限制採伐，木材尚賴進口，其他林區，木材不足供應，需要進口大量木材以為調節。

二、特種林產品的產銷

在所有林產品中，具有經濟價值的林木甚多，下列數種以物稀而質優聞名於世，特分述如下：

（一）桃花心木：為熱帶林木中最重要的木材，可用於製造家具、建築及造船，此種樹木，高達 40 餘公尺，直徑達 2～3 公尺，盛產於印尼、菲律賓、墨國南部、哥倫比亞及巴西亞馬孫河流域，為最具商業價值的天然林木。柳安木即桃花心木之一種，為臺灣主要進口木材。

（二）柚木：木質堅硬耐用，與金屬接觸亦不致折裂而變形，在水中不易腐毀，又可防蟲害，故廣泛用於建築、造船及家具製作。主產於東南亞熱帶林區，緬甸、泰國及印尼產量最多。

（三）杉木和檜木：為針葉林中用途最廣者。杉木生長較快，樹幹挺直而高大，溫帶及熱帶高山地區均有生長。檜木質堅耐久，紋理美觀而不變形，不怕蟲蛀，為良好的建材，盛產於臺灣、南洋各地。

（四）白塞木與軟木：白塞木以質輕著名，每立方公尺僅 110～190 公斤，主要用於製造模型、隔音板、浮橋等。主要產地為南美北部、中美及西印度羣島。

軟木產自軟木橡樹，為一副熱帶潤葉常綠喬木，生長於地中海氣候區。為防止夏季乾熱，故樹皮之下有一層軟木，樹高十公尺左右，直徑約一公尺，剝下軟木，可製瓶塞、絕緣體及女用鞋底等。

（五）油桐和樟木：油桐樹的種籽可以榨油，是為桐油，用作塗料和油漆，為我國特產品之一。油桐樹為落葉喬木，性喜副熱帶濕潤的丘陵地，主產於我國湘西、黔東、川東南一帶山區，產量居世界第一。除了中國之外，世界各地亦產少量桐油，如蘇俄黑海東岸，美國佛羅里達州及南部各州，南美的阿根廷、巴拉圭、巴西。非洲亦有少量生產。臺灣南部的旗山、美濃一帶亦有少量生產。

樟腦在醫藥上具有防腐及興奮作用，並可作為香料、防蟲劑及賽璐珞的原料，亦可製無煙火藥。臺灣省從事樟腦生產已有 300 年的歷史，原為主要輸出品之一，產量佔世界天然樟腦 90％以上，後以人造樟腦問世，使我國樟腦的產銷大受影響，1991年臺灣僅產樟腦八餘公噸，其中80％銷往美國。

本　章　摘　要

1. 世界主要林產國家
   (1) 熱帶林區：南美亞馬孫河流域，非洲剛果河流域，東南亞洲。
   (2) 溫帶林區：以美國最大，其次為西歐各國、東亞地區。
   (3) 寒帶林區：俄國、加拿大。
2. 我國林區：有六大林區——東北、西南、東南、西北、華中、華北。以東北林儲量最豐。

3. 林產品主要產國：俄國、美國、巴西、加拿大、北歐三國（瑞、挪、芬）、中國。

4. 特種林產品產銷：桃花心木（印尼）、柚木（泰、緬）、杉木和檜木（南洋各國及臺灣）、油桐（中國）。

習 題

一、填充：

(1)世界林地面積約_____公頃，佔陸地總面積_____%，以區域而言，以_____最廣，_____最少。

(2)世界林地面積最多的國家為：_____、_____、_____、_____、_____等。

(3)世界有三大熱帶林區是：_____、_____、_____。三大溫帶林區主要分布在_____、_____、_____三地，而寒帶林區則以_____、_____為最多。

(4)我國有六大林區，分別是：_____、_____、_____、_____、_____。

(5)世界主要林產國家有：_____、_____、_____、_____。

(6)臺灣五大珍木是：_____、_____、_____、_____、_____。

二、選擇：

(1)世界最大的熱帶雨林位於何處？ ①亞馬孫河流域 ②剛果河流域 ③東南亞地區。

(2)東南亞地區林地面積佔全區為： ①60% ②70% ③80%。

(3)溫帶林區40%都分布在幾度左右？ ①30度 ②40度 ⑤50度。

⑷東亞國家中林地面積最廣的是：①日本　②韓國　③中國。

⑸俄國林地面積廣大，佔全球林地：① 20%　② 15%　③ 10%。

⑹下列三國，那一國林地面積之百分比最高？①俄國　②加拿大　③日本。

⑺我國六大林區中，那二區高居一、二位？①東北、西南　②東南、西北　③華中、華北。

⑻世界紙漿生產高居世界第一的是：①美國　②加拿大　③芬蘭。

三、問答：

1.熱帶、溫帶、寒帶各有那些林產國家和地區？

2.我國有那六大林區？那一區林產最富？

3.世界主要林產國家有那些？

4.世界上有那些特種林木？各以何處生產最多？

5.臺灣林業由伐林改為造林、保林，為什麼？

6.本班教室的課桌椅是用何種木材製造？是進口的還是省產的？每一套價格若干？

7.調查三家生產紙的工廠，詢問其原料及其來源。

8.這株樹美極了，照下來，標出日期、地點、樹名，貼在作業上。

第八章　漁　　業

第一節　漁業發展的地理環境

漁業爲人類原始生產事業之一，人類在原始時代，陸地以狩獵爲主，沿海或近河川湖泊之地，則以撈捕魚類爲主，古代漁獵並稱，其起源遠在農業以前。

漁業有廣狹二義，狹義的漁業，即撈捕魚類的事業；廣義的漁業則爲採捕或養殖具有經濟價值的水生動植物的事業，故廣義的漁業亦稱水產業。

漁業發展的地理環境分自然與人文二大項：

一、漁業發展的自然條件

（一）淺海而廣濶的大陸棚（Continental shelf）：自海岸至水深 200 公尺之海域是爲陸棚區。由於距離陸地近，水中營養物質豐富，更因有充足的陽光，藻類及浮游生物繁盛，是魚類良好的棲息環境，因之，有廣濶的陸棚區是漁業發展的基本條件。

（二）海水溫度較涼最宜：冷水魚類由於含脂肪較少，肉質較

佳，經濟價值較高，故爲良好的漁場環境，如鮭魚、鱈魚、鰊魚等均
產於冷海水中。暖水魚類則反是。鯖魚、鮪魚、鰹魚……等，則不若
冷水魚類受食客歡迎。

（三）最好有冷暖海流交會：　海水運動，對於水中生物至爲重
要，海水因溫度不同而有冷暖流之分，所携帶的生物亦有不同。冷流
中多硅藻類；暖流中多鞭藻類，若干草食性魚類，如鰯、鱉、鮪等，
都追逐此藻類而移動。歐洲北部的北海及波羅的海，沿海漁產豐歉，
往往決定在海流的消長及携帶浮游藻類的多寡。另外，冷暖海流交會
之地，海水擾動較大，冷水將海底的有機物質翻騰至海面，加上魚類
中總有部分因水溫突變而死亡，正是其他魚類的食料，因而引來更多
的魚類。世界上重要的漁場都位在冷暖海流交會之處。

（四）靠近大陸河流出口：　大陸河川，把陸上的有機物質及養
料，輸送到河流出口，因此，魚類也會集合在大河出口，等待掠食河
水所携帶的可食物質，河口附近海域，遂爲良好的漁場。

（五）海岸曲折、附近林產豐富：海岸曲折才有良好的漁港供漁
船停泊，林產豐富，利於建造漁船、魚箱等相關條件。何況森林豐富
的沿海地區，氣候良好，海況穩定，有利於魚類棲息。

（六）其他自然因素：如風暴、海霧、冰山、暗礁等時常發生的
海域，亦不利於漁業發展。

二、漁業發展的人文條件

（一）要有廣大的市場：漁場要接近人口密集中心。亞洲東部、
歐洲西部、美洲東北部三大漁場的附近，都是世界人口集中地，漁獲
物都不愁沒有市場，漁業因而特別發達；反之，南半球的漁場也不

少，由於人口較少，漁業不若北半球發達。

　　（二）漁港的設備和漁貨的運輸：良好的港灣再加上良好的基本設備，充足的冷藏庫和冷凍車輛，高水準的水產加工業，企業化的運銷組織等，在在影響漁業發展。

　　（三）進步的漁撈技術與海洋研究：現代化的漁業有高度的技術性和專業性，漁業人才的培養至為重要，日本漁業發達，得力於漁業人才的培養和技術的進步甚大，並配合海洋研究及水產養殖方面的研究，使日本在漁業上久執世界牛耳。

　　（四）正確的漁業政策與政府的大力支持：首先是政府重視漁業，制定長期而完整的漁業政策，有計畫的培訓漁業人才，改善漁業環境，開發新漁場，協助漁業界解決漁業困難，如舉辦漁民保險、漁業貸款、漁船用油補貼、漁業產銷聯合等，都是發展漁業所不可缺少的人文條件。

第二節　世界主要漁場

世界主要漁場有七，均與洋流有密切關係，茲分述於下：（圖0801）

一、亞洲太平洋漁場

　　位於亞洲東緣，由堪察加半島向南至日本四週水域，韓國及中國北部海面以迄東海及臺灣海峽均屬之。本區南有黑潮暖流經臺灣以東及臺灣海峽北上，北有堪察加寒流及親潮南下，二者在日本北海道附近會合。另在中國大陸沿海有中國沿岸寒流及朝鮮半島東部的里馬寒

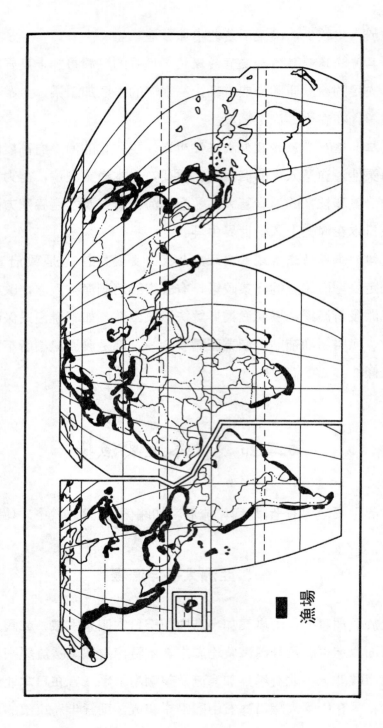

圖 **0801** 世界主要漁場

資料來源: Commodity yearbook, 1985, p.21.

流及對馬寒流，均與黑潮支流在中韓外海相遇，因冷暖海流交綏所起的冷暖氣流相會，因而常生海霧。我國黃海、東海和臺灣海峽均爲廣大的陸棚區，又有黑龍江、黃河、淮河、長江、錢塘江、閩江等水攜來大量有機物質，可爲漁類飼料，因而形成大漁場。北部所產的冷水性的鮭魚最爲重要。鄂霍次克海、日本海及黑龍江、烏蘇里江均產此種魚類，肉質鮮美，是上等魚類；南部如黃海、東海則以鯔魚（烏魚）、鯖魚、黃魚及沙丁魚爲主。

二、北美太平洋漁場

位於北美洲西北沿海，北起阿拉斯加灣，向南經過加拿大哥倫比亞、美國華盛頓、奧勒岡及加州沿岸。本區向北有暖流直達阿拉斯加灣，與來自阿留申羣島的寒流相會；向南有加利福尼亞寒流南行，在沿岸形成狹長的冷暖流交滙區。本區北部亦爲重要的鮭魚產區，阿拉斯加的布里斯托灣（Bristo　Bay）、加拿大的夫拉則河（Fraser　R.）及美國的哥倫比亞河下游，均爲鮭魚廻游之區，盛產鮭魚。本區南部加州沿岸，有深海冷流上升，富有藻類繁殖，因而多鮪魚、鱈魚及鯖魚等。

三、西北歐大西洋漁場

位於西北歐洲，北起俄國沿岸的巴倫支海，南迄法國西岸的比斯開灣，再向南經伊比利半島至直布羅陀兩側，是一片廣大的陸棚區。本區深受北大西洋暖流的影響，卽使在較高緯度，沿岸冬季仍不結冰，因而，西北歐各海域，冬季半年仍然有漁業活動。冰島四週及整

個北海都是最佳的漁場，所產以鱈魚、鯡魚及鯖魚等爲主。比斯開灣以南的洋流南行，因緯度較低，水溫較當地水溫爲低，因而形成寒流，以生產沙丁魚最爲重要，其次有鯖魚、鮪魚及鯡魚等。

四、北美大西洋漁場

位於北美洲東岸，包括紐芬蘭、新斯科西亞（New Scosia）、美國新英格蘭海域及東部沿岸一帶。北有拉布拉多寒流南下，南有墨西哥灣流北上，二者相會於紐芬蘭島附近，故該區多霧。自新英格蘭的鱈角向東及向東北，大陸棚更爲廣濶，數萬方公里的淺海富有浮游生物，因而魚類滙集，成爲大漁場。紐芬蘭東南方的格蘭灘（Grand Banks），自古以來即爲歐洲漁民的漁場。本區所產以鱈魚價值最高，次有鯖魚、鱸魚等。南部則產鯡魚爲主，此種魚類品質較低，除食用外，可製成魚粉，作爲肥料及飼料之用。美國東岸各州沿岸，亦盛產螃蟹、牡蠣、蛤蜊等貝類。

五、南美太平洋漁場

位於南美洲西岸，沿岸陸棚狹窄，但有秘魯寒流自中緯流向低緯，與赤道暖流在秘魯沿岸相會合，水中浮游生物眾多，吸引大批魚類，就中以廻游性的鯷魚爲最多，秘魯所生產鯷魚佔其總漁獲量的98%，絕大部分均製成魚粉，外銷至世界各地供作飼料，少數外銷供魚餌之用。本區重要漁業國僅秘魯及智利二國，全因地利之便。

六、印度半島沿岸漁場

　　位於孟加拉灣和馬達加斯加島四週，魚類繁殖甚多，尤以馬島以東及以北海面最爲重要。孟加拉灣有北赤道洋流進入，馬島附近海域有南赤道洋流及赤道逆流經過，莫三比克海峽有阿古拉斯暖流南下，加以孟加拉灣陸棚廣濶，漁業環境良好，爲新興的大漁場。主要漁產爲鰛、鰺、鯖、秋刀魚等暖水性魚類。

七、南太平洋淺海漁場

　　北由菲律賓羣島、印尼羣島、新幾內亞、澳洲東部、紐西蘭四週海域，是新開發的漁場。本區北有南赤道洋流、東澳洋流爲暖流性質，南有西風漂流爲冷流性質，加以本區爲廣濶的淺海地區，又多爲公海範圍，故爲新開發的漁場。在此區作業的漁船以外國漁船居多，尤其是日本、韓國、中華民國最多。

　　除上述七大重要漁場之外，尚有南大西洋福克蘭羣島四週的魷魚業，南印度洋及南大西洋的鮪釣業。葡國外海每年有沙丁魚廻游。臺灣西南部沿海，多至前後有烏魚廻游，都爲沿海漁民帶來一筆財富。

第三節　世界主要漁產國家

　　全球漁獲量，在 1992 年爲 11,120 萬公噸，主要漁產國家依序爲中國大陸、日本、俄國、秘魯、智利、美國、印度、挪威等。各國之漁獲量如

如下表所示：（表0801）

表0801　世界主要漁業國家及產量

單位：萬公噸

國　　　　家	1982	1985	1990	1992
中 國 大 陸	700	849	1,386	1,856
日　　　本	1,114	1,102	1,189	1,301
前 蘇 聯	888	982	1,325	1,206
秘　　　魯	690	380	687	684
智　　　利	455	498	542	662
美　　　國	340	503	593	568
印　　　度	260	282	379	417
挪　　　威	330	345	342	358
印　　　尼	—	—	308	311
南　　　韓	—	—	228	275
泰　　　國	—	—	206	260
墨 西 哥	88	126	146	131
英　　　國	208	162	126	108
法　　　國	136	112	98	85
阿 根 廷	39	42	55	70

資料來源：國際農林水產統計，1995。

　　上述各國之漁產量約佔全世界總漁獲量 90%，若以漁獲量與人口作一比較，則以冰島爲最高，該國人口爲 26 萬（1987），全年漁獲量爲 190 萬公噸，每人平均達七公噸，若以國民平均魚類消費量而言，以日本居首位，日本人偏愛食魚，其國民所需的蛋白質有 85% 來自海產，每人每年食魚量達 65 公斤。臺灣地區平均每人每年食魚約 38公斤。

　　世界主要漁業國家如下：

一、日　　本

　　日本四周環海，漁業環境優良，寒、暖洋流在日本附近交會，水中生物繁多，利於廻游魚類覓食，而日本海岸線曲折而漫長，有眾多良好的漁港，日本海淺水區廣濶，又風平浪靜，利於貝類生長，加以人口眾多，市場需求甚大，自古以來即爲重要漁業國家。北海道爲最大漁區，其遠洋漁船遍及世界各大洋，近海漁業及養殖漁業均盛，全國有漁民 300 萬人，居世界第一位，漁獲量及漁業生產總值均居世界第一位。1986 年，日本漁獲量達 1,000 餘萬公噸，佔全球漁業總收入 1/7，漁產品輸出佔輸出總值 6％。日本也是世界上平均吃魚最多的民族。

二、中　　國

　　依據世界糧農組織的統計，將我國列爲世界第二大漁業國。我國大陸地區，海岸線長，陸棚區面積廣大，漁業條件良好，漁民刻苦耐勞，漁民約 200 餘萬，一向是世界重要漁業國之一，依據我國沿海形勢，可分爲北部、中部、南部三大漁場，茲略述如下：（圖 0802）

　　（一）北部漁場：包括安東、遼寧、河北、山東四省，以渤海、黃海爲主要漁區。渤海海峽以廟島羣島、長山八島爲主，其次爲遼東及山東半島沿岸 200 浬的海面。整個漁場的深度、水溫、海底地形、氣候及潮流均適合水族繁殖，故魚羣密集，所產的黃花魚、鯧魚、帶魚、馬鮫魚、鱗魚、鱈魚、海參、蛤蜊、蝦蟹等爲大宗。

　　（二）中部漁場：包括江、浙二省，係黃海及東海漁區，沿海島嶼眾多，江蘇沿海有長江口外的佘山島及其以南的嵊泗列島；浙江外海有舟山羣島、上下大陳、馬祖列島。江蘇北部的淺灘有利於廻游魚類產卵，長江、錢塘江所供應的營養物質，均利於魚類在本區生長，

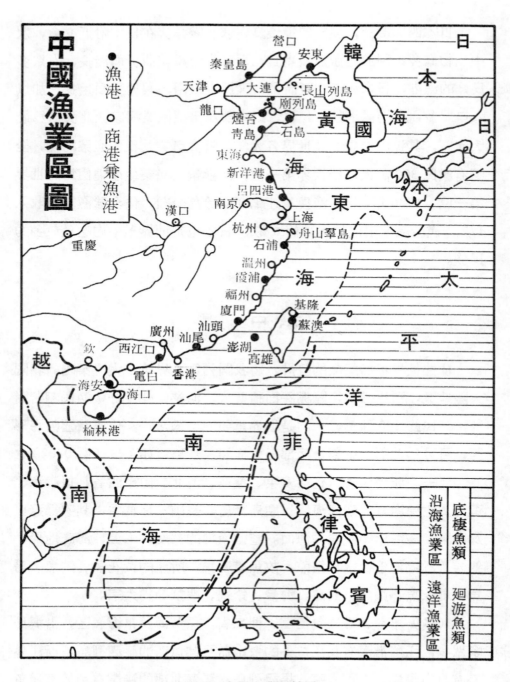

圖 0802 中國漁業區域圖

資料來源: 中華民國七十二年統計年鑑。

因而形成大漁場，主要漁獲物有大黃魚、小黃魚、帶魚、墨魚、鯧魚、鰻魚、海蜇、蝦類等。

　　（三）南部漁場：包括閩、臺、粵三省沿海，係以東海以迄南海漁區。本區海域遼濶，海水較深，沿岸漁獲量不及北部及中部漁場，但近海漁業十分發達，尤其臺灣附近，東西兩岸都有暖流北上，寒流則經黃海、東海南下，交會於臺灣海峽，形成良好的漁區。本區盛產鰹、鯧、鮪、旗魚、飛魚、鰡魚及秋刀魚等。南海有珊瑚業及採珠業。

三、獨立國協

　　俄羅斯聯邦濱太平洋的遠東地區，其漁業、漁船修理業都極爲發達，是新近興起的漁業國家。本來獨立國協爲一陸權國家，並無充分的漁業條件，可是近年以來，全力發展遠洋漁業，全球遠洋漁船，前蘇聯漁船佔70％，1987年，有600多艘遠洋漁船在世界各大洋上活動，一方面捕魚，一方面作爲前蘇聯海軍的耳目，已引起各國的注意，前蘇聯漁船侵入他國領海或經濟水域亦時有所聞。

　　1985年，前蘇聯漁獲量爲982萬公噸，居世界第三位，主要漁場在太平洋有千島羣島及庫頁島一帶，爲西太平洋主要漁場之一部。黑海及裏海爲獨立國協的內海，漁業十分發達。北大西洋的波羅的海、巴倫支海、白令海，爲獨立國協另一漁區，遠洋漁業其漁區則遍及世界各水域。

四、秘　魯

　　秘魯亦爲新興漁業國家，尤其是漁獲量曾一度居世界首位，現仍

居世界第四，1992 年漁獲量爲 684 萬公噸，較往年作大幅下降。秘魯
位於南美洲西海岸，是南來的秘魯寒流與北來的赤道逆流會合區，其
中浮游生物豐富，引來大批魚類廻游，因而成爲重要漁場。過去，本
區人口較少，市場有限，故漁業活動深受限制，近年以來魚粉工業勃
興，使秘魯漁業得以發展。秘魯主要漁獲物爲鯷魚，佔所有漁獲物
98％，除少量供魚餌外銷之外，絕大多數送往魚粉工廠，製造魚粉外
銷，可爲秘魯賺取外滙 10 餘億美元，居外銷產品第一位。

五、美　　國

美國是世界上最大的兩洋國家，漁業環境優良，新英格蘭附近的
淺灘，爲世界少見的優良漁場。西部太平洋沿岸，也有豐富的漁產。
北部以鮭魚爲最多，每年春夏之交，鮭魚逆水向各河川上游，尋找
4～9 年前之出生地產卵。產卵地多在河源沼澤區或沙岸，次年春幼
魚出生後，停留在淡水溪中，生活時間隨種類而不同，有的數月，有
的兩年或兩年以上，然後游回大海，到了成年再游回原產地。鮭魚盛
產河流爲哥倫比亞河（Colombia R.），該河上游近年築有許多水壩，
雖爲鮭魚建有水梯，但仍影響鮭魚旅程，減少鮭魚生產。

美國在 1992 年漁獲量爲 568 萬公噸，居世界第六位，漁民人數約 30
萬，多爲義國後裔。

六、挪　　威

挪威自建國以來，漁業卽爲國家之經濟動脈。挪威西海岸至冰
島，均爲良好漁場，以盛產鱈魚著名。北大西洋的海嶺，北自格陵

蘭、冰島、經法羅羣島（Faeroe Islands），以蘇格蘭之北，連接歐洲大陸棚，成爲一帶狀淺灘。挪威海則在北大西洋海嶺之北，此區水深概在 200 公尺以內，爲魚羣薈集之區。挪威北岸，面對巴倫支海，有暖流經過，漁業興盛。以瓦爾他（Vardo）爲漁港，此外，西北部的特倫蘇（Tramso）爲捕鯨基地。

1992 年，挪威漁獲量爲 358 萬公噸，多爲高級魚類。

除上述六國之外，漁業發達國家尚有英國、法國、義大利、印度、韓國、加拿大、冰島等國。唯以產量稍低於上述六國，不一一敍述。

七、中華民國臺灣地區的漁業

臺灣四面環海，海岸線長達 1,500 餘公里，附近有大小島嶼 70 餘個，先天條件宜於漁業，且處於東海與南海之間，寒暖流交會，東部岸峻水深，爲南北廻游魚類必經之地，西部臺灣海峽陸棚緩和平坦，水產生物種類繁多，普通習知之魚類多達 300 餘種，海底生物尤爲豐富，適合多種漁業經營，加以漁場近便，人力充沛，漁技進步，市場充足，漁業發展至爲有利。（圖 0803）

（一）遠洋漁業：包括大型、中型拖網漁船、遠洋鮪釣漁船，作業區遍及三大洋，1995 年遠洋漁業產量爲 65 萬公噸，主要漁獲物爲鮪魚、旗魚、鰹魚、鯖魚、秋刀魚、烏賊、魷魚等。近年以來，因各國紛紛實施 200 浬經濟水域，遠洋漁業頗受影響。

（二）近海漁業：包括延繩釣、一支釣、曳網、巾着網、焚寄網、流刺網、拖網、圍網以及鏢旗魚等，作業範圍大多在本島沿岸 30 浬以內，亦有遠至西里伯斯海、蘇祿海、班達海及澳洲東北部淺海區

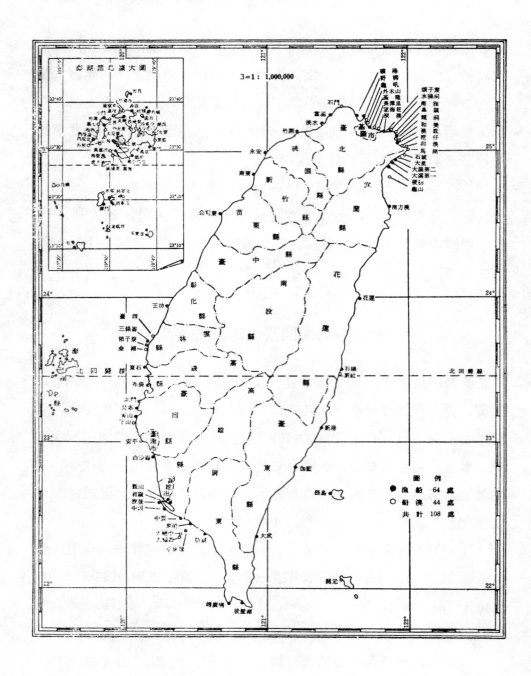

圖 **0803** 臺灣地區漁港及船澳分布圖

資料來源: 農業委員會漁業處「漁業月刊」, 1983, 2 月版。

作業者，1995 年近海漁業生產量爲 25.5 萬公噸，主要漁獲物爲鮪魚、旗魚、鰹魚、鯧魚、魷魚、鯖魚等。

（三）沿岸漁業：包括竹筏、舢舨、小型動力漁船等，在沿岸及河川、湖泊從事採捕水產動植物之各類漁業，使用釣具及各種網具。1995 年沿岸漁業總產量僅 8 萬公噸。主要原因爲臺灣各河川水質污染嚴重，水中生物大量減少，沿海地區亦受污染，魚類急劇減少或移棲他處，如不有效制止，數年之後，臺灣河川將盡爲污水所染，沿海亦無魚類棲息。

（四）養殖漁業：包括海水養殖及淡水養殖，海水養殖包括虱目魚、烏魚、蛤蜊、牡蠣、九孔、龍蝦、養珠等。淡水養殖包括鯉、鯽、草魚、鰱魚、鰻魚、吳郭魚以及鱉、草蝦、斑節蝦、蟹、牛蛙、鱷魚等。海水養殖多集中於西部及西南部沿海，淡水養殖則以南部平原及西部臺地爲多。1995 年，養殖漁業總產量 28.7 萬公噸，爲進步最快的漁業，臺灣養殖漁業技術領先世界各國，日本亦瞠乎其後。

臺灣漁業，在 1995 年總漁獲量 124.6 萬公噸，高雄爲臺灣最大漁港，基隆居次，蘇澳、南方澳、馬公、花蓮、新港等 129 處漁港及船澳，全省有漁民 102,201 人。

表0802　臺灣地區漁業生產量

單位：公噸

年　　　次	總計	遠洋漁業	近海漁業	沿岸漁業	養殖漁業
民國八十一年	1,326,981	737,638	280,513	45,401	263,430
民國八十二年	1,423,971	834,965	258,601	43,443	286,963
民國八十三年	1,286,750	714,190	244,294	41,620	289,421
民國八十四年	1,246,821	654,723	255,977	48,126	287,845

資料來源：中華民國84年統計年鑑，p. 75。

本 章 摘 要

1. 漁業發展的自然條件：淺海面積大、水溫較涼、有冷暖海流交會、靠近大河出口、海岸曲折而有林產等。

2. 漁業發展的人文條件：市場、漁港及設備、科技、政府支持。

3. 世界主要漁場有七，其主要洋流為：

   (1) 亞洲太平洋漁場：有黑潮及親潮會合。

   (2) 北美太平洋漁場：有加州洋流及赤道逆流。

   (3) 西北歐大西洋漁場：有大西洋暖流及格陵蘭冷流。

   (4) 北美大西洋漁場：墨西哥灣流及拉布拉多冷流。

   (5) 南美太平洋漁場：秘魯冷流與赤道暖流。

   (6) 印度洋漁場：南赤道洋流及赤道逆流。

   (7) 南太平洋漁場：南赤道洋流及東澳洋流。

4. 世界主要漁業國家：日、俄、中、挪、美、秘、印、韓。

5. 中國三大漁場：北部、中部、南部。

6. 臺灣漁業概況：1995 年總漁獲量 124.6 萬公噸。

習 題

一、填充：

(1)狹義的漁業即_____；廣義的漁業則屬_____。

(2)漁業發展的自然條件有：_____、_____、_____、_____、_____。

(3)漁業發展的人文條件有：_____、_____、_____、_____。

(4)世界主要漁場有七，即：_____、_____、_____、_____、_____、_____、_____。

(5)世界主要漁業國家有：＿＿＿＿、＿＿＿＿、＿＿＿＿、＿＿＿＿、＿＿＿＿。

(6)我國三大漁場包括：＿＿＿＿、＿＿＿＿、＿＿＿＿。

(7)中華民國漁業有四大項，即：＿＿＿＿、＿＿＿＿、＿＿＿＿、＿＿＿＿。

二、選擇：

(1)陸棚區的海水深度之區分是以：①水深200公尺 ②水深250公尺 ③水深300公尺爲準。

(2)領海爲十二浬，經濟水域則爲：①100浬 ②200浬 ③300浬。

(3)世界上重要漁場有一共同條件，即：①位於冷暖海流交會之處 ②附近人口密集 ③海岸曲折，附近林產豐富。

(4)日本漁業發達，其主要原因是：①人才充足、技術進步 ②附近大陸棚廣大 ③日本人刻苦耐勞有旺盛的企圖心。

(5)臺灣環境污染，影響最大的是：①遠洋漁業 ②沿岸及近海漁業 ③養殖漁業。

三、問答：

1.漁業發展的地理條件若何？

2.世界有那七大漁場？各有何洋流流經該處？

3.世界有那些主要漁業國家？繪一簡圖加以標示。

4.我國有那三大漁場？繪一簡圖加以標示。

5.調查本社區魚市場有那些魚類？各來自何地？

6.舉出自己常吃的五種水產，並調查出最新價格。

7.畫一條魚，要像喲，說明學名和目前價格。

第九章　畜　牧　業

第一節　世界畜牧業的類型及分佈區域

畜牧業歷久彌新

　　畜牧為人類僅次於漁獵的經濟活動，較之農業為早，今日雖為工商時代，畜牧業並未式微，相反地，由於人類生活水準的不斷提升，人類對於肉類、乳類、毛皮等的需求與日俱增，而畜牧業有再創新貌的趨勢。

　　畜牧因地理環境之不同有各種不同的類型，簡而言之，可分下列四大類：

一、游　　牧

　　是人類最早採取的一種畜牧方式，亦稱原始畜牧，迄今仍在乾燥的沙漠草原區盛行，社會組織仍未脫離部落社會，最大的特徵是「逐水草而居」，每年常移動數百公里，生活所需皆取自畜羣，財產的多寡也視畜羣的數目而定。牲畜的種類，則視地理環境而不同，除凍原

的馴鹿，高原的犛牛，沙漠的駱駝以外，一般均爲牛、馬、綿羊或山羊等。因爲這些部落很少有剩餘產品可供輸出，所以也很少有對外貿易。

　　游牧的地理分布，遍及全球各乾燥區，世界最大的一片游牧區，則是由亞洲東部起自我國的大興安嶺，向西經塞北高原、新疆而入俄屬中亞，再經伊朗、伊拉克、阿拉伯半島，越過紅海而與非洲的撒哈拉沙漠相接，以迄西非的茅里塔尼亞，直達大西洋岸，東西綿亙13,000公里，橫跨亞、非二洲，爲此二洲游牧民族賴以生存的廣大空間。

二、放　　牧

　　亦以天然草料爲主，唯牧區牧草豐美，牲畜不需要移動，多以大型牧場進行畜牧，且以出售畜產品爲目的。

　　放牧的地理分布，美國西部半乾燥高原區；南美的阿根廷南部，巴塔哥尼亞（Patagania）高原，查科（Chaco）高原及彭巴（Pampa）草原；澳洲大分水嶺以西的半乾燥內陸平原區；南非的安哥拉中南部及辛巴威；歐亞大陸中心區的裏海與鹹海之間的草原區；我國的青海一帶。

三、山牧季移

　　在溫帶山地常有此種畜牧方式。每年初春時節，山上冰雪融化，牧草茁長，利於放牧，牧民乃驅牛羊上山，盡食鮮嫩的牧草，草盡更盤旋而上，以迄於高山草地，入秋以後，天氣寒冷，山上草木枯黃，

牧人則驅牛羊下山，圈於山下谷地，飼以乾草，以待來春，這種垂直
移動的放牧方式，稱之爲山牧季移。主要牲畜爲緜羊及山羊，少數爲
黃牛。盛行山牧季移的區域，在歐洲有阿爾卑斯山地的南麓及庇里牛
斯山，美國的落磯山，我國的天山、杭愛山地。

四、飼　　牧

　　爲現代化的畜牧類型，牧草爲專門種植者，並配以適當的飼料，
以柵欄或畜舍飼養，在較小的範圍內，飼養較多的牲畜，並使牲畜多
食少眠，並減少活動以免消耗體力，而得以在短期內肥大，以供應人
類肉食或乳品，此種畜牧方式稱爲飼牧。

　　飼牧的地理分布，主要在人口密集區附近，如美國中西部各州，
西北歐的丹麥、荷蘭等國，澳洲、紐西蘭、南非等國，均以飼牧爲
主。我國臺灣地區畜牧業亦以飼牧爲主。

第二節　牲畜及畜牧產品

　　牲畜之被人類飼養，最早當爲家犬，這可由先民遺址中留有許多
犬骨爲證。中國農業社會講六畜興旺，六畜即馬、牛、羊、雞、犬、
豕。至今仍爲重要家畜，只有狗兒，由人類肉食提升至寵物地位，然
而「香肉」，在某些地區，仍是老饕的美味。

一、牲　畜

（一）牛的飼養

人類飼養牛隻，基於三項因素：①當作力獸以便耕作、拉車及拖曳之用。②生產牛肉及牛皮供人類消費。③生產乳品供人類需要。

世界主要產牛國家，依牛隻數目之多寡，依序爲印度、美國、蘇俄、巴西、中國大陸。各國養牛情況頗有差異，茲略述如下：（圖 0901）（表 0901）

1. 印度：是世界上牛隻最多的國家，1992 年有牛隻一億九千萬頭，約佔全球總數 15%。印度人多半信奉印度教，視牛爲聖獸，只供耕作，不可屠宰。故一旦年老力衰，乏人飼養，而變成無主「游牛」，到處閒蕩，甚至與人爭食。印度每年消費在養牛的費用爲數甚鉅，的確是一大浪費，唯印度教徒尚不反對自死去的牛隻身上剝取牛皮，因此，印度是世界上最大的牛皮輸出國。

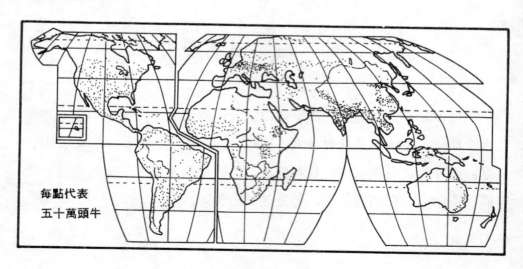

每點代表
五十萬頭牛

圖 0901　世界牛的分布圖

資料來源：Commodity yearbook, 1985, p.69.

表0901　*世界主要產牛國家及產量*

單位: 萬頭

國　　　　家	1979～81	1985	1990	1992
印　　　度	18,650	24,800	19,175	19,265
巴　　　西	11,665	9,300	14,710	15,300
前　蘇　聯	10,766	11,530	11,942	11,154
美　　　國	11,215	11,851	9,816	9,956
中 國 大 陸	5,257	9,500	7,697	8,276
阿　根　廷	5,562	5,872	5,058	5,002
墨　西　哥	2,771	2,995	3,205	3,016
哥 倫 比 亞	2,411	2,784	2,438	2,477
澳　　　洲	2,522	2,541	2,501	2,468
法　　　國	2,383	2,366	2,141	2,093
德　　　國	1,510	1,506	1,680	1,713
南　　　非	1,365	1,258	1,340	1,359
加　拿　大	1,333	1,271	1,225	1,300
土　耳　其	1,547	1,730	1,217	1,197

資料來源: U. N., *FAO Production Yearbook,* 1992, pp. 206-207.

2. 美國: 1992 年有九千九百萬頭，美國人養牛，主要是爲了取得牛肉、牛皮及牛乳，並非作爲獸力，故肉牛的飼養較多，中西部是牛隻的主要分布地區，南部各州也是肉牛的主要產地。

3. 俄國: 1992 年約有一億一千一百萬頭，主要在俄國南部及東部草原。烏拉山以西的農耕區，也有不少牛隻，多數爲混合種牛，以肉、乳兩用爲多。

4. 巴西: 1992 年有牛隻 15,300 萬頭，以肉牛爲主。

5. 中國大陸：有牛隻 8,276 萬頭，以黃牛為多，主供役用，兼為肉食，以華北各省及長江流域為數最多。以山東省之黃牛，肉味最好。西北地區所飼養者亦供肉食，產乳亦多，俗稱「菜牛」。

本省近年以來亦極力推展畜牧事業，倡導利用山坡地飼養牛隻，成效至為良好，肉牛及乳牛數目年有增加，迄民國八十四年止，全省有黃牛 27,577頭，水牛 12,883 頭，乳牛 124,365 頭。牛肉供給不敷全省需要，每年尚需由紐、澳兩國進口大量牛肉。

（二）羊的飼養

羊為反芻偶蹄動物，有緜羊和山羊兩種，緜羊以取羊毛為主，亦兼肉食，山羊則以取乳及取用毛皮。

世界主要產羊國家，依羊隻數目之多寡，分別敍述如下：（圖 0902）

1. 獨立國協：1992 年飼養羊隻超過一億二千萬隻，主要分布所屬中亞一帶。

2. 澳洲：為世界馳名養羊國家，1992 年飼養緜羊一億四千六百萬隻，山羊 500,000 隻，佔世界飼羊總額 1/6。新南威爾斯(New South Wales)和昆士蘭(Queensland)兩省是飼養中心。

3. 中國大陸：中國大陸羊隻數有一億一千餘隻，主要分布於華北及西北地區。

4. 紐西蘭：紐國草地廣濶，氣候優良，適合牛羊隻繁殖，且品種優越，1992 年，紐國有緜羊 5,300 萬隻，山羊 70 萬隻，紐國人口僅 300 萬，每人平均有 18 隻羊，比例之高，世界第一。主產於南北二島丘陵地，為紐國主要生產事業。

5. 土耳其：土國亦為世界著名羊產國，著名的安哥拉羊，卽以土國為原產地，1992 年，羊隻數目為 5,000 萬隻。主產於安那托力亞高原。

除上述各國之外，尚有伊朗、阿根廷、南非等國，羊隻總數均在 4,000 萬隻以上。英國是俄國以外歐洲飼養羊隻最多的國家。

臺灣山羊較多，民國八十四年，飼養山羊約 318,404 隻，多產於中南部丘陵地。臺灣氣候較不適合飼養綿羊，全省僅有綿羊 347 隻。

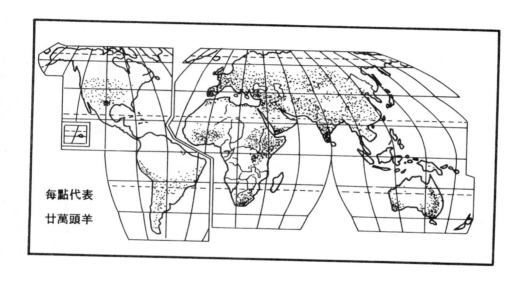

每點代表
廿萬頭羊

圖 **0902** 世界羊的分布圖

資料來源：Commodity yearbook, 1986, p.42.

（三）豬

豬為哺乳動物之偶蹄、不反芻類，因其適應能力強，不拘任何環境均可生長。故世界豬隻生產極為普遍，唯回教世界例外。養豬為污染性畜牧業，先進國家已逐漸放棄。

世界豬隻產量以中國大陸數目最多，各省皆有飼養，為農村普遍副業，亦為肉食的主要來源。1992 年飼養達 3.7 億隻，主要飼區為秦嶺、淮河以

南，以川、湘、蘇、贛、粵各省最多。

臺灣養豬事業發達，民國八十四年度，全省有豬隻 1,050 萬頭，生產豬肉 100 萬公噸。

俄國是世界上養豬次多的國家，1992 年爲 6,906 餘萬頭，美國居第三位，德國第四，巴西第五。（表 0902）

表0902　世界主要產豬隻國家及產量

單位：萬頭

國　　　　家	1979～81	1985	1990	1992
中 國 大 陸	31,366	24,100	36,059	37,974
前 　蘇 　聯	7,359	7,470	7,900	6,906
美 　　　國	6,404	6,320	5,382	5,768
德 　　　國	3,477	3,520	3,417	3,528
巴 　　　西	3,642	3,800	3,621	3,500
波 　　　蘭	2,034	2,170	1,946	2,209
西 　班 　牙	1,390	1,480	1,610	1,722
墨 　西 　哥	1,689	1,670	1,520	1,650

資料來源: U. N., 1992 *FAO Production Yearbook,* pp. 209-211.

二、畜 產 品

畜產品包括肉類、乳類、羊毛、皮貨等。玆分述如下：

（一）肉類

牛、羊、豬三種牲畜的肉，是人類的主要肉食，西方人喜吃牛肉，我國則普遍喜食豬肉，回教徒禁食豬肉而印度教徒則禁食牛肉，因此，各種肉類因地區之不同而消費量亦異。

美國是世界上各種肉類生產最多的國家，也是世界上最大的肉類消費
國，國內生產之肉類尚且不足，每年尚需由國外輸入肉類。歐洲肉類生產
仍不敷需要，每年仍需由南美、澳洲和紐西蘭進口。世界主要肉類生產國
及產量見（表0903）。

表0903　世界主要肉類生產國及產量

單位：千公噸

國　　　家	1979～81	1985	1989	1991
美　　　國	24,487	19,896	28,403	29,720
前　蘇　聯	15,211	13,784	20,092	18,610
巴　　　西	4,495	4,543	6,028	6,663
法　　　國	5,425	4,727	5,453	5,764
英　　　國	3,009	3,370	3,290	3,505
日　　　本	3,002	3,221	3,571	3,486
阿　根　廷	3,727	2,648	3,369	3,432
澳　　　洲	2,763	2,532	2,775	3,200
波　　　蘭	2,745	2,854	2,903	2,928
加　拿　大	2,514	2,283	2,902	2,769
丹　　　麥	1,303	1,289	1,501	1,608
南　　　非	1,081	976	1,330	1,377
紐　西　蘭	1,142	1,168	1,285	1,199

資料來源：U. N., 1992 *FAO Production Yearbook,* pp. 212-214.

澳洲年產肉類 320 餘萬公噸，有43％供出口，是世界上最大的
肉類輸出國。丹麥居第二位，其次爲荷蘭、紐西蘭等國。

我國大陸肉類生產以豬肉爲主，西北游牧區，羊、牛較多，全國
豬肉產量雖多，但以人口眾多，全部就地消費。

（二）乳類

乳類包括牛奶、牛油、乳酪。乳類生產，主要有下列三區：（表0904）

表0904　世界主要牛乳生產國及產量

單位：千公噸

國　　　　家	1979～81	1984	1990	1992
前　蘇　聯	90,645	97,068	107,942	88,882
美　　　國	58,139	61,832	67,274	68,966
印　　　度	13,420	16,398	26,800	29,400
德　　　國	24,900	26,100	26,800	28,191
法　　　國	27,084	27,610	26,561	25,341
巴　　　西	11,378	10,525	14,919	15,500
英　　　國	15,917	16,105	15,251	14,692
波　　　蘭	16,250	16,825	15,832	12,800
荷　　　蘭	11,832	12,801	11,226	10,876
紐　西　蘭	6,586	7,521	7,483	8,140
加　拿　大	7,354	8,096	7,535	7,380
澳　　　洲	5,598	6,123	6,457	6,940

資料來源：U. N., 1992 *FAO Production Yearbook,* pp. 234-236.

　　1. 西北歐：大西洋邊緣許多地區，乳酪業有高度發展，尤以丹麥、荷蘭、英國、愛爾蘭、法國北部、德國及挪威北海沿岸以及瑞典中部。英國和德國大工業都市人口，均爲乳類重要市場。丹麥專業於奶油生產，荷蘭和瑞士專業於乾酪生產。

　　2. 美國東北部和加拿大聖羅倫斯低地：北美洲牛隻飼養於涼溫的北大西洋沿海地帶，生產牛乳以供應大都市如波士頓、紐約、巴爾的摩、費城等工業都市。此外，中西部平原、西部山谷區及西北沿太平洋區，亦屬乳類生產地帶。

　　3. 澳洲和紐西蘭：紐西蘭北島平原是南半球重要乳類產區。澳洲東南部，以及新南威爾斯、維多利亞省，乳業亦盛。臺灣地區乳類進口，多來自澳洲。

　　（三）羊毛

　　羊毛爲織造呢絨衣料及毛毯原料，故羊毛生產及國際貿易甚盛，玆將各洲羊毛產銷情形分述於下：

　　1. 歐洲：羊毛消費以歐洲最多，其中以英國毛紡織居世界之冠，每年輸入羊毛在 30 萬公噸以上，概由澳洲、紐西蘭、南非及阿根廷等國供給。法國、義大利、德國、比利時及盧森堡亦爲重要輸入國。俄國羊毛產量僅次於澳洲，居世界第二位，多爲地毯羊毛，衣料羊毛仍賴輸入。

　　2. 北美洲，美國及加拿大均爲羊毛缺乏國，近年以來羊毛產量雖有增加，仍不敷所需，尚需進口，唯不如往年之大。

　　3. 南美洲：以阿根廷、烏拉圭兩國爲重要生產國，且有剩餘可供輸出，輸出量居世界第二位，輸入地以日本、英國、美國爲主，歐洲其他工業國次之。

4. 亞洲：中國大陸、印度、土耳其爲生產羊毛最多的國家，日本生產量少而消費量大，故輸入量有直追英國之勢，主要由澳洲供應。

表0905 世界主要羊毛生產國及產量

單位：千公噸

國 家	1979～81	1984	1990	1992
澳 洲	704	674	842	731
前 蘇 聯	458	475	474	411
印 度	348	378	350	330
紐 西 蘭	352	370	309	296
中 國 大 陸	173	190	239	247
阿 根 廷	152	176	148	128
南 非	103	114	96	97
烏 拉 圭	68	80	96	96
英 國	50	43	74	69
巴 基 斯 坦	40	42	46	49
土 耳 其	61	63	45	42
巴 西	32	34	29	28
法 國	24	27	22	22

資料來源：U. N., *FAO Production Yearbook,* 1991～92, pp.245-246.

表0906　世界主要羊生產國及頭數

單位：萬頭

國　　　　家	1979～81	1985	1990	1992
澳　　　　洲	13,487	13,320	17,030	14,682
前　蘇　聯	14,240	14,244	13,420	14,100
中　國　大　陸	10,186	16,725	11,351	11,114
紐　西　蘭	6,739	7,035	5,785	5,350
印　　　　度	5,500	5,260	5,572	5,268
伊　　　　朗	4,500	4,751	4,500	4,326
土　耳　其	4,620	5,050	4,365	4,043
南　　　　非	3,163	3,210	3,267	3,211
巴　基　斯　坦	2,850	2,695	3,015	3,050
英　　　　國	2,200	2,362	2,680	3,000
阿　根　廷	2,856	2,900	2,785	2,690
烏　拉　圭	1,922	2,340	2,522	2,570
西　班　牙	1,472	1,722	2,404	2,463
巴　　　　西	1,841	1,808	2,002	1,950
美　　　　國	1,267	1,046	1,136	1,075

資料來源：U. N., 1992 *FAO Production Yearbook,* pp. 209-261.

　　我國羊毛生產以西北各省佔第一位，華北平原及黃土高原居第二位，蒙新區佔第三位。

　　本省毛紡織工業甚爲進步，唯羊毛全賴進口，大部由澳洲及烏拉圭輸入，少量來自南非。

　　5. 大洋洲：澳洲羊毛產量及輸出量均佔世界第一位，可以支配

世界羊毛市場及紡織工業，其輸出港爲雪梨（Sydney）、墨爾本（Mel
-bourne）、布利斯班（Brisbane）等港。澳洲產羊毛以新南威爾斯、維多利
亞及西澳產量最多。

紐西蘭羊毛輸出亦多，爲紐國首要輸出品。澳、紐二國合計，輸出量
佔全球總量 70%。

本 章 摘 要

1. 畜牧分為四大類型：

    (1) 游牧：逐水草而居，主要牲畜為牛、馬、羊，盛行於乾燥區。

    (2) 放牧：以天然草料為飼料，不移動位置。主要牲畜為牛、羊，盛行於半乾燥區。

    (3) 山牧季移：游牧成垂直移動，主要牲畜為牛、羊，盛行於溫帶山地。

    (4) 飼牧：以柵欄或畜舍飼養並配以適當的飼料。主要在人口密集區附近。

2. 牛的飼養

    (1) 人類飼養牛有三項因素：用其力、食其肉乳、用其皮革。

    (2) 世界主要產牛國：印度、美國、俄國、巴西、中國。

3. 羊的飼養：主要生產國：俄、澳、中、紐、土等國。

4. 世界主要豬產國：中國大陸、俄國、美國、巴西、德國。臺灣全省有豬隻 1,050 萬頭。

5. 世界主要肉類生產國：美國、歐洲、澳洲、中國。輸出國為：澳、荷、丹、紐為主。

6. 乳類生產：西北歐各國——丹、荷、英、愛、法、德、挪、瑞。美、加、澳、紐。

7. 羊毛生產：澳洲、俄國、紐西蘭、中、印、土、烏拉圭。主要輸出國：澳、紐、南非、阿根廷。

習　題

一、填充：

(1)世界畜牧業主要供給人類三樣所需，即：_____、_____、_____。

(2)畜牧類型有：_____、_____、_____、_____四種。

(3)世界主要肉類生產國，依序為：_____、_____、_____、_____

_____。

(4)世界主要羊毛生產國，依序為：_____、_____、_____、_____

_____。

(5)世界主要肉類輸出國為：_____、_____、_____、_____、

__。

(6)人類養牛，基於三項因素，即：_____、_____、_____。

(7)世界主要牛乳生產國為：_____、_____、_____、_____

__。

(8)世界山牧季移區，主要為：_____、_____、_____、_____。

(9)世界最大的游牧區是：我國大興安嶺向西_____直達大西洋岸。

二、選擇：

(1)「逐水草而居」是何種畜牧的特徵？　①游牧　②放牧　③山牧季移。

(2)南美洲最有名的畜牧國家是：　①巴西　②阿根廷　③智利。

(3)彭巴草原是世界著名的放牧區，該地位於何國？　①巴西　②阿根廷

　③智利。

(4)荷蘭以那種牧業著稱於世？　①放牧　②飼牧　③山牧季移。

(5)世界各國牛的地位最高的是：　①中國　②美國　③印度。

(6)世界人口平均羊隻最多的國家是：①俄國　②紐西蘭　③澳洲。

(7)世界著名的安哥拉羊，盛產於：①土耳其　②紐西蘭　③澳洲。

(8)臺灣爲何不盛產羊毛？①山地太少　②氣候不宜　③羊毛缺乏市場。

三、問答：

1. 解釋下列地理名詞：

　　(1)游牧

　　(2)放牧

　　(3)山牧季移

　　(4)飼牧

2. 人爲什麼養牛？其主要產國若何？

3. 羊、豬等家畜，以那些國家飼養最多？

4. 乳產品及羊毛各以那些國家生產最多？爲什麼？

5. 臺灣山地爲什麼沒有山牧季移？

6. 臺灣爲什麼不適合養綿羊？

7. 冬天你喜歡穿毛織品，爲什麼？

8. 舉出你常吃或常見的乳類製品，並舉出其品牌。如爲進口，調查其產地。

9. 用圖畫分別黃牛、水牛、乳牛；山羊、綿羊有何不同。

第十章　礦　業

第一節　礦產資源的開發

一、礦業的特性

礦業與農、林、漁、牧業不同，礦業產品是消耗性產業，我們可由土地、海洋、森林中，無限的獲得作物、漁類和木材，但是在礦業資源並不如此。地球上的礦產，一旦加以開採，它就會用盡而不再復生，所以有時我們稱礦業為「掠奪產業」(Robber industry)。

基於上述原因，礦業聚落基本上是暫時性的，它們繁盛於一時，一旦礦產開採殆盡，聚落即行衰落，甚至淪為廢墟。臺北地區的九份、金瓜石等地，當該地金礦全盛時期，繁盛狀況名聞全臺，其後金礦開採殆盡，九份、金瓜石則衰落為普通的山中小鎮。唯往日繁盛風貌依稀可見。

二、礦物的產生

礦物資源雖然廣被整個地殼，但因各地地殼新舊不同，所蘊含礦產的

價值也就有差異。礦物開發常限於局部地區，尤其是稀有礦產，幾乎只集中在地球上少數幾個地區。

礦物依其形成的地質條件，可有三種發生方式：

（一）*存在於礦脈中*：當火成岩侵入地殼時，各種液體和氣體流入岩層裂縫內，冷卻後即凝結爲金屬礦脈。若干此類金屬礦物，經常相互共生，例如：金和銅，銀和鉛、鋅，鐵和錳。

（二）*存在於沈積層中*：有些礦物儲藏於水成岩層中，包括煤、鐵、鹽、硬石膏和鉀、鹼等。

（三）*存在於沖積堆積物中*：許多礦物見於丘陵或河谷底部的沖積堆積物中。生成於丘陵礦脈中的礦物，經過長期侵蝕，終被搬運至河川中下游河床中，臺灣北部基隆河中游曾產沙金，花蓮立霧溪出海口附近亦有沙金生產，即是上游金礦脈經雨水侵蝕沖積帶至中下游所致。

三、礦產資源的開發

礦產資源的利用並非漫無限制，只有在合理的條件下才有開採利用的價值，其開發要素如下：

（一）*礦床的大小和礦物成分含量的百分比*：礦藏量不夠豐富不具開採價值；礦物成分過低，不敷生產成本。如改進開採技術、降低成本，有些礦藏仍有開發潛力。

（二）*礦物存在的位置*：愈接近地面，開採愈有利，甚至可用露天開採，礦物深藏地底，礦坑太深，不但增加成本，亦有高度危險性，不是優良礦藏。

（三）*礦物距離消費市場的遠近*：礦藏區距離消費市場太遠，增

加運輸成本，如果位於深山之中，無適當的交通線和運輸工具或設備運送礦體，亦無開採可能。

（四）是否有充足的勞力供應：礦業爲勞力密集產業，缺乏勞力，礦業無由開發。

（五）資金是否充足：礦業爲資本密集產業，開採設備、運輸設備、相關設備等，需要大量的資金。資金充裕是開發礦業的先決條件。

（六）燃料和動力資源是否充足：礦物加工處理，如濃縮、冶煉、精煉等，都需要相當的燃料和動力資源。

（七）礦物的國際需要（亦卽價格）：該項礦物如果國際需要量極大，則在極困難的條件下，也可從事開採，如加拿大極地區的鐳港（Port Radium）盛產鈾礦，由於鈾爲高價值礦產，國際需要量甚大，卽使在冰天雪地中開採，亦在所不惜。

第二節　鐵礦業

礦藏分爲金屬礦藏和非金屬礦藏兩大類，而金屬礦藏中，以鐵礦最爲重要。

一、鐵的重要性

現代工業有二大支柱，一是能源（包括石油、煤、天然氣、水力和核能），另一種是鐵（包括鋼）。鐵器是人類不可缺少的工具，鋼料也是製造各種工具和機器不可缺少的原料。金屬礦物中以鐵的用途最

廣，而鐵礦的分布頗廣，價格低廉，是工業上不可缺少的基本礦產。

　　鐵可與許多金屬合煉成爲合金鋼，硬度大並耐高溫，並改變原來的性質，爲工業機械用鋼材。一國每年每人耗鐵量的多寡，成爲國家強弱的指標。以美國而論，每人每年消耗鐵量 600 公斤，我國臺灣地區爲 200 公斤，僅及美國的 1/3，足見工業化程度尙有一段距離。

二、鐵礦的分類

　　鐵礦含鐵成分多寡不一，凡含鐵成分在 50% 者，稱爲富礦，低於此値者爲貧礦，貧礦所含鐵的成分如在 30% 以上，亦値得開採。鐵礦砂依其化學成分的差異，可分爲下列四種：

　　（一）磁鐵礦（Fe_3O_4）：礦砂是黑色而帶磁性，雜質少，含鐵成分高，可達 70% 左右，爲世界上品質最佳的鐵礦砂，可惜產地不廣，產量亦欠豐，我國湖北大冶所產卽是磁鐵礦。瑞典北部的諾蘭（Norrland）和拉普蘭（Lappland）亦爲磁鐵礦。

　　（二）赤鐵礦（Fe_2O_3）：呈紅黃色，水份多，含鐵成分常在 50% 以上，存在普遍，儲量亦豐，是當前開採的主要礦源。我國察哈爾省宣化所產卽爲赤鐵礦，美國明尼蘇達州的米沙比山鐵礦卽屬此類。

　　（三）褐鐵礦（$2Fe_2O \ 3H_2O$）：呈紅褐色，是含水份的氧化鐵，並含錳、矽酸、磷質等雜質，故鐵質較脆，不利於煉鋼，含鐵成分常在 50% 以下，但蘊藏量甚大。法國的洛林鐵礦卽屬此類。

　　（四）菱鐵礦（$FeCO_3$）：呈灰色或略帶黃色，具有彎曲之菱形體，含鐵成分約 48%。此種鐵礦是因褐鐵礦受植物的腐蝕作用而形成，常出現於煤層之中。

三、世界鐵礦的生產

　　世界鐵礦之蘊藏，不同之資料有不同之記載，依據聯合國礦業資源調查顯示，全球蘊藏量爲 2,482 億公噸，主要分布在北半球，其中以俄國境內蘊藏最多，佔全球總量 41.7%，美國次之，佔 16.9%，巴西第三，佔 15.2%，加拿大第四，佔 4.4%。唯根據美國出版的「中國礦業資源」，則稱中國鐵礦儲量爲 408 億公噸，已高居世界首位，其次爲俄國、印度、澳洲、美國等。總之，世界鐵礦之儲量，難獲一致之結論。

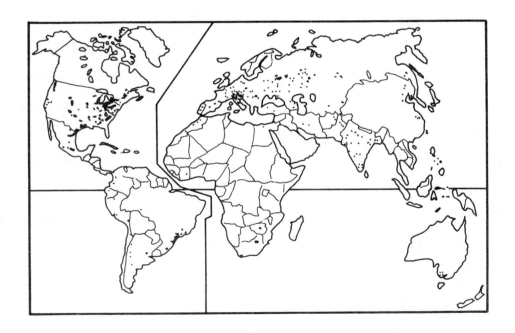

圖 **1001**　世界主要鐵礦產區分布圖

資料來源: 聯合國統計月報 1985 年，p.40.

1991 年，世界鐵砂之生產，以俄國最多，中國次之，巴西第三，其主要產國如下：

（一）俄國：爲世界第一鐵砂生產國，主要生產地有三：①烏克蘭南部的克利福洛（Krivog Rog），產量佔全俄產量 40%，供莫斯科與杜拉（Dula）工業區之用。②南部烏拉山地鐵礦，卽鋼城——馬克尼土哥斯克（Magnitogarsk），佔全俄產量 30%。③哥那紹利亞（Gornaehria）鐵礦，位於西伯利亞新庫次內次克（Norokuznetsk），佔全俄生產 20%。

（二）澳洲：近年以來，澳洲鐵砂產量，位居世界第四位，我國中鋼公司所用之鐵砂，主要來自澳洲。主要產地在澳洲南岸的密德拜山脈（Middleback），由懷俄拉港（Whyalla）出口；西海岸之卡卡圖島（Cockatoo）亦產鐵砂，品質甚佳，主供亞洲國家。

（三）美國：是世界第五鐵砂生產國，主要產地爲蘇必略湖西端之杜魯斯（Duluth）附近之米沙比（Mesabi）和馬克特（Marquette），產量佔全國 60%，其次是阿拉巴馬州的伯明罕（Birmingham）及洛磯山西側諸地。

（四）巴西：巴西鐵砂產量也急劇增加，1991年居世界第三位，主要產地在東南部，明納斯州（Minas）多塞河（Doce R.）上游附近之地。伊塔白拉（Itabira）礦區，開採容易，儲量豐，品質亦佳，鐵砂由維多利亞港（Victoria）出口。另一產地爲南部礦區，鐵砂南運，由里約港（Rio de Janeiro）出口，多運往美國。

（五）法國：法國原爲世界鐵砂主要生產國，近年以來產量爲他國所追及。主要產地爲洛林省（Lorraine）的郞威（Longwy）、布利盆地（Briey Basin）、麥次（Metz）和南特（Nancy）。

（六）加拿大：加國鐵砂產量退居世界第七位，主要產區在拉布

拉多（Labrador）礦區，以及安大略省危崖（Steep Rock）礦區等。大北區的豐富鐵礦，正次第開採之中。

（七）印度：為亞洲重要鐵砂生產國之一，主要產區在東北部的比哈爾（Bihar）省和偏南的奧立沙省（Arissa）。

（八）其他重要產鐵砂國家：如中國大陸（下述）、瑞典、南非、賴比瑞亞、委內瑞拉。各國最新年產量，如表 1001。

表1001　世界主要鐵砂生產國及產量

單位：千公噸

國　　　　家	1988	1989	1990	1991
前　蘇　聯	208 13	201 12	196 80	165 72
中　國　大　陸	128 65	142 88	141 13	146 08
巴　　　西	121 67	128 08	128 79	127 67
澳　大　利　亞	85 17	81 44	91 57	92 85
美　　　國	47 93	49 19	46 22	46 26
印　　　度	42 78	41 81	44 51	38 98
加　　拿　大	33 20	32 87	29 73	29 55
南　　　非	21 04	24 96	25 24	24 12
委　內　瑞　拉	15 78	14 92	16 94	17 68
瑞　　　典	17 03	19 94	16 51	16 07
賴　比　瑞　亞	11 51	10 77	10 94	11 22

資料來源：聯合國統計月報 1992 十二月份，p.43。

四、我國的鐵礦

我國鐵礦蘊藏最高估計爲 440 億公噸，最少可供 400 年開採。在世界各國中亦屬豐富國家之一。我國主要鐵礦有五：

（一）鞍山鐵礦：位於遼寧省鞍山以東丘陵地帶，主要爲赤鐵礦及磁鐵礦，爲貧鐵礦，含鐵量 40%，儲藏量約 58 億公噸，主要供應鞍山鋼鐵廠煉鋼之用。

（二）大冶鐵礦：位於湖北省大冶縣的象鼻山、尖山、鐵門坎及鄂城縣的靈鄉一帶，主要爲赤鐵礦和磁鐵礦，含鐵量 60%，儲藏量約 4,500 萬公噸，所產鐵砂供武漢地區鋼鐵廠冶煉之用。

（三）龍煙鐵礦：位於察哈爾南部的宣化、龍關、煙筒山一帶，故稱爲龍煙鐵礦，儲藏量約五億公噸，其鐵砂多運往北平石景山鋼鐵廠冶煉之用。

（四）白雲鄂博鐵礦：位於綏遠省北部百靈廟附近的白雲鄂博，與包頭東北方石拐溝所產的煤相配合，供應包頭煉鋼廠冶煉之用。

（五）海南島鐵礦：海南島的石碌、田獨兩處鐵礦儲量甚豐，且爲富鐵礦，品質甚佳，含鐵量達 60%，是嶺南最有名的鐵礦產區。

近年以來，中國大陸屢有新礦床發現，例如在江西省贛江中游西側，包括宜春、安福、吉安等地，發現大鐵礦，面積廣達 100 平方公里，估計儲藏量在 50～70 億公噸，號稱全國最大的鐵礦，尚未作大規模開採。1991年，中國大陸鐵砂產量躍居世界第二位，年產量達 1 億 4 千 6 百萬餘公噸。（圖 1002）

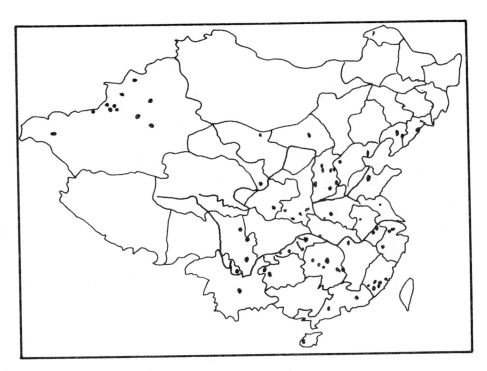

圖 1002 我國鐵礦分布圖

資料來源: 中華民國七十二年礦業年鑑。

第三節　鐵合金鋼常用的金屬
——錳、鎳、鎢、鉻等

　　將鋼與其他金屬合煉，可成合金鋼，可產生不同特性的高級鋼，是爲工業機具的主要材料，在工業上用途更廣，茲將這些金屬礦分述如下：（圖 1003）

一、錳

　　錳原用於玻璃的染色，如在玻璃中加少量的錳，即成茶色玻璃。

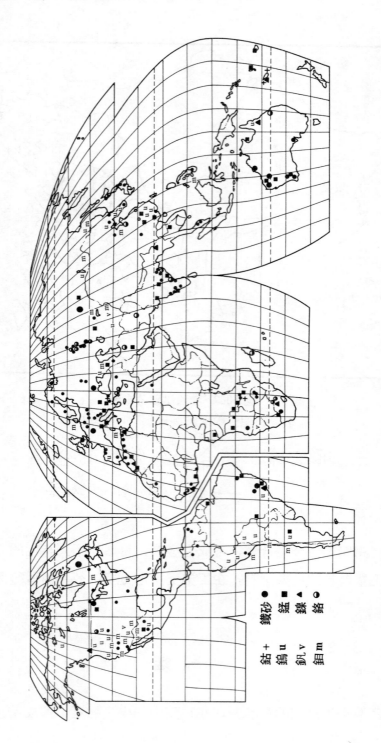

圖 1003　世界鐵合金屬分布圖

資料來源: Commodity yearbook, 1985, p.121

鐵砂　●
錳　　■
鎳　　▲
鉻　　◑

鈷 +　鐵砂 ●
鎢 u　錳 ■
釩 v　鎳 ▲
鉬 m　鉻 ◑

由於錳的性質堅脆，如加少許於鋼中，可使鋼的靱性增強，成爲高速鋼，使錳的消耗量直線上升。全球有 95％ 的錳均用於鋼鐵工業中。1985 年全球錳礦砂產量約 3,000 萬公噸，產地以俄國、南非、加彭、印度、巴西、澳洲等國最多。（表 1002）

表 **1002**　世界主要錳礦生產國及產量

單位：千公噸

國　　　　家	1981	1985	1989	1991
前　蘇　聯	11,000	11,400	2,946	2,380
南　　　非	4,759	6,640	1,868	1,506
加　　　彭	1,885	1,840	1,342	1,054
巴　　　西	1,146	2,300	1,154	913
澳　　　洲	1,422	2,230	1,220	774
中　國　大　陸	1,538	2,145	904	744
印　　　度	1,727	1,800	610	532
世　界　總　計	23,200	29,000	10,300	8,500

我國錳礦儲藏量約 3,000 萬公噸，主要在廣東省的欽縣、防城、廉江等縣，佔全國總量 60％；其次是江西省的樂平、萍鄉，廣西的桂平、武宣；再次爲湖南的湘潭、常德，均有錳礦。產量則以湖南省最多，而品質則以江西樂平所產最佳。

二、鎢

鎢亦爲煉鋼的重要金屬，以其能耐高溫，硬度特高，故在電氣工

表 1003 世界主要鎢礦生產國及產量

單位: 公噸

國　　　　家	1988	1989	1990	1991
玻 利 維 亞	900	1,118	1,014	1,060
巴　　　　西	585	538	422	500
秘　　　　魯	825	1,228	1,372	1,600
中 國 大 陸	9,000	9,000	11,000	25,000
日　　　　本	266	296	254	279
南　　　　韓	1,906	1,828	1,266	1,046
泰　　　　國	604	560	269	300
葡　萄　牙	1,379	1,381	1,405	1,400
奧　地　利	1,507	1,245	1,250	1,400
前　蘇　聯	9,200	9,300	8,800	

資料來源: Industrial statistics yearbook, 1991, p. 22.

業上用途極廣，如燈泡的鎢絲。鎢的鎔點高達 3,399°C，是所有的金屬中耐高溫者之一，以鎢與鋼合煉而成鎢鋼，用以製造機械或工具，可耐高溫而硬度不變。爲鋼中的精鋼。

世界鎢砂總蘊藏量約爲 280 萬公噸，我國卽佔去 247 萬公噸，佔世界總蘊藏量 88%，可以說是獨佔性的稀有金屬。俄國佔第二位，美國、加拿大等國亦產少量。我國鎢礦以江西省的大庾、龍南、安遠、

南康等縣為主，以大庾的西華山最著名。湖南的汝城，廣東的始興等縣；廣西的恭城、鍾山亦有相當產量。

世界鎢砂的生產量我國是最大的產地，年產量約為 25,000 公噸。美國是世界最大的鎢消費國，半數來自國外。我國臺灣地區所需之鎢礦大半由泰、韓二國進口，部分來自大陸轉口貿易。（表 1003）

三、鎳

鎳，性堅硬體輕，具有光澤，不易變質，故常用來製造錢幣，如與鋼鐵合煉，則成鎳鋼，具有光澤、耐熱、耐蝕而不生銹，故名不銹鋼，為 20 世紀金屬中的寵兒，過去僅用於製造西式餐具，而今則廣用於汽車、機械、家庭用具、建築材料各方面。世界鎳的總生產量為 95 萬公噸，俄國是世界最大的鎳生產國，年產量約27.9萬公噸，佔世界總生產量的 29％，其他尚有太平洋中的法屬新喀里多尼亞（New Caledonia）、加拿大、古巴、澳洲、希臘、南非、印尼和芬蘭亦產少量。（表 1004）

四、鉻

鉻為鐵合金屬的寵兒，由於鉻的堅硬和光澤，與鋼合煉的鉻鋼，久不生銹，又堅硬異常，為製造刀劍、剃刀等銳利工具的主要材料。電鍍用的克羅米，即以鉻為原料。1991 年全球鉻的生產為 1,500 餘萬公噸，以南非 460 萬、俄國 380 萬、辛巴威 58 萬、阿爾巴尼亞 52 萬、土耳其 118 萬、印度 106 萬、菲律賓等國生產較多。

表 1004　世界主要鎳礦生產國及產量

單位：千公噸

國　　　　家	1981	1984	1991
前　蘇　聯	174	190	279
加　拿　大	177	148	202
新喀里多尼亞	86	45	111
澳　　　洲	82	110	72
印　　　尼	54	52	68
古　　　巴	43	42	33
希　　　臘	17	16	18
芬　　　蘭	8	7	10
世　界　總　計	802	768	950

五、鉬

　　鉬與鋼合煉可成鉬鋼，其性質與鎢鋼、鉻鋼相似，可以抵抗化學腐蝕，爲製造高速工具的原料。全球鉬砂產量約爲 95,000 公噸，以美國產量最多，佔 90％，產區以落磯山區及科羅拉多、猶他州及新墨西哥州爲主。中國大陸及智利亦有生產，我國產地則爲福建永春、廣東惠陽、浙江青田。

　　稀有金屬中尙有釩、鈷、鉭、鈦等，在工業上都日漸重要，由於產量集中非洲，工業國對於非洲的重視也就不足爲奇了。

第四節　其他金屬——銅、鋁、錫、鋅、鉛等

一、銅

銅，色黃而有光澤，性軟易鑄，可以搥成薄片，又可抽成細絲。銅為良好導體，又有抗腐耐蝕的特性，因之，銅，在工業上應用日廣，如電線、電纜、電氣組件、門鎖、水龍頭、建築材料等，亦用之製成輔幣，在軍事工業上應用更廣，各種武器上的部分配件，各型砲彈彈殼、彈頭均為銅質。化學工業中亦不可缺少銅，今日銅的重要性與鐵、鋁、鉛同等重要。

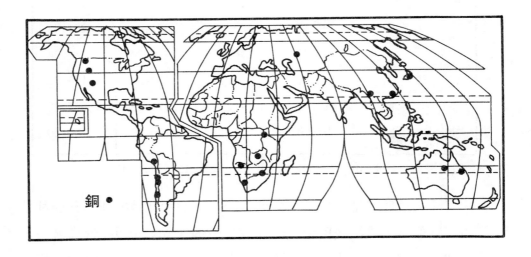

圖 **1004**　世界銅礦分布圖

　　礦砂中天然銅不多，主爲硫化物及氧化物，治煉時須經數次的提煉及電解，才能得到純銅。

　　世界銅的蘊藏量，以南美智利最多，美國次之，加拿大又次之，非洲的薩伊、尙比亞、南非亦爲數不少。（圖 1004）

　　世界銅砂產量，1991年爲 6,199 萬公噸。世界主要銅砂生產國及其產量如下表。（表 1005）

表1005　世界主要銅礦生產國及產量

單位: 千公噸

國　　　　別	1988	1989	1990	1991
澳　　　　洲	218.28	248.88	296.16	325.68
加　拿　大	758.52	723.12	801.96	795.60
智　　　利	1,472.04	1,628.28	1,616.28	1,857.12
秘　　　魯	301.68	353.16	378.00	382.68
尙　比　亞	518.04	495.96	621.60	476.28
薩　　　伊	395.12	440.69	355.44	291.48
南　　　非	168.48	196.80	179.04	185.04
菲　律　賓	199.56	189.48	182.28	143.88
美　　　國	1,419.60	1,497.48	1,577.52	1,635.48
俄　　　國	94.00	97.00	100.00	100.00

資料來源: UN Monthly Bulletin of Statistics, Dec. 1992.

　　美國銅礦砂產量最多，佔全球 1/5，主要產地爲猶他州和亞利桑那州，猶他州的賓漢（Bingham）和麥格那（ Magna ），皆爲著名大礦。智利的銅礦在中北部，主要礦區有三: 卽斯威爾（Siwell）、波特

里洛 (Patrillos)、朱奎卡馬他 (Chuguicamata)。加拿大銅礦有二，一為不列顛哥倫比亞，一為薩特堡 (Sudbury)。俄國銅礦主要位於中亞巴爾喀什湖北部及烏拉山地及高加索山地。又西伯利亞阿拉克莫斯克（Alekminsk）銅礦，含銅量達 13%，為世界含銅量最高的銅礦之一。

我國銅礦的蘊藏量及產量都不大。雲南的會澤、巧家；四川的彭縣，西康的會理，貴州的威寧等地均產。臺灣金瓜石礦區，金銀銅礦，含銅較豐，民國七十五年，產精銅 53,230 公噸，不敷本地需要，尚需進口廢銅加以補充。

世界銅礦砂的輸出以智利、秘魯、加拿大、菲律賓、薩伊、桑比亞等國；主要輸入國為日本、德國、英國、瑞典及美國。

二、鋁

鋁為輕金屬，其重量僅及同體積鐵重量的 1/3。鋁又富延展性，可抽成細絲亦可輾為薄片。鋁又為電的良好導體，可作為銅的代替品。鋁的用途至廣，為製造飛機、汽車、建材、家具及電線、包裝、鋁罐等，幾乎與鐵相抗衡。尤其是在臺灣，鋁的製品隨處可見，各類工業無不使用鋁作為材料。

鋁由鋁土煉成，煉鋁需要大量的電力和高度的技術，因之，鋁土生產國未必產鋁，倒是電費低廉的國家才是鋁的重要生產國。

世界鋁土的蘊藏以我國最豐，蘊藏量達 77,700 萬公噸，環渤海區的河北、山東、遼寧等省以及雲貴高原，為中國兩大鋁土寶庫。西印度羣島的牙買加，儲量達 3,200 萬公噸，僅次於我國，居世界第二位。其他如匈牙利、法國、南美洲的蘇利南、蓋亞那、巴西；非洲的

幾內亞、迦納等國都有蘊藏，澳洲儲量亦甚可觀。

世界鋁土最大的生產國為澳洲， 其次是幾內亞， 再其次為牙買加，其他尚有蘇利南、蓋亞那、法國、匈牙利。

世界純鋁生產最多的國家為美國、加拿大、澳洲、挪威、德國、委內瑞拉。1991年世界純鋁總生產量約為 1,776 萬公噸。（表1006）

表1006 世界主要產鋁國家及產量

單位：千公噸

國　　　家	鋁　　土		國　　　家	鋁	
	1970	1991		1970	1991
澳　　　洲	9,500	41,400	美　　　國	3,620	3,834
幾　內　亞	2,860	17,600	前　蘇　聯	1,638	2,368
牙　買　加	12,200	10,850	加　拿　大	824	1,113
巴　　　西	1,000	9,920	澳　　　洲	1,120	1,030
前　蘇　聯	6,020	5,350	中　國　大　陸	197	862
印　　　度	1,210	4,340	巴　　　西	82	702
中　國　大　陸	3,860	4,100	挪　　　威	43	624
蘇　利　南	5,890	3,560	日　　　本	56	616

資料來源: 聯合國統計月報 1992 年十二月份。

臺灣地區不產鋁土，過去全賴由國外進口。多數來自馬來西亞及澳洲，近年以來由於電力供應不再低廉，進口鋁土在臺灣提煉，並不合算，以致臺灣鋁業欲振乏力，臺灣鋁業公司業已結束營業，歸中鋼公司經營。進口鋁錠加工反而便宜。

三、錫

　　錫性黏靱，易熔解，對空氣和水份不易氧化生銹，且有抗酸性，不含毒性，故爲製造罐頭及軍事工業重要原料。若將錫混入鋁、銻，成爲白色合金；若熔入銅，可見靑銅，此二種皆爲軸承材料。若將鐵皮鍍錫，卽成馬口鐵，供製罐之用。

　　錫礦砂是錫的氧化物，含錫成份甚高。世界主要錫礦產地爲中國、馬來西亞、玻利維亞、印尼、泰國、俄國等國，合佔 1991 年世界總產量 20 萬公噸的一半以上。

　　我國錫礦主要產地在雲南及廣西兩省，雲南的箇舊爲我國最大的錫礦中心。廣西省的賀縣、鍾山次之。江西與湖南各鎢礦中，亦有錫礦伴生，如江西的崇義、南康；湖南的江華、臨武等地亦有蘊藏。我國年產錫約一萬四千公噸。

四、鋅、鉛、銻、汞、鈾

　　（一）鋅：舊名亞鉛，爲一種白色金屬，鍍鋅在鐵皮上，可以形成靑白色結晶狀花紋，有防銹作用，俗稱白鐵。鋅板可蓋屋頂，也可製成用具。鋅與銅熔合（鋅一銅二）呈黃色，爲汽車工業中不可缺少的原料。

　　世界重要生產鋅的國家有加拿大（120 萬）、澳洲（100 萬）、俄國（80 萬）、中國（71 萬）、秘魯（62 萬）、美國（55 萬）等。1991 年全球鋅產量約 750 萬公噸。

　　（二）鉛：是常用金屬中最軟的一種，展性大而延性小，熔點低

僅 327°C，電傳導性特低，可以製造電纜外皮，亦可製造鉛管、鉛
板、子彈、鉛字等。在煉油工業、化學工業、電子工業也廣為應用。
全球鉛產量 1991 年為 450 萬公噸，以美國（48 萬）為首，俄國（47 萬）
次之，澳洲（38 萬）、中國（32 萬）、加拿大（28 萬）又次之。

　　（三）銻：可和各種金屬製成合金，並能增加硬度，銻為製成猛
烈炸彈的主要原料。以銻作外皮的電線可作為海底電纜。銻，並可製
造字模。

　　我國為世界最大的銻礦蘊藏國及生產國，全國蘊藏量 440 萬公
噸，佔全球 70%，主要分布地帶在湖南、廣西、雲南、貴州、四川、
安徽、江西、浙江等省，其中以湖南儲量最豐，佔全國 50%，尤以新
化的錫礦山，年產 2 萬公噸，佔世界 70%。此外，玻利維亞、墨西
哥、南非亦產少量。

　　（四）汞：又名水銀，為一種銀白色液體金屬，具靈敏性，可用
於製造科學儀器及塗料之用。電子工業、化學工業亦需要水銀。

　　世界水銀產量，1991 年為 798 公噸，主要生產國為俄國、西班
牙、中國、義大利、南斯拉夫、墨西哥、加拿大等國。我國水銀集中
於西南各省，以貴州東部產量最多，銅仁、玉屏、三都為生產中心。

　　（五）鈾：為放射性元素中用途最廣者，除為製造核子彈原料以
外，並為核能發電的原料。鈾的熱能最強，一公斤的鈾-235，可產生
2,600 噸煤所能產生的能量。

　　世界鈾礦儲存量未見正確估計。美國的鈾礦儲存量及生產量均居
世界首位。與加拿大、澳洲、南非，並稱世界四大產鈾國。美國鈾礦
主產於新墨西哥州、猶他州及科羅拉多州。加拿大鈾礦主要產於沙斯
其萬省（Saskatchewan），澳洲主要礦區有阮吉（Ranger）及昆士蘭
（Queensland），南非的羅斯（Rossing）礦區是最大的礦區。

我國鈾礦蘊藏量亦稱豐富，已知者有廣西鍾山鈾礦、遼寧海城鈾礦、新疆天山鈾礦三處。產量未見公布。

第五節　貴重金屬

一、金

金呈黃色而富光澤，俗稱黃金，在工業上應用日廣，尤其是電氣工業，用黃金電路，較之銅電路效果更佳，金又富延展性及可鍛性，故為製造金幣、手飾、鑲牙及化學工業上廣為應用。但是今日黃金的主要用途是充當貨幣準備金之用，各國都以黃金為幣制單位，黃金的多寡為衡量財富的標準，故黃金在貴重金屬中居首位。

金礦分山金及砂金多存在於岩脈或沖積層中，其形式有三種：

①在古老的火成岩脈或變質岩中，常與銅共生採掘較為困難，如金瓜石的金礦脈。

②在沖積層中，所含金砂，淘取容易。如金沙江、黑龍江沿岸。

③在古老沉積岩中成層塊狀，蘊藏最豐，但僅見於南非約翰尼斯堡的金礦。

世界黃金年產量 1995 年 7,320 萬兩，其中以南非、俄國、加拿大、美國為世界主要產金國。

（一）南非共和國：為世界首要產金國，1981 年產量為 2,150 萬英兩，佔世界總產量 54%，其主要產區：

1. 蘭德礦區（Rand Mines）：位於約翰尼斯堡東西兩側，礦井已深達 3,000 公尺，開採已感困難，現仍為產金最多之區。

表1007　世界主要產金國家及產量

單位: 公噸

國　　　　家	1929	1946	1960	1980	1991
南　　　　非	324	371	665	672	599
美　　　　國	64	46	52	30	290
前　蘇　聯	31	187	342	270	240
澳　　　　洲	13	26	34	17	236
加　拿　大	60	88	144	51	179
中　國　大　陸	2	3	2	7	109
巴　　　　西	3	5	6	18	89
巴　布　亞	1	4	1	14	61
哥　倫　比　亞	2	14	14	16	32
智　　　　利	—	7	2	7	29
迦　　　　納	7	18	28	11	26
菲　律　賓	5	4	13	20	25
辛　巴　威	15	17	18	15	18
印　　　　尼	—	—	—	—	17
墨　西　哥	20	13	9	6	10
日　　　　本	11	1	8	38	8
瑞　　　　典	—	3	3	2	6
薩　　　　伊	5	10	10	1	6
世　界　總　計	606	858	1,403	1,202	2,074

資料來源: 美國礦產局(1993)。

2. 橘自由邦礦區 (Orange Free State Mines): 爲次大礦區，產量佔南非總量 35%，由於自 1951 年開始採掘，礦井較淺，目前產量多而成本亦低。

3. 克萊克普礦區 (Klerksdrop Mines): 位於蘭德礦區的西南方，開始採金約 28 年，是南非最新的金礦區。

(二) 俄國: 俄國金礦以新西伯利亞東部，味地謨高原 (Vitim Plateaw) 儲藏量最豐，新西伯利亞和巴爾喀什湖之間及鋼城附近亦

產黃金，烏拉山區、外高加索都有金礦。俄國 1994 年產黃金 817 萬英兩。

（三）加拿大：主要金礦在大奴湖北岸的黃刀城（Yellow Knife）及西岸不列顛哥倫比亞區，在魁北克（Quebec）的朗恩（Rouyn）和安大略省的吉爾克蘭（Kilkland）亦有出產。

（四）美國：主要黃金產地為落磯山兩側，以加州為主，阿拉斯加次之，舊金山附近，原以產金著名，現已衰落。美國在 1994 年產黃金 1,030 萬英兩。

（五）澳洲：本為世界重要黃金產國，由於墨爾本（又名新金山）金礦脈枯竭，黃金產量銳減，現以西部高原的古耳加底（Coolgardie）及卡谷力（Kaigoorlie）為主要產地，南部的維多利亞區亦有出產。

（六）其他國家：尚有我國、日本、新幾內亞、迦納、菲律賓、辛巴威等。

（七）我國：我國金礦分布如下：

1. 東北金礦區：黑龍江盛產沙金，以奇乾、漠河、呼瑪、瑷琿附近各河川最為有名。大興安嶺、長白山地盛產山金。

2. 西北金礦區：阿爾泰山即有金山之稱，該山兩側均產山金，就中以承化縣所產最多。

3. 西南金礦區：青康藏及四川各河川，均產砂金，嘉陵江及大渡河兩岸，淘金業十分發達。長江上源金沙江自古即以盛產金沙著名，雅礱江亦有小金沙江之稱，大渡河上游有大小金川，都蘊藏大量沙金。

4. 湖北金礦區：元江上游、雪峯山東麓、湘江上、中游湘陰、岳陽均產金。

5. 臺灣金礦區：臺灣金脈分布於本島東北端的基隆、宜蘭、臺東海岸山脈及中央山脈等地。臺灣金礦係與銀、銅伴生，開採歷史已有八十餘年， 北部的金瓜石、 牡丹坑、 九份為本省黃金主要產地，

唯因開採時間已久，較大礦脈大都開採殆盡，目前已呈停產狀態。臺
金公司，年年虧損，已於民國七十九年關門大吉，目前臺灣黃金只有
零星生產，政府無記錄數量。

二、銀

銀為白色有光之金屬，故稱白銀，其功用略同於黃金，多為貨
幣、裝飾、器皿及工業之用。19 世紀以前，各國大抵以銀為本位，故
重要性甚高，其後各國紛紛改用金本位，銀的重要性大為減少。

銀礦分布雖然很廣，但多數與金、銅、鉛、鋅等礦共存，以銀為
主的大礦並不多見。故世界產銀國甚少，其重要產銀國有墨西哥、加
拿大、美國、俄國等國。1991 年全球產銀約 14,000 噸。主要產銀國及產量
如表 1008 所示。

墨西哥有「世界產銀王國」之稱，銀礦遍布於山地與高原區。加
拿大的銀礦在不列顛哥倫比亞省及安大略省；美國銀礦產於落磯山地
各州。

我國為用銀國家，迄今仍以銀元為貨幣單位，銀價與金價的比
率，向以我國為最高，唯我國迄今仍未發現較大的銀礦，僅金、鉛、
鋅、銅等礦中，含有少量的銀。我國銀產以雲南省最多，會澤、巧家、
魯甸的鉛鋅礦中，產銀不少；湖南常寧一帶以方鉛礦煉銀，產量亦
豐。臺灣金瓜石礦區除了黃金之外，亦產銀，民國七十年產銀 66,835
公兩，較之從前，減產甚多。

三、鉑

鉑，又稱白金，為貴重金屬中價值最高的一種，溶點高而能耐酸

表 1008　世界主要產銀國家及產量

單位：　噸

國　　　　　家	1981	1984	1991
墨　西　哥	1,667	2,170	2,300
美　　國	1,287	1,456	1,850
秘　　魯	1,479	2,030	1,770
加　拿　大	1,143	1,330	1,338
前　蘇　聯	1,465	1,680	1,270
澳　　洲	753	1,122	1,180
日　　本	287	337	346
玻　利　維　亞	201	191	178
薩　　伊	813	72	70
世　界　總　計	11,397	12,224	14,000

的侵蝕，故能與鑽石同爲飾物製造的良好的材料，此外化學工業、電氣工業也有量應用作爲觸媒劑。

　　白金的分布，地區不廣，數量亦少，蘇俄的烏拉山區，向以生產白金著稱。其他國家有哥倫比亞、加拿大、美國、南非等國也有少量出產。我國白金產量極少，僅陝西的漢陰及東北松花江上游有少量生產。

第六節　非金屬礦產

一、工業常用者

鹽、雲母、石綿、硫磺、鑽石、大理石。

（一）鹽

1. 鹽的用途：鹽是人類主要的調味品，人類如果缺乏食鹽，即覺全身無力，易罹甲狀腺方面的疾病。鹽亦爲化學工業的重要原料，氯化鈉可以用來製造氯、鹼、漂白粉等。在食品工業、皮革工業、製藥工業，鹽都是重要原料。

2. 鹽的種類：鹽的生產因水源之不同可分爲：

(1) 海鹽：用海水製鹽。凡濱海地區，地勢平坦，氣候乾燥少雨日照良好之區，均可引海水製鹽，大半都用日曬法，亦有用火煮法製鹽。海水通常含鹽量爲 35‰，即 1,000 公噸的海水，可曬出 35 公噸的海鹽。

(2) 池鹽：內陸乾燥地區的鹽湖，所含鹽份甚濃，引湖水至湖濱，經日曬後即可成湖鹽。如我國山西省運城縣的解池所產的鹽是爲河東鹽。

(3) 井鹽：地下岩層中含有滷水，鑿井將滷水汲出，用水煮之即成井鹽。加拿大所產之鹽，皆來自井鹽。我國四川自貢市，井鹽最爲有名。

(4) 岩鹽：地下鹽質沉積物結成岩層，存於地下，或被開發利用，是爲岩鹽。我國青海的喀爾穆至西藏之間，有大片岩鹽因開路而露出地表。美國的德州，新墨西哥州也有岩鹽六、七層。德國亦爲世界岩鹽主要生產國，是德國化學工業的基石，分布於北部的司塔斯佛、漢諾威、哈次山的南部。英、法、俄三國亦有岩鹽礦分布。

3. 世界重要產鹽國：以美國居首，海鹽及岩鹽均甚豐富，我國爲世界第二大產鹽國，以海鹽爲主，北自遼寧以迄於廣東及臺灣諸省的海岸，都盛產海鹽。以臺灣最多，江蘇次之，山東又次之。四川以井鹽爲主，產量居第四位。

臺灣西南部沿海，有平坦的海灘、強烈的日光、充沛的人力，爲

理想的鹽場。布袋、北門、七股、臺南、烏樹林，是臺灣五大鹽田區。民國八十四年，臺灣鹽產量約 20.6 萬公噸。由於國內化工業發達，本省鹽產不足需要，每年尚需由韓國進口。

（二）硫磺

1. 硫磺為製造硫酸的主要原料，而硫酸則是化工業所不可缺少。凡火藥、火柴、殺蟲劑及化學肥料、人造纖維、人造橡膠、造紙、製革、造漆等，都要做用硫磺。在醫藥上，硫酸亦為重要接觸劑，人類對於硫酸的應用之廣泛程度無可比擬。

2. 硫磺的種類：硫磺分自然硫磺及硫化鐵提煉出的硫磺兩種。自然硫磺常凝結於火山口或溫泉附近，其產量不多；而大多數的硫磺是從黃鐵礦或白鐵礦中取得，其主要成份為硫化鐵，為提煉硫磺的主要原料。

3. 世界重要硫磺生產國：以美國居首，日本、西班牙、義大利等國次之。我國亦為重要產國，黃鐵礦硫磺則以大陸地區為主，天然硫磺則以臺灣生產最多，主產於大屯火山彙區，臺灣探硫已有數百年的歷史，1987 年生產硫磺約 1 萬公噸，由於臺灣地區化工業發達，需要硫磺甚多，每年由國外進口硫磺數萬公噸。

（三）雲母、石綿、鑽石、大理石

1. 雲母：耐熱和耐電，故供重要的電器用途，還可用作火爐窗。美國和印度是最大生產國。

2. 石綿：為纖維性礦物，不會燃燒或溶解，可以抗電，是一種理想的防火材料。可供作防火衣、防火幕，型板及石綿浪板作為建築材料。主要生產國為蘇俄、加拿大、南非、中國、義大利、美國。近來醫學界證實石綿為致癌物質，先進國家已限制使用。

3. 鑽石：分為裝飾用鑽石和工業用鑽石。裝飾用鑽石主要產地

爲南非的慶伯利（Kimberley）；工業用鑽石用來切割玻璃，可作爲磨磋工具，也可作爲開鑿油井的鑽頭。火箭及飛機工業、鐘表工業等。非洲出產的工業鑽石，原佔全球總量99%，主要產國有薩伊、迦納、南非等國。澳洲發現阿吉爾鑽石礦，躍居世界第一。（表1009）

表1009　世界主要天然鑽石及人造鑽石生產國（1991年）

單位：萬克拉

天然鑽石		人造鑽石	
國　　　　　家	產　量	國　　　　　家	產　量
澳　　　　　洲	1,798	美　　　　　國	9,000
波　扎　那	1,200	前　蘇　聯	7,600
前　蘇　聯	750	南　　　　　非	6,400
南　　　　　非	380	愛　爾　蘭	6,100
薩　　　　　伊	300	日　　　　　本	3,000
安　哥　拉	122	瑞　　　　　典	2,500
納　米　比　亞	117	中　國　大　陸	1,500
巴　　　　　西	60		
中　　　　　非	30		
迦　　　　　納	21		
中　國　大　陸	20		
獅　子　山	18		
委　內　瑞　拉	9		
賴　比　瑞　亞	4		
世　界　總　計	4,846	世　界　總　計	35,000

4. 大理石：石灰石受地下高熱侵入，可生變質作用，使灰白色的岩石呈現黑色紋脈，這種經過變質作用的石灰岩，稱爲大理石，乃因我國雲南點蒼山大理縣盛產此種變質的石灰岩，因地得名稱爲大理石。臺灣花蓮立霧溪沿岸一帶，盛產大理石，厚度超過1,000公尺，已大量開發，供國內外建築業及手工藝需要。

世界大理石最著名的產地爲義大利的卡拉拉（Garrara），大理石潔白似雪，非常美麗。美國佛蒙特州（Vermont）的魯特蘭（Rutland）

亦盛產高級大理石材。

二、肥料常用者：硝、磷、鉀

（一）硝：主要用於製造硝酸與肥料，製造玻璃及炸藥亦需要用硝，故在化學工業上甚為重要。硝的來源有三：一為硝酸鉀，一為硝酸鈉，另一種為硝石。世界著名的硝石礦分布於智利北部的太平洋沿岸，南北長 600 公里，為世界各國硝石主要來源。但自從德國化學家發明氮素合成法製造硝，天然硝石重要性大減，智利硝石業也一落千丈。

（二）鉀：主要用途亦為製造肥料，其他如化學藥品、助染、肥皂、玻璃等亦廣為應用。鉀的主要來源為鉀明礬和鉀石鹽。海水中除含有氯化鈉之外，尚含有氯化鉀。全球鉀礦蘊藏量約 400 億公噸。現年產 2,000 萬公噸，主產於俄國、加拿大、德國、美國等。

（三）磷：化學成份為磷酸鈣，亦為肥料原料，亦用於製造火柴。磷的主要來源為磷灰石。世界磷礦蘊藏約 170 億公噸以上，主要產國為俄國、美國、突尼西亞等國。

三、其他用途者——高嶺土、石灰石

（一）高嶺土：為製造瓷器的原料，主為火成岩如花崗岩風化而成的殘積土。我國景德鎮的瓷器，所用的瓷土，最初採自附近的高嶺村，故名高嶺土。我國重要高嶺土產地除前述之高嶺之外，安徽祁門、湖南醴陵等地亦產高品質瓷土。臺灣鶯歌、北投；福建金門亦產瓷土。世界其他國家如英國、美國、俄國、德國亦有出產。

（二）石灰石：主要用於製造水泥及煉鋼工業，其次為製糖及玻

璃工業，產地各國均有，爲最普遍之礦產。

本 章 摘 要

1. 礦業的特性：消費性、暫時性、掠奪性。
2. 礦物的產生：古地塊礦產多存在於礦脈、沉積層、沖積物中。
3. 礦產資源開發：決定於含量、位置、市場、勞工、資金、動力及國際需要。
4. 鐵礦的重要性：為工具、機器、建材主要原料，是工業之基石。
5. 鐵礦的分類：分為磁鐵礦、赤鐵礦、褐鐵礦、菱鐵礦。
6. 世界鐵礦生產：俄、澳、美、巴西、法、加、印度、中國。
7. 我國重要鐵礦：鞍山、大冶、龍煙、白雲鄂博、海南島等五大產地。
8. 鐵合金屬主要生產國：
   (1) 錳：中、俄、南非、加彭、印度、巴西、澳洲。
   (2) 鎢：中、俄、美、加。中國佔 88% (儲) 及 50% (產)。
   (3) 鎳：俄、加、古、澳、希、南非、印尼、美國。
   (4) 鉻：南非、俄、辛巴威、阿爾巴尼亞、土、印、菲。
   (5) 鉬：美、中、智等國。
9. 其他金屬──卑金屬：
   (1) 銅：主要儲藏國──智、美、加、薩伊、桑比亞、南非。主要生產國──美、俄、加、桑、薩……。
   (2) 鋁：鋁土生產──中、牙買加、匈、法、蘇利南、蓋亞那、巴西。

鋁錠生產──美、俄、加、日、德、挪、法。

(3) 錫：馬來西亞、玻利維亞、印尼、泰國、俄國、中國。

(4) 其他金屬：鋅（加、俄、澳、美）；鉛（美、俄、澳、加）；銻（中、玻、墨、南非）；汞（俄、西、中、義、南、墨、加）；鈾（美、加、澳、南非、中）。

10. 貴重金屬：黃金(南非、俄、美、澳、加、日、中、菲……)；銀（墨、加、美、俄）；鉑（俄、哥、加、美、南非）。

11. 非金屬礦產：鹽（美、中）；硫磺（美、日、西、義、中）；雲母（美、印）；石綿（俄、加、南非、中、義、美）；鑽石（南非、薩伊、迦納）；大理石（義、美、中、臺）；硝（智利）；鉀（俄、加、德、美）；磷（俄、美、突）；瓷土（中、美、英、俄、德）；石灰石（各國均有）。

習　　題

一、填充：

⑴礦產依其形成的地質條件，有三種發生方式：＿＿＿＿、＿＿＿＿、＿＿＿＿。

⑵礦產資源的開發要素有七，即：＿＿＿＿、＿＿＿＿、＿＿＿＿、＿＿＿＿、＿＿＿＿、＿＿＿＿、＿＿＿＿。

⑶現代工業的二大支柱，一是：＿＿＿＿，二是：＿＿＿＿。

⑷世界主要生產鐵礦國家有：＿＿＿＿、＿＿＿＿、＿＿＿＿、＿＿＿＿。

⑸我國鐵礦著名者有五：＿＿＿＿、＿＿＿＿、＿＿＿＿、＿＿＿＿、＿＿＿＿。

⑹世界主要鐵合金屬生產國，錳以＿＿＿＿、＿＿＿＿、＿＿＿＿最多；鎢

以_____、_____、_____最多；鎳以_____最多；鉻以_____最
多。

(7)世界主要銅礦生產國有：_____、_____、_____、_____、_____
__。

(8)世界主要銅礦輸出國有：_____、_____、_____、_____。

(9)世界主要產鋁國有：_____、_____、_____、_____。

(10)世界主要黃金生產國有：_____、_____、_____、_____、_____
__。

二、選擇：

(1)「掠奪產業」是指那種產業？①礦業　②製造業　③服務業。

(2)世界上消耗鐵量最高的國家是：①英國　②日本　③美國。

(3)富鐵礦含鐵百分比在：①30%　②40%　③50%。

(4)我國湖北大冶所生產的是：①磁鐵礦　②赤鐵礦　③褐鐵礦。

(5)我國中鋼公司所用之鐵砂，主要來自：①美國　②澳洲　③巴西。

(6)俄國主要鐵礦生產地為：①南部烏拉山地　②哥那紹利亞　③克利
福洛。

(7)我國長城以南鐵礦最富之區是：①湖北大冶　②四川威遠　③海南
石碌田獨。

(8)世界最大鎢砂產國是中國，世界最大的鎢消費國是：①美國　②日
本　③俄國。

(9)一般所言「不銹鋼」，實際就是：　①鉻　②鎳　③鉬。

(10)有「世界產銀王國」之稱的是：①美國　②加拿大　③墨西哥。

(11)世界貴重金屬中價值最高的是：①黃金　②白金　③銀。

(12)世界鹽產之中，數量最大的是：①海鹽　②池鹽　③岩鹽。

⒀世界主要硫磺生產國居第一位的是：①日本　②西班牙　③義大利。

⒁最近發現可能有致癌物質的是：①石綿　②雲母　③花崗岩。

⒂世界大理石生產以何國品質最佳？①中國　②義大利　③美國。

⒃肥料常用礦產爲：①硝、磷、鉀　②石灰、硝、磷　③硝、高嶺土、磷。

三、問答：

1.礦產有那些特性？礦產多存在於那些地質地層？

2.如何決定某一種礦藏具有開發價值？

3.鐵礦分爲那幾類？有何重要性？

4.世界主要鐵砂生產國有那些？其主要產區何在？

5.我國有那些重要鐵礦？臺灣有無產鐵礦？

6.下列各種鐵合金屬，其主要產國爲何？

　⑴錳　⑵鎳　⑶鎢　⑷鉻　⑸鉑

7.下列卑金屬以那些國家產量最多？

　⑴銅　⑵鋁　⑶錫　⑷鋅　⑸汞

8.下列貴重金屬以那些國家生產最多？

　⑴黃金　⑵銀　⑶鉑

9.臺灣爲什麼甚少金屬礦產？我們要怎麼辦？

10.找一種礦砂，由教師鑑定是什麼礦砂？

第十一章　動力資源

第一節　煤

一、煤的成因和利用

古代大批植物因地殼變動被埋入地下，復受高溫和高壓影響，逐漸炭化，卽成煤炭。

煤在我國的利用，已有 2,000 年以上的歷史。元代義大利人馬可波羅遊歷中國，盛讚我國資源豐富，甚至黑色石頭亦可作為燃料。譽為遠東之寶藏。因為當時煤的利用在歐洲尚未萌發，義大利煤礦尤為缺乏，故使馬可波羅感到驚奇。

煤作為家庭用燃料，歷史悠久，至 19 世紀，竟成為歐洲工業革命的原動力，時至今日，煤仍為現代工業的基礎。煤為煉鋼工業所必需，亦為化學原料的主要來源，全世界所需的動力來源，仍有50％仰賴煤的供應。自從石油價格偏高和產地動亂以來，煤的價值又重新為各工業國所肯定。

二、煤的種類

煤因埋於地下時間的長短，而變質程度亦有差異，概可分為下列四種：

（一）泥煤：為初成的煤，85% 為水份及雜質，含炭成份僅 15%，性軟如泥，色褐質輕，類泥土，故稱泥煤。燃燒力極差，可作家庭燃料，不宜用於工業。以愛爾蘭及蘇俄分布最廣。金門亦有少許。

（二）褐煤：呈黑褐色，少光澤而質鬆軟，含炭成份約 30%，雖易燃而火力不強。以德國產量最多。

（三）煙煤：亦稱黑炭，含炭量在 40%～80% 之間，燃燒力強，發熱量大，因燃燒時有濃煙，故稱煙煤。煙煤可以煉焦，可供煉鋼，故煙煤甚為重要。

（四）無煙煤：含炭成份在 90% 以上，色澤光亮，質地堅硬，燃燒較為困難，燃時無煙，火力旺盛，可作一般燃料，但不能煉焦，反不如煙煤重要。

三、煤的儲量和分布

世界煤藏，主要分布於北半球溫帶地區，根據世界礦業年鑑統計，全球煤的蘊藏量為四兆六千四百零五億公噸。亞洲儲量最豐，佔 49%，北美洲居次，佔 34.4%，歐洲第三，佔 13%，非洲第四，佔 1.5%。依國別論，美國居首，其次為俄、中、德、英等國。（圖 1101）

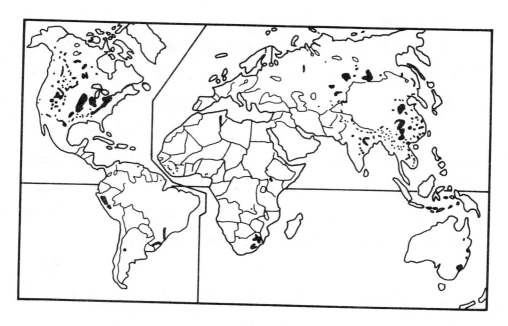

圖 1101　世界煤儲藏地理分布圖

（一）美國

　　是世界上煤藏最多的國家，　蘊藏量達一兆五千萬公噸，　佔全球 32.4％，主要煤田有四：

　　1. 東部阿帕拉契煤田：自賓州向南至阿拉巴馬州，延長 1,700 公里，煤層厚，距地面近，容易開探。本區為世界最大的煤田。

　　2. 中央煤田：以伊利諾為中心，分布於密西根湖和密西失比河中游之間，由愛阿華、伊利諾、密蘇里三個主要分布區，南延至奧克拉荷馬、德克薩斯兩個次要分布區。

　　3. 落磯煤田：　主要分布於落磯山區各州，　北自蒙他拿、懷俄明、猶他、科羅拉多、新墨西哥五個州。呈零星分布。

　　4. 西部煤田：以北達科達州儲量最豐。阿肯薩斯、奧克拉奧馬各州亦豐。

（二）俄國的煤田分布

1. 頓巴次煤田 (Donbas Coal Field)：位於歐洲南部的頓內次盆地，爲俄國舊煤田產區，蘊藏量達 880 億公噸，也是俄國最大的工業區之一。

2. 庫次巴次煤田 (Kuzbas Coal Field)：位於亞俄西伯利亞西南部，我國蒙新邊境的西北方，蘊藏量達 4,600 億公噸，此煤田爲庫次巴次工業區。

3. 加拉干達煤田 (Karaganda Coal Field)：位於中亞細亞東北部，蘊藏量爲 500 億公噸，爲中亞地區最大的煤田。

4. 伊爾庫次克煤田 (Irkutsk Coal Field)：位於貝加爾湖西岸，爲貝加爾湖工業區的基礎。附近尚有伯力煤田，產量亦豐。

（三）中國的煤田分布

1. 我國煤礦儲量：我國煤礦儲藏量，根據大陸出版的世界經濟報導所稱爲六千億公噸，其地理分布，華北、東北和西北各省，佔全國 80% 以上，南部各省佔 20%；以省別而言，新疆省預測煤儲量 1.6 萬億噸，占全國預測儲量總數的 35.7%，名列前茅。新疆煤面積達 30 餘平方公里，占全疆總面積約近 1/5。其次是山西省，再次爲貴州、河北、陝西、河南各省。

2. 煤礦分布：我國原有五大重要煤礦，即遼寧省的撫順煤礦、熱河省的阜新煤礦、河北省的開灤煤礦、山西省的大同煤礦、江西省的萍鄉煤礦。據最近大陸地區資料顯示，除上述五大煤礦外，年產量超過 1,000 萬公噸的尚有合江省的鶴崗煤礦、陝西省的銅川煤礦、山西省的陽泉煤礦、安徽省的淮北煤礦、河南省的平頂山煤礦、貴州省的黔西煤礦。臺灣在 84 年僅產煤 234,965 噸，煤要大量進口。

（四）歐洲的煤田

歐洲的煤儲，除俄國以外，以德國儲量最豐，英國次之，波蘭又次之。

1. 德國：煤儲藏量佔全球總量 6.2%，德西分布於魯爾煤田 (Ruhr Coal Field) 及薩爾煤田 (Saar Coal Field)；德東則分布於薩克森 (Saxon)、來比錫 (Leipzig)、德勒斯登 (Dresden) 等地。

2. 英國：煤儲量佔全球 3.7%，主要分布於蘇格蘭中央低地、密德蘭 (Midland) 及南威爾斯 (S. Wales)。

3. 波蘭：煤田以上西里西亞為主，卡托維治 (Kattocvice) 是產煤中心。

（五）其他各國煤田

南半球產煤國首推澳洲，產於東南部沿岸，其次為南非、巴西等國。亞洲的印度、日本、北韓，煤產亦豐。

有關各產煤國家煤的產量，如表 1101。

表 1101 *世界主要產煤國家及產量*

單位: 萬公噸

國　　　　家	1955	1960	1970	1989	1991
中　國　大　陸	9,830	42,000	36,800	87,833	88,212
美　　　　國	44,241	39,153	85,734	67,503	68,577
前　蘇　　俄	27,662	37,493	45,562	48,083	33,769
印　　　　度	3,884	5,268	7,589	15,692	17,454
南　　　　非	4,820	6,243	8,404	14,837	14,565
澳　　　　洲	2,754	4,038	6,126	11,234	13,285
波　　　　蘭	9,448	10,444	15,240	14,803	11,689
英　　　　國	22,518	19,682	16,208	8,190	8,028
德　　　　國	13,181	14,320	11,210	6,454	6,063
法　　　　國	5,534	5,597	4,220	1,025	842
日　　　　本	4,242	5,107	3,235	849	671

資料來源: 聯合國統計月報 1992 年十二月份。

第二節　石油、天然氣

石油是當今世界上最重要的動力資源和工業原料，大多數的交通工具是靠汽油或柴油發動的，部分工業機械也是以柴油爲燃料，發電用的燃料，重油仍佔很高的比例。而石油化學工業，是現代工業中的寵兒，因之，石油與現代人的生活息息相關。

一、石　　油

（一）石油的種類

石油（Petroleum）包括原油（Crude oil）、天然氣（Gas）。世界各地所產之天然氣，其化學成份相差不大，而各地所產的原油，其化學成份則各有不同，有的含碳氫化合物多至數千種；有的含臘多而油少，有的則臘少而油多，因此石油的提煉方法亦各有不同，最初用蒸餾法，其後又發明裂煉法、聚合法、烷化法等。提煉的油品包括高級汽油、普通汽油、煤油、柴油、溶劑油、重油等。煉油所剩下的黑色固體——瀝青，又稱柏油，爲鋪路主要材料。石油中的碳氫化合物，爲石油化學的主要原料，尤其塑膠工業及碳纖工業日新月異，石油已不僅是一種動力資源，而且是一種不可或缺的工業原料。

（二）石油的生成條件

石油如何形成，至今尚無定論。而成油條件，各地大體一致，主要條件爲：

1. 沈積盆地：石油產地，全在沈積岩生成地帶。可見石油的生

成與古代生物有關。地面或海洋上的生物，由於地殼變動，沈積於海底或湖底，經過緩慢的分解與合成作用，變成油類物質，浮在水面之上，迨滲入岩層，即成原油或油頁岩，故岩層為海湖沈積者，方有可能有原油存在。如為古陸塊而後來沈於海洋者，無從有成油之條件。

2. 背斜構造：地層原為水平狀態，後有內營力的影響，促使地層或為背斜或為向斜，背斜構造為向下褶曲猶如覆碗，將石油或天然氣，緊密封閉其中，故尋油活動以背斜構造為主要選擇地點。（圖1102）

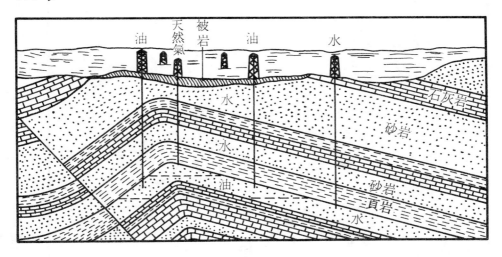

圖 **1102**　石油與地質構造關係圖

3. 頁岩岩相：頁岩為沈積岩中質地最為細緻而緊密者。如上下兩層均為頁岩，則石油或天然氣有可能被完整的保存其中，故鑿油井，遇有堅硬的頁岩地層時，出油希望則更濃。

4. 地層完整：地殼變動頻仍，斷層隨處可見，地層如有過多裂縫，則油氣經年累月，早已「油消氣散」。雖有其他條件，也難有石油產生。臺灣地區成油條件，四俱其三，唯地層變動頻繁，斷層多，石油存於地下者，並不豐富。

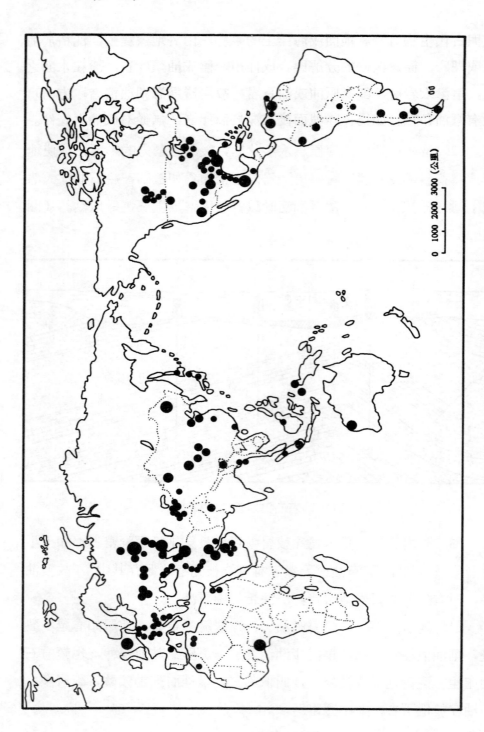

圖 1103　中國石油產量與世界產油區之比較

全世界有70％的石油成油於中生代或新生代之淺海沈積岩中，距離現在約在二億五千五百萬年。

（三）石油的儲量及其分布

世界石油總儲量，據估計超過一兆八千億桶，其中以波斯灣沿岸國家最豐，佔了全球總儲量 55％，美國的墨西哥灣區和中部各州，加勒比海沿岸各國，俄國的裏海盆地，中國的渤海、黃海新華夏大背斜，都是世界上重要的石油蘊藏地區。（圖1103）

1. 波斯灣沿岸國家

（1）沙烏地阿拉伯：石油為沙國主要天然資源，自 1933 年沙國開始採油，1938 年發現重要油田，1939 年開始生產。沙國石油蘊藏量約佔世界總量的20％，居各油國之冠，主要油田分布於波斯灣沿岸，自卡提夫（Qatif）、達爾（Dhahran）至胡佛夫（Hofuf）一帶，此區附近的巴林島（Bahrein）和卡達（Qatar）亦盛產石油。我國原油約有60％來自沙國。

（2）科威特：位於波斯灣沿岸，周圍被一片沙漠和海灣圍繞着，在那些起伏的沙丘下面，蘊藏着大量的石油，據估計約有 103 億公噸，佔世界12％。主要油田分布於科國南方一帶。石油為科國經濟命脈，我國原油約有24％購自科威特。

（3）伊朗：石油蘊藏量為 82 億公噸，佔全球 9 ％，油田分布於札格羅斯山西南麓，以接近波斯灣的麥旦伊夫統（Maidan-Naftun）為中心，西北部的克曼沙（Kermanshoh）亦為石油蘊藏地。

（4）伊拉克：為西亞各國中農牧較為發達的國家，兩河流域肥沃的土地得天獨厚，然而伊拉克最大的富源仍是石油，伊拉克石油蘊藏量為44億公噸，佔全球4.6％，主要油田分布在吉爾庫克（Kirkuk）和摩蘇爾（Mosul）附近。

（5）阿曼：位於阿拉伯半島東南端，全境多爲黃色沙漠，自 1964 年發現石油，1967 年開始生產，石油稅收爲該國主要財源。

（6）阿拉伯聯合大公國：位於阿拉伯半島東岸，包括七個分子國：卽阿布達比、杜拜、沙爾加、阿吉曼、歐母蓋溫、拉斯海馬及夫介拉，以阿布達比面積最大，石油產量也最豐，阿拉伯聯合大公國每年石油總收入 200 億美元，全國總人口僅 33 萬，是世界上國民所得最高的。

2. 北美油田

北美油田，以美國爲主，加拿大次之。美國石油蘊藏量達 51.5 億公噸，佔全球 6 ％，主要油田有：

（1）中南部油田：北起自堪薩斯州，經奧克拉荷馬而德克薩斯至路易斯安那爲主，這是美國最大的石油蘊藏地，尤是是德州，佔本區石油儲量 50%。

（2）西部加州油田：分布於舊金山東側大斷層谷的南部和洛杉磯附近沿海地帶。本區是美國第二大石油蘊藏地。

（3）東北部油田：爲美國開探最早的煤田，油源已漸枯竭，現在仍在開探的有伊利諾油田。

（4）落磯山油田：分布於懷俄明、猶他、科羅拉多、新墨西哥各州，呈零星分布。

（5）墨西哥灣油田：分布於德州、路易斯安那州臨近墨西哥灣沿海地帶。

（6）阿帕拉契油田：分布於阿帕拉契山西北麓，以賓州、俄亥俄州爲主，本爲美國重要油產區，現已沒落。

（7）阿拉斯加油田：爲新開發的油田，產地一在北極海沿岸，一在南側的肯奈半島，有油管直接通往美國本土的石油市場。我國少部份原油購自該區。

　（8）加拿大油田：加拿大石油產區在西部，一為阿爾巴他省的利杜克（Leduc）油田，一為賴德瓦特（Redwater）油田。加國人口密集區在東南部，而石油產區則在西部，產地距市場太遠，為一缺點。

　3. 加勒比海產油區

　（1）委內瑞拉油田：主要油田有三：a. 馬拉開波（Maracaibo）油田：在馬拉開波湖及其附近地區。b. 奧利諾科（Arinoco）油田。c. 阿普爾（Apure）油田。委內瑞拉為世界主要產油國，石油蘊藏量為 140 億桶。

　（2）墨西哥油田：墨國為新興的石油生產國，主要產地位於墨西哥灣，北起美、墨邊界之格蘭得河口，沿墨西哥灣經坦比哥（Tampico）、土克斯旁（Tuxpan），南至委拉克路斯（Veracrus）。墨國石油蘊藏達 900 億桶，並且時有新油田發現，產量可再行提高。

　（3）其他油田：千里達西南一帶，有豐富的石油，在拉布里（Rapuri）附近，有一個世界著名的瀝青湖，雖經長期提煉，湖面瀝青未見減少，反而日漸增多，可見島上石油蘊藏量之豐。此外，哥倫比亞、阿根廷、秘魯、厄瓜多爾等國，都有石油蘊藏，並作大量開採，我國部分原油即來自厄國。

　4. 俄國的油田

　（1）高加索油田：為俄國最早開發的油田，本區自亞畢什倫（Apsheron）半島的巴庫（Bacu）起，經庫班（Kuban）、格洛斯尼（Grozny）、至邁科普（Markop）止，成帶狀分布。巴庫油田一直延伸至裏海海底之下，是目前已知的俄國最豐富的油田之一。

　（2）烏拉、窩瓦油田：分布於烏拉山東西兩側及窩瓦河中游一帶。西側以古比雪夫為中心；東側以伊什貝夫為中心；烏拉山南坡的恩巴河流域亦盛產石油。

(3) 東部西伯利亞及庫頁島油田：近年以來，俄國在東部西伯利亞發現有豐富的油藏，東部的庫頁島，油藏亦豐。俄國由西伯利亞通往西歐的天然氣管業已完工，本區所產的天然氣大量銷往西歐各國。

(4) 俄屬中亞油田：位於裏海之濱的克拉斯諾夫斯克（Krasnonvsk）和錫爾河、阿母河上游一帶。

5. 非洲及歐洲油田

非洲油田主要分布於北非的奈及利亞、阿爾及利亞、突尼西亞、利比亞和中部非洲的薩伊、加彭以及南非的安哥拉。歐洲油田主要分布於法國中央山地、英國北海油田及荷蘭淺海油田。英國北海油田自 1979 年大量生產以來，英國已爲石油輸出國，儲藏量 25 億公噸，年產量 18 億桶。歐洲除俄國以外的石油生產國爲羅馬尼亞，主要產地在普洛什特（Ploiesti）。

6. 亞洲各國

除了波斯灣以外的亞洲國家，生產石油最多的中國大陸、印尼、緬甸、印度等國。印尼石油生產主爲蘇門答臘的巨港（Palenbang）及婆羅洲的八里巴板（Balikapapan），汶萊則爲石油重要生產國；緬甸石油則以仁安羗爲中心。近年韓國在黃海海床探油，頗有收獲，菲律賓在巴拉望（Palawan）亦有少量石油生產。

世界各國石油產量年年都有變動，世界各重要產石油國家產量請參考表 1102。

7. 我國重要油田

表1102　世界主要產石油國家及產量

單位: 千公噸

國　　　　別	1988	1989	1990	1991
俄　　　　國	52027	50125	45734	42944
沙烏地阿拉伯	21263	21036	26698	34076
美　　　　國	34220	31890	30807	31110
伊　　　　朗	51842	65040	72150	77800
委　內　瑞　拉	66607	68799	69877	65500
科　威　特	15535	39420	41180	41479
伊　拉　克	10876	11843	8375	1159
奈　及　利　亞	11358	12259	13820	12064
阿爾及利亞	106001	113604	124115	164580
利　比　亞	4104	4527	5597	6050
英　　　　國	9231	7284	7333	7269
印　　　　尼	5382	5445	5777	5960
加　拿　大	6610	6378	6363	6328
墨　西　哥	10890	10887	11090	11593
中　國　大　陸	11398	11472	11502	11615
阿　拉　伯聯　合　王　國	5949	7428	8497	9987

資料來源: 聯合國統計月報 1992 年十二月份。

　　(1) 西北油田：包括新疆、甘肅、青海、陝西各省，是我國石油蘊藏量最豐富的地方，尤其是新疆，為我國石油蘊藏量豐富的省份，佔全國總儲量的58%。分為天山北麓及天山南麓。天山北麓的油田，主要分布於烏蘇、綏來、沙灣、廸化、塔城等縣。沙灣與額敏之間的克拉馬依；烏蘇的獨山子，是有名的石油產地。天山南麓的油田，主要分布於塔里木盆地南緣，如庫車的銅廠，溫宿城北的塔克拉克，都是重要油田。

　　甘肅省石油以玉門油田產量最大，老君廟為產油中心。陝西油田分布甚廣，以延長油田產量最多。青海油田集中於柴達木盆地，以冷湖、油沙山、油泉子為生產中心。

　　(2) 西南油田：包括川、黔、桂、康各省，以四川盆地產量最多，以南充、威遠、江油、巴縣等最多。天然氣以自貢市產量最多，其次如巴縣、鹽亭等地亦有出產。

　　(3) 東北油田：大興安嶺東側，嫩江省境內為中國大陸最重要的油田，中共稱之為「大慶油田」，因位於安達嶺附近，亦可稱為「安達油田」，為中國大陸第一大油田，日產原油 100 萬桶。遼寧省的撫順，油頁岩儲藏 20 億公噸，含油率 5.5%，為全國最大的油頁岩礦。熱河阜新亦有油頁岩礦。

　　(4) 華北油田：華北黃淮平原及黃海、渤海大陸棚上，近年以來發現大量的石油蘊藏。已開採的有山東博興縣境內的「勝利油田」，該油田日產原油 50 萬桶，為中國大陸第二大油田。另有天津附近的「大港油田」，日產原油 45 萬桶，為中國大陸第三大油田。

　　(5) 東南油田：廣東茂名、電白一帶產油頁岩，儲量 8.6 億公噸。臺灣地區開採石油已有近百年的歷史，石油分布，西部呈南北縱走的帶狀，以及臺東海岸山脈石油帶。以苗栗出礦坑的油井最早，但

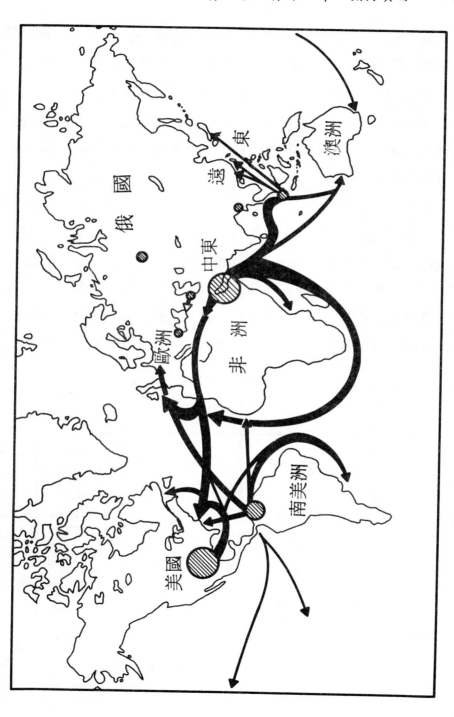

圖 1104　世界主要石油生產國及運銷狀況圖

所產原油不多。近年以來先後在苗栗的錦水、通霄、新竹青草湖、臺南新營及竹頭崎等地鑽探油井，成效良好。臺灣 84 年生產天然氣約爲 889,321 千立方公尺，原油約 11 萬公秉，唯僅能供給所需要的 0.4%。

（6）華中油田：主要爲兩湖盆地及皖、贛二省。潛江油田位於湖北省潛江縣，爲一湖泊沈積的大油田，日產原油 25 萬桶，爲中國大陸第四大油田。

（7）我國海域油田：當世界各地陸上油源漸趨枯竭之際，各國均注意可能產油海域。我國渤海盆地、黃海、東海、臺灣海峽以及南海海域，南北延長 5,000 公里，總面積達 48 萬方公里，地質學家一致認爲，在這廣大的海域裏，蘊藏着豐富的石油。目前，中共與日本及美國重要石油公司合作，在渤海、黃海、南海海域合作探勘石油，有部分已進入生產階段。我國中油公司亦傾全力在臺灣北部及西南部

表 1103　世界主要石油輸出和輸入國及數量

主要輸出國		主要輸入國	
國　　　　別	金額(千美元)	國　　　　別	金額(千美元)
沙烏地阿拉伯	35,328,445	美　　　　國	41,200,411
伊　　　　朗	13,512,231	日　　　　本	29,621,069
阿拉伯聯合大公國	12,385,403	德　　　　國	14,227,417
奈　及　利　亞	11,099,487	法　　　　國	9,727,500
利　　比　　亞	8,682,483	義　　大　　利	10,208,797
科　　威　　特	4,919,061	南　　　　韓	9,548,437
阿　　　　曼	4,709,359	西　　班　　牙	7,198,922
印　　　　尼	5,397,703		

資料來源: *International Trade Stastistics yearbook,* 1992, p. 76.

海域作石油探勘，有許多地區亦已正式加入生產行列。

世界石油主要生產國及運銷狀況參考圖 1104 及表 1103。

二、天　然　氣

天然氣種類甚多，茲僅指與石油成因相同者，故常與石油伴生。天然氣可充動力和熱力原料，如發電、煉鋼、冶金、煮鹽、行駛汽車、家庭燃料等；天然氣亦可作爲化學工業原料，如石化原料、化肥原料等。

（一）天然氣的生產與分布

1. 美國：爲世界天然氣生產最多的國家。美國天然氣蘊藏量達 700 兆立方公尺。1985 年天然氣生產 7,630 億立方公尺，以德州最爲豐富，其次是路易斯安那州、俄亥俄州及中部各州，多數來自油井，德州佔 50%。

2. 俄國：俄國天然氣分布於烏拉山及窩瓦河中游及鄂畢河沿岸，高加索山北麓次之，東部西伯利亞又次之。1985 年產量爲 5,676 億立方公尺。居世界第二位。

3. 荷蘭：近年天然氣生產量急劇增加，產地爲附近淺海區域，1985 年產量爲 960 億立方公尺。

4. 加拿大： 主要產地在北部和平河流域， 1985 年生產天然氣 800 億立方公尺。

5. 中國：我國天然氣的儲量和產量，首推四川及臺灣，四川以自貢市爲最豐，臺灣天然氣儲量有 500 億立方公尺，主產於苗栗錦水及鐵砧山、出礦坑一帶，民國八十四年生產天然氣 889,321 千立方公尺。由於本省化學工業及瓷業發達，所產天然氣不足供應，每年尙需輸入大量

天然氣，總值達十億美元。

第三節　水力、核能及其他

一、水　　力

（一）水力的應用和重要性

人類很早即知利用水力，我國在 2000 年以前即有「水磨」，爲世界上最早利用水力的民族。然而大規模利用水力來發電則自 20 世紀才開始。 以水力發電可替代煤炭，故又稱爲「 白煤 」，其重要性有：

1. 水力可以長期使用：只要地球上有河川存在，水力就不虞匱乏。

2. 水力分布普遍：世界上除了凍原和沙漠之外，均有河流，只要條件適合，均可用來發電。

3. 水力發電價格較廉： 以臺電而言， 重油發電每度約合臺幣 1.8 元，煤爲 1.2 元，核能 0.8 元，水力僅 0.6 元。

4. 水力發電清潔便利：利用重油、煤、核能等發電，都有某種程度的環境污染，而水力發電則全無污染問題。

（二）水力的地理條件

1. 自然地理條件：包括河川落差大，峽谷兩側岸石堅硬，河水流量豐富，河川上游水土保持良好等。

2. 人文地理條件：包括靠近電力市場，文化應有一定的發展程度，要有充足的技術人員等。

（三）世界水力的分布與開發

世界水力資源的總蘊藏量為 39,380 億瓩，以非洲蘊藏量最豐，約佔全球 41％，亞洲佔 20％，南北美洲佔 11％，歐洲佔 10％。已開發水力，以北美洲為最多。蘇俄居次。其餘如日本、法國、義大利、挪威、瑞士等國亦為水力開發國家。

1. 北美洲

（1）美國：最大的水力蘊藏地在西部太平洋沿岸，其他如洛磯山區、大湖區、阿帕拉契山區，水力蘊藏亦甚豐富，水力利用高居世界第一位。

（2）加拿大：以聖羅倫斯河沿岸的魁北克省和安大略省最為著名，西部不列顛哥倫比亞區亦甚豐富。

2. 歐洲

歐洲水力發電分為三大中心，一為環阿爾卑斯山區諸國，以義大利、法國、瑞士三國最多。二為北歐瑞典、挪威、芬蘭三國。三為歐俄。古比雪夫水電廠、聶伯水電廠為歐洲第一和第二大的水電廠。

3. 亞洲

（1）日本：水力蘊藏並非豐富，但因工業動力需求甚大，煤產不足，石油尤感缺乏，盡量利用水力。利用水力發電量居亞洲第一位。

（2）中國：我國地處溫帶，又多高山巨川，水力蘊藏十分豐富，其主要分布共有五區：①西南部高原及縱谷區：水力蘊藏居全國之冠。②西北高原區：主要蘊藏區為黃河中游。③長江中游區：主要是長江三峽。④東北區：主要利用鴨綠江、松花江、圖們江、牡丹江等河川的水力，為我國水力最為開發之區。⑤東南區：包括臺灣及大陸地區的東南、嶺南兩丘陵。以臺灣地區最為發達。

二、核　能

第二次世界大戰末期，核能研究進入實用階段，其原料爲放射性物質，以鈾爲主，核能威力強大，一公斤的鈾-235 所產生的能量等於 2,600 公噸煤的能量。1958 年美國建立第一座核能電廠，現有核能電廠約 100 座，1954 年的俄國建立第一座核能電廠，現有核能電廠約 40 座。英、法爲首先設立核能電廠的國家，繼此之後，各國相繼都設立了核能發電廠。我國現有核能電廠三所，第四所是否建立，正爭議中。

三、新能源的展望

世界能源有日漸短缺的現象，以石油而言，以現有的蘊藏量及開採量，至多可維持三十年，煤的蘊藏量和開採量也只能維持五十年，其他能源如天然氣亦儲量有限，不足以大量供應，而核能發電又有污染環境的恐懼，很多國家已經停止建立新的核能電廠，然而人類對能源的需求卻與日俱增。科學家乃絞盡腦汁，尋找新的能源，目前已稍有成就的有：利用太陽能、風能、海水潮汐、海水溫差、海藻、地熱、沼氣等，唯尚不足以替代傳統能源——石油、煤和核能。21 世紀即將來臨，人類必須尋找新的能源才能迎接新時代所帶來的新挑戰。

世界主要電力生產國家及其產量，參考表 1104。

表1104　世界主要電力生產國及產量

單位：億瓩特

國　　　家	1988	1989	1990	1991
美　　　國	2,399	2,488	2,534	2,566
前　蘇　聯	1,431	1,435	1,394	1,362
日　　　本	582	628	666	717
中　國　大　陸	525	558	606	703
加　拿　大	422	416	401	408
德　　　國	349	352	367	374
法　　　國	305	339	338	356
英　　　國	258	259	265	267
巴　　　西	169	178	187	185
義　大　利	167	169	176	181
澳　　　洲	101	111	121	129
南　　　非	131	135	123	124
瑞　　　典	125	116	118	119
挪　　　威	87	92	100	101

資料來源：聯合國統計月報 1992 年十二月份。

本 章 摘 要

1. 煤的成因及利用：古代植物在地下炭化而成。我國早知用煤，現為重要能源。

2. 煤的種類：泥煤、褐煤、烟煤、無烟煤。

3. 煤的儲量和分布：主要在北半球，美國（東部、中央、落磯、西部四大煤區）；俄國（頓巴次、庫次巴次、加拉干達、伊爾庫次克）；中國（撫順、阜新、開灤、大同、萍鄉）；歐洲（德、英、法、波）；其他（南非、巴西、印度、日本、北韓）。

4. 石油的重要性：主要能源及工業原料。現代文明的血液。

5. 石油的生成條件：海湖沉積、背斜構造、頁岩岩相、地層完整。

6. 世界石油的儲量及分布：一兆八千億桶，以波斯灣各國最多（50%），美、墨、俄、中、印尼等國。

7. 波斯灣產油國家：沙烏地、科威特、伊朗、伊拉克、阿曼、阿拉伯聯合大公國。

8. 北美油田：中南部、西部、東北部、落磯山、墨西哥灣、阿帕拉契、阿拉斯加、加拿大。

9. 加勒比海產油國：委內瑞拉、墨西哥、千里達、哥倫比亞、阿根廷、秘魯、厄瓜多爾。

10. 俄國油田：高加索、烏拉-窩瓦、東部西伯利亞、庫頁島、中亞等油田。

11. 非洲及歐洲油田：北非各國——奈、阿、突、利。中非——薩伊、加彭；歐洲——法國中央山地、英國北海油田、荷蘭淺海

油田，其他──羅馬尼亞。

12. 亞洲其他國家：中國、印尼、印度、緬甸、汶萊、韓、菲等國。

13. 我國七大產油區：西北、西南、東北、華北、東南、華中、海城。

14. 我國四大油田：

    (1) 安達　　(2) 勝利　　(3) 大港　　(4) 潛江。

15. 天然氣主要生產國：美、俄、荷、加、中。

16. 水力的重要性：長遠、普遍、價廉、清潔、便利。

17. 水力的地理條件：落差大、兩岸硬、水量豐、水土保持好。近市場、文化高、人力技術充足。

18. 世界水力的分布：北美、俄國、日、法、義、挪、瑞士。

19. 中國五大水力分布區：西南（最豐）、西北、長江中游（三峽）、東北（最早開發）、東南（含臺灣最發達）。

20. 核能及其他：核能利用最廉但有污染之虞，人類正找尋新能源──太陽能、風力、潮汐、海水溫差、地熱……。

習　題

一、填充：

(1)煤除供煉鋼工業外，尚可用來＿＿＿、＿＿＿、＿＿＿等用途。

(2)煤有四種，即：＿＿＿、＿＿＿、＿＿＿、＿＿＿。

(3)世界主要煤藏國家為：＿＿＿、＿＿＿、＿＿＿、＿＿＿、＿＿＿。

(4)美國四大煤田為：＿＿＿、＿＿＿、＿＿＿、＿＿＿。

(5)俄國四大煤田為：＿＿＿、＿＿＿、＿＿＿、＿＿＿。

(6)我國五大煤礦為：＿＿＿、＿＿＿、＿＿＿、＿＿＿、＿＿＿。

(7)世界石油生成條件有四, 即: ＿＿＿＿、＿＿＿＿、＿＿＿＿、＿＿＿＿。

(8)世界主要生產石油國家有: ＿＿＿＿、＿＿＿＿、＿＿＿＿、＿＿＿＿、
＿＿＿＿、＿＿＿＿。

(9)我國有七大油田, 即: ＿＿＿＿、＿＿＿＿、＿＿＿＿、＿＿＿＿、＿＿＿＿、
＿＿＿＿、＿＿＿＿。

(10)世界主要天然氣生產國有: ＿＿＿＿、＿＿＿＿、＿＿＿＿、
＿＿＿＿、＿＿＿＿。

(11)水力的重要性有: ＿＿＿＿、＿＿＿＿、＿＿＿＿、＿＿＿＿。

(12)水力的地理條件, 在自然方面爲: ＿＿＿＿、＿＿＿＿、＿＿＿＿、
＿＿, 人文條件有＿＿＿＿、＿＿＿＿、＿＿＿＿。

(13)依價格言, 能源之順序應爲: ①＿＿＿＿ ②＿＿＿＿ ③＿＿＿＿ ④＿＿＿＿。

(14)歐洲水力發電三大中心爲: ＿＿＿＿、＿＿＿＿、＿＿＿＿。

(15)世界電力主要生產國家爲: ＿＿＿＿、＿＿＿＿、＿＿＿＿、＿＿＿＿、
＿＿＿＿、＿＿＿＿、＿＿＿＿。

二、選擇:

(1)最適合煉鋼的是: ①烟煤　②無烟煤　③褐煤。

(2)世界最大的煤田是: ①美國東部阿帕拉契煤田　②俄國頓巴次煤田
③美國蘇格蘭中央煤田。

(3)中國第一大煤礦是: ①山西大同煤礦　②遼寧撫順煤礦　③河北開
灤煤礦。

(4)南半球國家中產煤最多的國家是: ①巴西　②澳洲　③南非。

(5)石油的煉製方法, 最初採: ①裂煉法　②聚合法　③蒸餾法。

(6)波斯灣沿岸國家儲藏全世界多少石油? ①65%　②55%　③45%。

(7)我國原油以來自何國最多? ①科威特　②印尼　③沙烏地阿拉伯。

(8)美國石油蘊藏佔全球多少? ①6%　②7%　③8%。

(9)亞洲國家中, 國民所得居第一位的是汶萊, 其主要收入是: ①石油　②木材　③漁產。

(10)中國大陸第一大油田是: ①大慶油田　②勝利油田　③大港油田。

(11)世界五大洲中,何洲水力蘊藏最豐? ①南北美洲　②非洲　③歐洲。

(12)中國最大的水利工程是即將開工的: ①長江三峽　②臺灣的鯉魚潭水庫　③黃河三門峽水庫。

三、問答:

1.煤的成因和種類若何?

2.煤的儲量和分布若何?

3.石油的重要性及生成條件若何?

4.世界石油儲量以何處最多? 各產於何國何地?

5.北美有那些重要油田?

6.蘇俄有那些重要油田?

7.非洲、歐洲、中南美洲各有那些國家生產石油?

8.亞洲其他國家有那些生產石油?

9.我國七大產油區及四大油田各叫什麼?

10.世界有那些國家生產天然氣最多?

11.水力的重要性及地理條件若何?

12.世界水力之分布狀況若何?

13.我國有那五大水力分布區? 以何處蘊藏最多? 何區開發最早?

14.核能利用之利弊若何?

15.有那些新能源有希望開發利用?

16.臺灣水力之開發情形若何?

第 三 篇

第二級生產活動

第一級生產活動的產品，一部分直接送到消費者手中，另一部須經過加工製造，才能送到市場銷售。此一加工製造的過程，就稱之為第二級生產活動，亦即一般通稱的工業（Industry）或製造業（Manufacturing）。所使用的原料，包括地面上的產物——農、林、牧產品；水中的各種水產物——漁獲物、藻類及鹽類；地下掘取的產物——金屬礦物與非金屬礦物。工業的成品，包括直接供給人類消費的產品以及生產工具或原料。

工業活動起源甚早，但隨人類文明的進步，其活動型式亦由早期的家庭式手工業發展成目前的標準化、自動化、新穎化及企業化的現代工業。現代工業活動的內容與型式極為複雜，包括基本工業、設備工業、消費工業三大類（圖 0001）。從事此項活動的就業人口也相當龐大，以目前臺灣地區而言，總數超過三百萬，因此，在整個人類經濟活動中的地位，已超過第一級生產活動而為人類經濟活動的主流。尤其是世界七大工業國（圖 0002）足以影響全球經濟和政治活動。本篇重點即在探討這項生產活動的區位選擇和變遷，以及其生產實況。

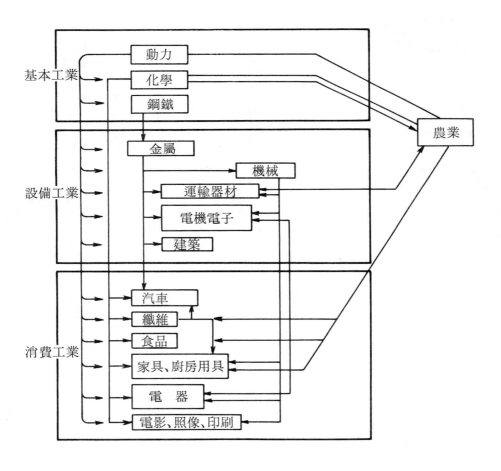

圖 0001　現代工業分類圖

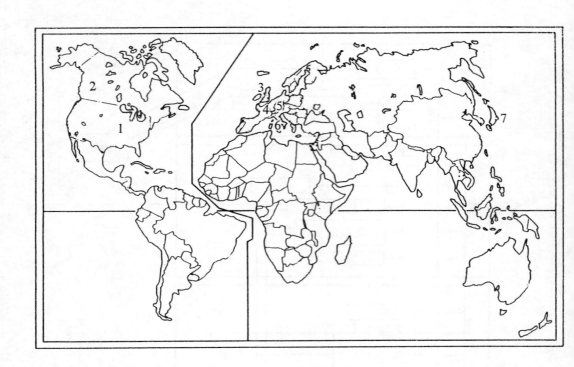

圖0002 世界七大工業國 (G7)

編號	1	2	3	4	5	6	7
國家	美國	加拿大	英國	法國	德國	義大利	日本

第一章　現代工業的區位問題

第一節　現代工業區位特色與成本要素

一、現代工業的區位特色

所謂現代工業是指工業革命以後由英國而歐洲而美國以至遍及全球的機械化、標準化、自動化、企業化的新式工業。由工業區的分布上來看,其區位特色有下列數點:

(一)工業區位與動力帶 (Power Belt) 若合符節: 所謂「動力帶」是指橫亙於中緯度,自北美洲的密西失比河谷地,經東部海岸,經由歐洲至歐亞交界的烏拉山西麓。東西長度達二萬公里,南北寬度約一千公里,在此帶之內,消耗了全球能源總消費量(含煤、石油、天然氣及水力)的 90%,就製造產品的價值而言,世界上有 80% 的工業區均位於此「動力帶」之上。

如: 工業區位與煤田的關係,現代工業因為依賴動力資源,故煤炭產地自然成為工業的磁體。何況煤是最早、最豐富且最容易開採的能源資源,尤其是重工業在世界貿易尚不如此流通頻繁之時,與煤田的分布息息相

關。英國的伯明罕（Birmingham），北美洲工業區，或位於煤田區之內，或接近煤產區，都與煤有直接的關係。現今，由於各項運輸和貿易的進步與擴展，使得這種傳統依賴原料區位的產業，也可不再依賴原料區位來生產。如，二十世紀的大鋼鐵廠，並不一定要在煤產區設廠。

（二）工業發展與工業區位多集中於海岸地區和港口附近：工業區位之所以選擇海岸地區或港口附近，顯然便於原料進口和成品的出口。臺灣的加工出口區均接近港口，中國大陸的經濟開發區主要均在大陸沿海及各大海港附近。世界所有工業區以接近海岸或海口的佔絕大多數。

（三）大都市及其周圍為消費工業的大本營：現代工業區位選擇，基本工業趨向能源及原料；消費工業則趨向於消費市場。因此，任何一個大都市無不成為消費工業的大本營，特別是食品、紡織、成衣、電子等人力密集的工業，甚少選擇遠離大都市的。

（四）同類型的工業區位選擇，集中者多，分散者少：由於英雄所見略同，使同類型的工業多半集中於某一區域，如中國的鞍山被稱為中國的「鋼城」，煉鋼工業集中而發達。美國的底特律（Detroit）被稱為「汽車城」，即以汽車工業集中之故。也因為同類型工業的集中，產業間的資訊取得方便，且可收聚集經濟之利，共享公共設施，可降低成本支出。

（五）高比例的工業發展出現在歐洲人佔有的殖民地區：由於十八世紀，歐洲地區的工業革命洗禮，使得歐洲地區在工業發展的腳步與技術成為導引世界其他地區發展工業的主力。尤其在「動力帶」以外的新興工業國家，由於歐洲人來此定居，特別是非歐洲地區，如南非、澳洲以及早期的中國，現代工業的引進，與歐洲人佔有或定居在這些地方有關。南非和澳洲，如果沒有歐洲移民，工業化程度不會如此之高。中國早期工業集中在上海、廣州、香港、青島、天津等地，即與此一特色有關。

二、現代工業的成本要素

影響工業區位的主要成本要素有三，即：集貨成本、加工成本和分配成本。

（一）集貨成本：所謂集貨成本是指原料從產地運送到工廠的運輸費用。使用單一原料的工廠，如果集貨成本在整個成本結構中占有相當大的比例，則其工廠將盡量接近原料產地。但是，大部分的工廠均需要使用多種原料，而每一種原料均有不同的產地，且其重量、體積、價值與單位運費亦各有差異。因此，即使知道這類工廠應位於總集貨成本的最低點，但是若找出此點的所在，事實上並不容易。不僅如此，由於現代工業所使用的原料之間常具有可取代性，而使得集貨成本的計算更趨複雜，以致最低集貨成本的區位，更難以確定。

（二）加工製造成本：加工製造成本係指由原料轉變成產品過程中所需的費用，包括勞工、土地、機器、稅金、動力、用水、廢料及污水處理等所需的開支。這些開支的任何一項，對於工業區位的選擇，都有決定性的影響。

勞工對工業區位的影響包括工資和品質兩方面。一些需要大量勞力的工業，如紡織、電子、成衣等，些微的工資差異，常能造成生產成本的鉅大差距。因此，城市與城市或國與國之間的工資差別，常導致工廠區位發生移動。臺灣各加工出口區的外商，多數均基於是項因素而來臺設廠。不少廠商又遷往大陸設廠，乃是基於大陸工資又低於臺灣。

勞工品質亦常影響工業區位。一些需要較高技術的工業，如光學、儀器、電腦等工業廠商，寧可付出較高的工資，以遷就有較高技

術的勞工。工業經營者所關心的不全是工資的高低，而是所付出的工資能有多少回收？因此，愈來愈多的廠商，願意在工資較高而勞工品質亦高的地區設廠。臺塑企業之所以去美國投資設廠，多少也是基於這項考慮。

對於某些工業而言， 動力也許是整個生產過程中最大的一筆成本，如煉鋁工業，每生產一噸鋁錠，需消耗電力 18,000 度，因此，其設廠位置、自然傾向於電價低廉之區。如臺灣鋁業公司，早期生意鼎盛，因為臺電價格偏低，而今臺鋁結束營業，卽因臺灣電力不再低廉之故。

此外，亦有些工業因需處理大量污染物，而不得不設於較偏遠地區。例如，造紙工業，在生產過程中，不斷排出大量污水及難聞氣體，嚴重污染附近的空氣和水源，因此，此類工業常被限制於遠離市區之處；如此，可因土地相對廉價，對於處理污染源的用地，可降低生產成本，又可降低污染產生。

除此之外， 有許多工廠因優惠的稅率與貸款， 或良好的公共設施，而集中於某一地區。臺灣的許多工業區，卽以這些條件吸引廠商設廠。另一方面， 也有一些產品附加價值高的工業，如電子儀器、太空科技、飛機製造等工廠，則傾向於選擇具有良好的社區環境，有利的氣候條件，或完善的教育文化設施之地設廠。

（三）分配成本：分配成本是指產品由工廠運送至市場所需的運輸費用。由於製成品的單位運費均比原料為高。因此，在由原料變為成品的生產過程中重量並未減少時，工廠通常設於市場附近，如飲料工廠、酒廠等。 如果產品有高度的易腐性， 如麵包、 鮮奶、 食品工廠，亦以設在市場附近為宜。另外高度時效性的產品，如報紙、雜誌等。這類工廠亦應設在市場附近。相反地， 如果在原料轉變成產品的

過程中，其失重率（weight-loss ratio）極大，且原料較產品易於腐壞時，則工廠的區位以接近原料產地爲佳，如罐頭工業等是。

第二節　韋伯（Alfred Weber）的工業區位論

德國學者韋伯是建立工業區位理論的先驅，一九〇九年，韋氏出版其工業區位論著 —— 工業區位原理（Uber den Standort der Industrien），書中的若干觀念，迄今仍爲探討工業區位的主要參考依據。

韋伯是從最低成本觀點，分析工業區位問題。他首先將地表環境簡化成：假定所有足以影響加工製造的成本因素，到處都相同而沒有空間上的差異。在加工製造成本沒有空間差異的情況下，總運輸成本的最低點就是最佳的工業區位。

一、運輸成本

運輸成本的高低，基本上是由下列兩項要素所決定，卽：①原料和產品的重量。②原料和產品的搬運距離。爲了表示運輸成本的高低，可用延噸公里作爲計算單位。所謂延噸公里，係指貨物重量(噸)和搬運距離（公里）的乘積。一個地方的總延噸公里愈大，卽表示該地區的總運輸成本愈高；反之則愈低。因此，一個區位是否適合於設廠，決定於該地的總延噸公里是否最小。換言之，工業區位問題，乃變成尋找最低總延噸公里所在問題。

表面上看，尋找最低總延噸公里的地點，似乎必須涉及相當繁雜

的計算過程，但是，如能掌握某些重要的區位原則，此一繁複的過程即可大為簡化，這些區位原則的建立，和原料的性質有著密切關係。

二、原料性質

工業的類別眾多，每一種工業所使用的原料，各具不同的性質。一般而言，原料可分為下列兩種：

（一）普通原料：卽到處都有的原料，如水、空氣、砂石等。由於原料到處都有，因此，工廠在設廠時，不必考慮原料的位置。只要考慮銷貨市場就可以了。

（二）特殊性的原料：卽原料的分布並非到處都有，而僅集中於某些特定的地區。這種原料，又可根據原料和製成品的重量比而分成：①純質特殊性原料。②粗質特殊性原料。前者是指沒有失重率或失重率極小的特殊性原料，如棉紗對於棉布工廠，或棉布對於成衣工廠，在加工過程中的重量損失極為微小，均屬純質的特殊性原料；後者則指原料失重率極大的特殊性原料，如甘蔗或甜菜對於製糖工廠，在製造砂糖的過程中，重量損失分別高達 87.5% 和 90%，因此均為粗質特殊性原料。

（三）原料指數：一種工業如果使用的是普遍性原料，則其設廠區位較為單純，如果使用是特殊性的原料，則將顯得相當複雜，為解決此一問題，韋伯乃設計出一種指數，卽原料指數，用以表示某一種工業傾向於原料或市場區位的程度。原料指數是指所有特殊性原料的重量和產品重量的比值。其計算公式為：

$$原料指數 = \frac{特殊性原料重量}{產品的重量}$$

　　原料指數和設廠區位的關係是：①當原料指數大於 1 時，卽表示原料的重量，大於產品的重量。因此，爲了減少運費的支出，則這種工業的設廠區位，則傾向於原料產地。②如果原料的指數小於 1 ，則表示產品的重量大於原料的重量，這種工廠宜設於市場的所在地。③當原料的指數等於 1 時，則表示原料和產品的重量相等，就理論上而言，工廠有可能出現在原料產地、市場或二者之間的任何一點。但是因爲長程運輸的單位運費比短程運輸有利，卽使原料指數等於 1 時，設廠位置仍以市場或原料產地最爲有利。

　　除此之外，如果原料產地和市場之間，存有轉運站時，則貨物的轉運成本，除了實際的運輸費用之外，尙須支付貨物的起卸、倉儲的手續等費用的所謂場站成本。因此，爲了節省場站成本，轉運點通常成爲最佳的設廠區位。

　　如果一種工業只使用一種原料，且其產品亦僅提供一個市場消費時，則此一工業的設廠區位，將決定於原料的性質。卽：①如使用的是普遍性原料，則工廠應設於市場，以減少運費。②如使用的是純質特殊性原料，則理論上工廠可自由設於市場、原料產地，或連接市場與原料產地的連結線上的任何一點，但由於長程運輸比短程運輸有利，以及原料的運費較產品運費便宜，因此，工廠實際上多接近市場。③如使用的是粗質特殊性原料，則設廠位置應傾向於原料產地，特別是當原料指數愈大時，原料產地的區位愈趨重要。例如，製糖工業的原料指數爲 10，亦卽十個單位重量的甘蔗只能製成一個單位重量的蔗糖，如果工廠設於市場，則將額外支出九個單位的廢料或副產品的運費。

本　章　摘　要

1. 現代工業區位的特色：

(1) 工業區位與動力帶若合符節。

(2) 工業區位多集中於沿海和港口附近。

(3) 大都市及其周圍多消費工業。

(4) 同類工業類集聚者多而分散者少。

(5) 歐洲人佔有區工業發生較早。

2. 現代工業的成本要素：

(1) 集貨成本：原料由產地運至工廠的費用。

(2) 加工製造成本：由原料轉變成產品過程中所需的費用。

(3) 分配成本：產品由工廠運送至市場所需的運費。

3. 章伯工業區位理論

(1) 基本概念

①從最低成本觀點，分析工業區位問題。

②先假設各地沒有空間上的差異。

③總運輸成本的最低點就是最佳的工業區位。

(2) 三大項目

①運輸成本：決定在重量和距離，延噸公里——貨物重量乘公里數。

②原料性質：普通和特殊性原料

③原料指數：$原料指數 = \dfrac{特殊性原料重量}{產品的重量}$

a 原料指數大於 1 時區位傾向原料。

b 原料指數小於 1 時區位傾向市場。

c 原料指數等於 1 時區位則二者皆可。

習　題

一、填充:

1. 新式工業其區位特色為五點：＿＿＿＿、＿＿＿＿、＿＿＿＿、＿＿＿＿、＿＿＿＿。

2. 現代工業的成本要素有三：即＿＿＿＿、＿＿＿＿、＿＿＿＿。

3. 韋伯工業區位理論的三大基本概念是：＿＿＿＿、＿＿＿＿、＿＿＿＿。三大項目為：＿＿＿＿、＿＿＿＿、＿＿＿＿。

4. 新式工業與舊式手工業最大的不同在於其＿＿＿化＿＿＿化＿＿＿化＿＿＿化。

二、選擇:

(　) 1. 世界「動力帶」，消耗了全球總能量：(1)90％　(2)80％　(3)70％。

(　) 2. 大都市附近最常見的工業是：(1)重工業　(2)化學工業　(3)消費性工業。

(　) 3. 中國的「鋼城」是指何地？(1)武漢　(2)鞍山　(3)撫順。

(　) 4. 美國的汽車城是指：(1)洛杉磯　(2)底特律　(3)克利福蘭。

(　) 5. 工業區位中主要成本有三，其中占比例最高的應為：(1)集貨成本　(2)加工製造成本　(3)分配成本。

(　) 6. 下列三項何者並非運輸成本因素？(1)原料和產品重量　(2)料品搬運距離　(3)員工薪資。

（　）7. 下列三種工業，何者應接近原料產地？ (1)製糖工業　(2)電子工業　(3)成衣業。

（　）8. 下列三種工業，何者原料檔最大？ (1)紡織工業　(2)食品工業　(3)製糖工業。

三、問答:

1. 現代工業區位各有那些特色？

2. 現代工業的成本要素有那些？

3. 韋伯工業區位理論的基本概念若何？

4. 運輸成本與原料和產品的重量和運輸距離有何關係？

5. 何謂普通原料？何謂特殊性質原料？其與工業區位有何關係？

6. 何謂原料指數？其與工業區位有何關係？

7. 試舉一實例，說明工業區位甚符合韋伯工業區位理論。

第二章 工業區位

　　工業投資甚為龐大，對於工廠區位的選擇須十分慎重，更何況工廠區位的選擇是否恰當，影響公司前途至鉅。如何選擇適當的地點，是為區位問題，影響工業區位的因素之中，有些是屬於地理因素，有些為非地理因素，茲分別說明如下：

第一節　影響工業區位的地理因素

一、原料因素

　　工業生產是將原料改變為成品，建立工廠於原料產地是很自然的事。尤其是早期的工業發展，原料因素為第一考慮，如臺灣陶瓷工業集中在鶯歌一地，即因該地盛產陶土之故。其他國家亦有類似情形。一般而言，原料體積或重量龐大的工業，如冶鐵、製磚、水泥、木材、製糖等工業，通常都位於原料供應地。原料如屬於易腐敗者，工廠區位需接近原料。如臺灣的食品工業以西部平原及嘉南平原為最盛，皆係原料因素使然。

二、動力因素

　　工廠不可缺乏動力，故動力供應是否充足，也是工業區位值得考慮的因素。尤其是耗電量大的工業，如煉鋁、鍊銅等，宜設在電力廉價之區。尼加拉瀑布 (Niagara Falls) 是美國主要的水力發展中心之一，此一區現仍爲美國東部的電解化學工業中心。臺灣地區工業區的區位考慮，是否有足夠的動力供應，是首先考慮的基本條件。

　　再者，因工業之種類而不同，如需要大量燃料作爲動力者，工廠宜設在燃料產地，例如，自煙煤提煉焦炭，從事冶煉鋼鐵及焦炭副產品工業，自以接近煤產地爲佳。世界上許多煉鋼廠，均設廠於產煤區附近。其他如石化工業、冶金工業、玻璃工業等，需要大量燃料 —— 煤或天然氣，設廠地點以接近燃料生產地最爲適宜。

三、勞工因素

　　某地工資的高低，勞工來源的可靠性、安全性，以及勞工的專業技術與工作效率，均爲工業區位必須考慮的因素。各種工業對勞工的需求並不一致，有些則需要大批技術工人，有些則否。如何以較低的工資，容易獲得工業生產線上充足的勞工，工業企業主不得不預先考慮的問題。

四、交通因素

　　每一工廠皆需運入原料，運出其產品，其運費是否合算，亦卽前章所述之集貨及分配成本是否便宜。抑有進者，勞工及管理人員，每日需往返工廠與住處，交通是否便捷亦爲設廠條件之一。臺灣工業區多數設在鐵公路沿線或近海港地區，方便原料及產品的運輸。此項原則可適用於任何類型工業，唯一的例外爲軍火或火藥工業，以隱蔽而遠離人口密集區爲宜。

五、自然因素

　　包括地形、地勢、地質、氣候、水源供應等因素。地形封閉、地勢低窪之區，均不適合設廠。封閉的地形如山窪或小盆地，氣流不暢，工廠所排出的廢氣不易擴散，影響工業生產，低窪地區易遭水患，更不能作爲設廠地點。地質鬆軟的沙地或洪水平原，承受力不足，對於機器笨重而震動難免的工業並不合適。需要大量工業用水的工業要以容易取得水源爲第一考慮。

　　工業區位的氣候因素十分重要，雨水太多、風力太強、風沙太大，高溫或酷寒都不宜於設廠。有山洪紀錄的地區，或堤防附近都不宜設廠，決堤或其他意外事件亦有可能發生。

　　如上所舉各因素，有些是人文地理因素，有些是自然地理因素，對於工業區位的選擇，具有參考價值。

第二節　影響工業區位的非地理因素

有些因素並非地理因素，但是對工業區位的選擇反而具有決定性。茲略述如下：

一、市場因素

工業產品需要運銷於市場，故若干工業均集中於大都市及其近郊，以利於產品的銷售，此項因素雖可列為地理因素之一，但是市場的供需是屬於經濟學的範疇，其與地理學的關係遠不如經濟學密切。

二、資金因素

設立工廠需要大筆資金，資金容易聚集之處，工業必然發達，如新加坡，華人資金滙集甚夥，工業投資環境尚稱優越，工業化程度亦甚快速。中國大陸各地工業發展緩慢，全因資金短缺，最近，中共歡迎外資、僑資、臺資去大陸投資設廠，稍緩其資金缺乏的窘狀。

三、政策因素

政府若欲使一地發展工業，可利用法律給予各項優惠以達成工業發達的目的，例如我國亦制訂外人及華僑投資條例，予以定期免稅、外滙自由等優惠。臺灣各縣市工業區，亦訂有優惠辦法以鼓勵企業者

來此投資設廠，發生不少效用。

四、地方人士之策動與協助

　　各地方為了發展本地經濟，由地方人士共組工業促進會等組織，提供投資設廠者各項參考資料，負責解決土地之取得，公共設施之配合與其他必要之協助，以促進工業發展，增進地方繁榮。但是也有些地方，基於環保理由，堅決拒絕投資人在該地設廠，如中油公司五輕廠要在高雄後勁地區設廠，臺塑六輕要在桃園縣觀音鄉設廠，曾遭到地方人士的反對。

五、個人既有的創業資源

　　一個新創業者在選擇工業類別時，深受其過去工作經驗的影響，例如，一個某大成衣廠業務經理因某種原因而自行創業時，其所選擇的行業多半仍為成衣業或與成衣有關的行業，由於他只對成衣業有較佳的經驗，創業或工廠地點的選擇，總難離開自己所熟悉的環境，仍以原工作地點附近居多，以便充份利用現有的創業資源。

六、租稅與地價

　　工廠的地點選擇，常決定在租稅與土地價格的高低，稅賦低、房租低可降低生產成本，地價低可減少設廠的資金支出，都是有利於企業的未來發展。土地的價格，市中心與郊區差異甚大，尤其是需要使用較大面積的工業，容易取得土地而且物美價廉最值得考慮。

七、其他因素

如家族與姻親關係，鄉土觀念或愛國思想，資金取得所附帶的條件等。家族企業雖然龐大，各類工廠仍以原發跡地爲第一考慮。也有些投資者基於愛國愛鄉發展故鄉經濟，促進故鄉繁榮，投資設廠非故鄉莫屬，更有些資金支付者附帶條件是在他所指定的地點設廠，其目的各不相同，而決定區位則有其一定的影響力。

本 章 摘 要

1. 影響工業區位的地理因素：
   (1) 原料因素：原料體積龐大而重，或易腐者，工業區位接近原料。
   (2) 動力因素：耗電量大的工業設於電力便宜之地；需要大量燃料的工業，工業區位接近燃料。
   (3) 勞工因素：勞工易得、工資便宜、技術熟練最佳。
   (4) 交通因素：交通便利有利工業發展。
   (5) 自然因素：地質堅硬、地勢高亢、氣候良好、水源充足，從不淹水。
2. 影響工業區位的非地理因素：
   (1) 市場因素：市場銷售潛力龐大。
   (2) 資金因素：資金募集容易。
   (3) 政策因素：政府立法予以優惠。
   (4) 地方協助：工業促進會大力協助。

(5) 個人資源：個人經驗與既有資源。

(6) 租稅地價：稅輕地廉、減少負擔。

(7) 其他因素：包括家族、鄉土、附帶條件等。

習　　題

一、填充：

1. 影響工業區位的地理因素有五：＿＿＿＿、＿＿＿＿、＿＿＿＿、
　＿＿＿＿、＿＿＿＿。

2. 影響工業區位的非地理因素有七：＿＿＿＿、＿＿＿＿、＿＿＿＿、
　＿＿＿＿、＿＿＿＿、＿＿＿＿、＿＿＿＿。

二、選擇：

（　）1. 臺灣的陶瓷業所以集中於鶯歌和苗栗,是基於何種因素? (1)原料因素　(2)動力因素　(3)勞工因素。

（　）2. 臺灣鍊鋁業日趨衰落, 是因為: (1)原料來源缺乏　(2)電力不再廉宜　(3)工資日增。

（　）3. 中鋼公司設於高雄市, 主要考慮是: (1)交通因素　(2)動力因素　(3)勞工因素。

（　）4. 臺灣棉紡織主要分布於臺南, 是基於何種因素? (1)原料因素　(2)動力因素　(3)自然因素。

（　）5. 成衣業多半在大都市附近, 主要是基於: (1)市場因素　(2)資金因素　(3)勞工因素。

三、問答：

1. 影響工業區位的地理因素有那些?

2. 影響工業區位的非地理因素有那些?

3. 如果你自己創業，你比較注重那幾項因素?

4. 以你的了解，目前工業界在選擇工廠區位時，以那些因素作優先考慮? (以先後次序排列)

第三章　工　業（一）

第一節　營造工業

一、營造業及其分類

　　人類的基本生活需要——食、衣、住、行之中，有兩項與營造業有密切的關係，那就是「住」與「行」。人類為求滿足生活上之需要，營造各種不同機能的建築物、營業場所、生產場所、教育與娛樂場所、醫藥與衞生場所等。儘管機能不同，都是營造業所製造的成品。其次為解決「行」的問題，而興建公路、鐵路、機場、港口、運河、管線等公共建設。因此，營造業在基本上可分為二大類：即房屋建造類與交通建設類。這兩大類再依建設裝具的使用種類、使用技術及其工作時特有位置而加以細分。房屋建造又可分為住宅、商場、工廠、公共建築多項；交通建設類又細分為一般公路、高速公路、捷運系統、地下鐵路、一般鐵路、運河、隧道、港埠、機場、輸油管、自來水工程、電信工程、瓦斯管道及管線工程、電纜電線輸電工程、電車及電纜車等工程。至於水利工程之營造亦可包括於公共建設營建類。

二、房屋營造業

目前，世界各國的營造業均在蓬勃發展，原因是各國人口都在快速增加，「住」的問題必須隨時解決，而最大的因素還是人口過度向都市集中，促使都市的營造業作快速的擴張。工商業發達，也促使營造業需要蓋更多的商業大樓和製造業工廠。以臺灣地區的情形而論，房屋營造業是各種生產事業中成長最快的。近年以來都維持 30% 的成長率。尤其是在房價狂飆的這段期間，在臺灣各地，隨時隨地都可以看到新的建築物在鳩工興建，從事營造業的就業人口，已居各行業中的第二位，八十一年就業人口男性有 424,363 人，女性有 74,519 人，合計達 498,882 人，如果再加上經營、企劃、銷售、仲介等就業人口，總數當在 52 萬人以上。

住宅的興建需要不同的技術和材料，以建造個人或家庭生活寓所。建造單一家庭住宅，適於低人口密度地區，建築商所推出的集合住宅，主要限於人口集中的都市及其附近地區。因為都市裏寸土寸金，空間有限，為了擴大使用空間，必須向空中發展以求得更大的使用價值。此種機能與區位特徵，同時也應用於商業大廈、行政大廈與製造業大廈的建造。

三、交通建設營造類

　　由於經濟不斷成長與發展的結果，交通建設成爲各國政府從事國家建設的首要工作。因爲交通是國家經濟的命脈，欲求國家「人盡其才，地盡其利，物盡其用，貨暢其流」。非發展交通建設不可。

　　交通建設的營造，雖與人口的高度集中並不相關，但均爲連結二個或兩個以上的人口密集中心。例如高速公路、鐵路、運河之修築。也有時在人口密集區附近，如機場的修建，港口的開闢等。

　　由於營造業與國家經濟發展的等級關係密切，因此，營造業的地理分布與製造業完全吻合。如以從事該項職業的人數作爲衡量指標，則營造業主要分布於北美洲、歐洲、澳洲以及亞洲的日本、中華民國、韓國、香港和新加坡。在世界上許多國家中，營造業工人數目占全國工人總數 10% 以上。如義大利、德國、荷蘭等國。

四、世界營造業類型

　　營造業之所以稱之爲「工業」，以其與製造業類同，同是以材料經過製造過程而變爲產品。營造業所使用的材料較之任何工業爲多，主要材料則爲砂石、水泥、鋼架或鋼筋、鋁材、磚瓦、衛浴、木材、五金、塑膠、玻璃、電氣及各類織品等，因此，營造業蓬勃發展，可以帶動許多相關工業同時蓬勃發展，尤其是建材工業、紡織工業、室內裝潢及設計等服務業，也同享其繁榮的果實。

　　營造業涉及服務業，故與都市關係至爲密切。這項經濟活動大部分在人口稠密的地區或主要交通線附近，以便服務衆多的人口，在國民所得較多及經濟成長率較高的我國臺灣地區的人口統計資料顯示，經濟活動人口爲九百零四十五萬人，從事營造業人口爲一百萬人，約爲

9%，較往年略有上升，這並不表示營造業景氣緩慢，乃是因為營造業工作較為辛苦，離職率上升，缺乏大量建築工人，因此，臺灣地區最感缺乏的勞工，就數營造業工人了。各公司都大歎工人難找，許多工程均大量引進外勞。

（一）西歐各國中，營造業就業人口比例最高的是荷蘭。荷蘭為一工、商、農、牧極為發達的國家，為了適應其日益增加的人口（荷蘭面積四萬一千方公里，比臺灣稍大，人口 1,506 萬），除了藉助工業化和都市化發展之外，尚藉助於土地開發計畫，特別是萊因河三角洲與須德海地區，要全力與海爭地才能因應日益增加的人口壓力，故須進行大規模的填海工程，全國有25%的土地低於海平面以下，這些填海而成的「圩田」（Polders），都是由營造業者利用高度的技術，使滄海化為桑田，也給荷蘭帶來經濟發展空間。

（二）營造業在非洲、拉丁美洲及亞洲大陸及南亞各半島較不發達。原因是這一帶國家經濟成長緩慢，以中國大陸而言，到最近幾年才有部分的經濟成就，才在各大城市中看到較為新穎的建築物，交通建設仍待大力改進，營造業發展程度尚待更求精進。

西亞地區卻是一個例外，由於盛產石油，許多國家都變得十分富有，如科威特、沙烏地阿拉伯等國，這些國家把石油所賺來的錢，從事本國的基本建設工作，如修建公路、機場、國宅、學校、醫院等公共建設，大部分利用本國資金、外國的材料和技術，正加速其國家的現代化。

非洲是個在營造業方面相當有潛力的地區，新興國家都在從事各項公共建設，若干年之後，非洲各國都市不再是落後的象徵，尤其是南非共和國，在營造業所表現的活力，幾乎與歐美國家相提並論。拉丁美洲也有幾個國家的營造業正蓬勃發展，巴西、委內瑞拉、智利和

阿根廷，在開發中的國家是進步最快的。特別是巴西，新都 —— 巴西里亞的建設完成，將爲人類歷史上寫下「從無到有」—— 從一片荒漠高原變爲國際都市的光榮紀錄。

五、世界營造業發展趨勢

（一）營造業成長快速：隨著經濟的快速成長，營造業地位愈來愈重要，卽使遭遇經濟不景氣，而營造業仍能維持成長，這不能不說營造業在人類各種生產活動中最具活力的一途。卽使個人投資減少，而政府公共投資卻要大幅增加以穩定經濟頹勢，這也是營造業較爲活潑的原因之一。

（二）營造業投資穩固：由於人口的自然增加與工商業的需要，房屋和土地的需要量始終存在，一般投資大衆在工商投資猶豫時刻，卻對營造業的投資更爲活絡。房地產被認爲是一項最穩固的投資，使營造業不致蕭條過甚。世界各國房地價格漲多跌少，這股力量支持營造業不致乏人問津。

（三）營造業將走向國際化：由於營造業已納入國家生產事業的一環，過去小規模的營造方式將逐漸淘汰，特別是大型工程，開國際標乃成爲必然趨勢，現在歐美許多大都市的建築物，由國外人設計營造的比比皆是，如加拿大多倫多市政大廈，卽係荷蘭工程師的傑作。

（四）營造業要不斷求進步以滿足消費者的需要：營造業也和其他各種工業一樣，要不斷的進步才能生存下去。現代建築物的設計與施工方法必須與日俱進，所謂智慧型大廈已經成爲時髦的產品，新建

材亦不斷推出，可供建築業者更能表現出其傑出的設計，使大地上出現更多更美的建築物。

（五）預鑄式建築物將更爲流行： 單一住宅和集合住宅的標準化，不僅可以節省營造時間，並可降低生產成本，增加營造數量，爲人類居住提供更便捷的服務。

（六）營造業的各組羣會出現其特殊的區位趨勢：單一住宅的建築物的分布日益零散，集合式住宅及大廈趨向於較大都市中心區的昂貴土地地區。商業大樓仍繼續在中樞區出現，舊有的樓房將爲新大樓所取代，市中心區的拆屋蓋廈，將一直延續下去，建築物將更高更貴。

（七）營造業亦需要政府的大力支持： 目前，各工業先進國，對於營造業均作某種程度的支持，才能在國際標競爭上取得優勢，這些支持有些是財務的，有些是優惠的。一支龐大的營造業隊伍，頻頻在國際標上大有斬獲，難道不是國家力量的顯現？

第二節　鋼鐵工業

一、鋼鐵工業的重要性

鋼鐵工業是現代工業的基礎，是工業中的工業。由鐵砂冶煉而成的鐵，叫做生鐵，又稱銑鐵（Pig iron）。銑鐵再經過冶煉，使之更爲

強靱，稱爲鋼鐵，簡稱爲鋼 (Steel)，鋼是建立現代文明的主要基礎。無論是平時或戰時，都不能缺少鋼鐵。事實上我們是生活在「鋼鐵時代」中，鋼鐵是一切工業的基礎，也是生活上不可缺少的原料，我們所用的工具，十之八九是鋼鐵所製造，我們所住的房屋，鋼筋、鋼架是主要建築材料。我們所乘坐的交通工具以及鐵路、鋼軌、橋樑，也是以鋼鐵爲建材，工業用的機械，鋼鐵是主要材料。有人說：「沒有鋼鐵就沒有現代文明。」這話並不爲過。現代一個國家的興衰，不是看它的糧食產量多寡；而是看它鋼鐵的生產量和消耗量。鋼鐵產量大，工業必盛；產量少，工業衰弱。鋼鐵消耗量的多寡，亦可象徵國力的強弱。

二、鋼鐵的冶煉

鋼鐵的基本原料爲鐵礦砂，鐵礦砂在鼓風爐中冶煉卽成生鐵。生鐵性脆，適於鑄造各種用具，也是煉鐵的主要原料。生鐵含有各種雜質，工業上殊少價值，故需再經過處理以製成鑄鐵、鍛鐵和鋼。

鑄鐵 (Cast iron) 是由生鐵再熔化，並將它注入需要的鑄型而製成。鑄鐵易碎而經不起震動，故用途甚爲有限，必須再經過一次冶煉，成爲鍛鐵 (Wrought iron)，軟而富展性，可以錘擊而變形，它經得起震動，故用於鋼纜、鐵絲、車鉤及一般鐵質工具製造。在工業上，鍛鐵仍不失爲上好的鋼鐵材料。

生鐵、鑄鐵、鍛鐵或廢鐵，再經冶煉，去其雜質，而成鋼，鋼比鐵更具優點，強度、硬度、靱性和亮度，均較鐵更勝一籌。

三、鋼鐵工業的區位因素

　　鋼鐵工業包括煉鐵和煉鋼，都需要鼓風爐、原料和燃料，包括鐵砂、焦炭、石灰石、廢鐵等。普通一噸半煙煤，可煉一噸焦煤，二噸焦煤二噸鐵砂（以含鐵量 50％計）可冶煉一噸的鋼鐵。換言之，即三噸煙煤、二噸鐵砂才有一噸鋼鐵。因此，原料和燃料因素是鋼鐵工業區位因素中列爲優先考慮。其次爲市場與勞工因素和水的供應。例如美國的鋼鐵業中心 ── 布法羅（Buffalo）和匹茲堡（Pittsburgh）都位於阿帕拉契山煤田區。鋼鐵工業位於鐵砂產區更是不勝枚舉，如我國鞍山、美國的杜魯司（Duluth）等是。

　　理想的鋼鐵工業區位是既接近煤鐵產區，又接近市場，供水又無問題。我國的遼寧鋼鐵工業區，美國大湖區鋼鐵工業以及歐洲的魯爾、薩爾等，都是理想的工業區位。

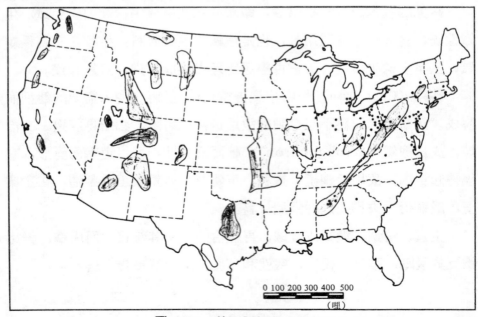

0 100 200 300 400 500

（哩）

圖 1401　美國製鋼業與煤田的分布

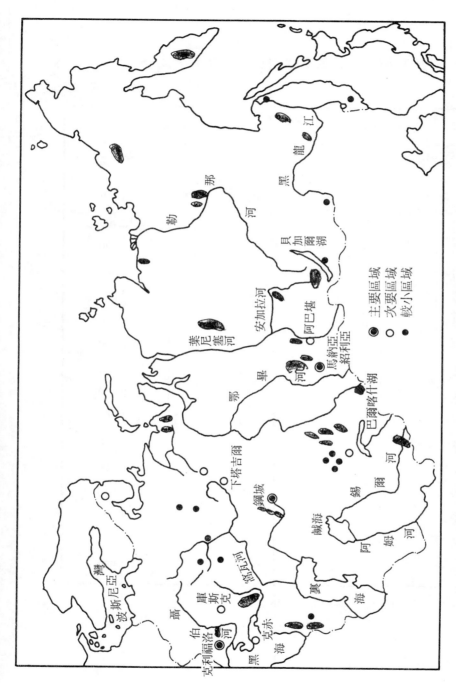

圖 1402　獨立國協（原蘇俄）鐵礦及製鋼城市與煤田分布

主要鐵礦（大圓中有黑點）有三：㈠克利福洛。㈡鋼城。㈢哥納亞紹利亞。此外，小圓是次要產地。小黑點是更小的產地。蘇俄鐵礦分布最大缺點：距焦炭產地大遠；距市場也大遠。

表 1401　世界主要粗鋼生產國及數量

單位: 萬公噸

生鐵 (1992)		粗鋼 (1991)	
國　家	產　量	國　家	產　量
前蘇聯	758	前蘇聯	15,500
中國大陸	651	日本	12,400
日本	618	美國	8,600
美國	342	中國大陸	7,600
德國	250	德國	4,800
南韓	162	義大利	2,850
法國	118	南韓	2,700
印度	102	巴西	2,300
英國	101	法國	2,150
捷克	72	英國	1,900
加拿大	72	波蘭	1,870
比利時	71	加拿大	1,670
巴西	71	捷克	1,650
波蘭	54	西班牙	1,320
澳洲	53	比利時	1,230
西班牙	50	南非	950

資料來源: Commodity yearbook 1994, p.142.

四、世界鋼鐵業生產

　　世界鋼鐵生產，依據國際鋼鐵協會統計，1987年世界鋼鐵消費量達 75,300 萬公噸，較前一年成長 3.5%。1988 年全球鋼鐵消費量達 76,000 萬公噸。主要供給國爲歐洲共同體國家及日本、韓國、巴西等國。

五、鋼鐵的國際貿易

　　世界鋼鐵的國際貿易量，約占全部鋼鐵生產的 1/10，日本、德國、比利時、盧森堡、法國是主要輸出國。1991 年，日本輸出量爲 900 萬公噸。約合 120 餘億美元，以輸出特殊鋼製品及合金鋼爲主。某些製品在美國已占了50%的市場，已引起了各國的重視，世界銑鐵主要輸出國爲美國、德國、義大利、英國、瑞典、比利時、盧森堡。銑鐵主要輸入國爲挪威、法國、日本、巴西、加拿大等國。

六、我國的鋼鐵工業

　　中國大陸鋼鐵工業發展相當迅速，鋼鐵產量已躍居世界第四位。中華民國臺灣地區鋼鐵工業成就亦十分輝煌，中鋼公司位於高雄臨海工業區內，投資超過 565 億臺幣，爲我國十大建設中最具成效者，1991 年中華民國生產生鐵 18,487 公噸，鋼錠 3,072,514 公噸，棒鋼 5,930,580 公噸，線材 698,556 公噸，鋼板 889,475 公噸。

第三節　化學工業

一、化學工業的重要性

物質由原子所組成，分解物質使原子重新組合，使之成爲有用的物質，是化學工業的主要任務。例如：空氣、煤、石油、鹽、硫磺、木材、大豆、玉米桿、蔗渣、稻草等，都可以通過化學的方法，合成新的物質。化學工業眞正是化腐朽爲神奇，把許多並不惹眼甚至跡近廢物的原料，做出精美的化工產品來，尤其是被視爲化工業的寵兒的石化工業，更是出神入化，爲人類製造出難以數計的產品。

最早發展化學工業是我國，道家的煉鉛燒汞卽是化工業的一種。等到東漢，蔡倫用樹皮、麻頭、敝布、魚網造紙，是爲世界上最早的造紙術，只可惜後代國人未能積極研究改進，而今日我國造紙術反而落在西方國家之後。幸而近十年來，國人迎頭趕上歐美國家，才能有所起色。

二、化學工業的特性

化學不同於一般工業，它至少有下列五項特性：

（一）原料只需少數幾種：化學工業所使用的原料種類不多。例如美國生產的一百五十幾種化學產品中，只需要水、空氣、煤、硫磺、鹽和石灰六種主要原料。石油化學工業的中、下游工業產品何只千萬種，而基本原料則爲石油或天然氣。造紙工業主要原料僅爲木

材，其他各種化學工業，所需要的原料都比非化學工業爲少。

　　（二）產品種類繁多：化學工業具有改變商品實際結構的能力，它經常可從某些天然原料中或從天然原料所製成的初級原料，獲得各種不同的新產品。例如：石油化學工業，對於石油中所含氫與碳的比例，可藉氫化作用增加，使重油變爲輕油；又可藉聚化作用而減少含氫的比例，使輕油變爲重油。化學工業產品數量和種類著實驚人，三十年前不超過 15,000 種，而今至少在五萬種以上。

　　（三）研究部門龐大：化學工業的改變，較其他工業快速，新方法、新產品不斷問世，爲了使化學工業能在日新月異中的變動中保持領先，必須設立龐大的研究部門，吸收大量的專業人員、化學工程師等，專心研究發展新產品，以適應市場的需要。

　　（四）生產過程自動化：化學工業在製造過程中，多數都經過形態的改變，氣體、液體或固體，經過必要的程序，因需要而改變形態。自動化對於溫度、溼度、密度和氣體的調節、原料的波動、物質的混合和化學反應的時間控制，都有極大的重要性。化學工業十之八九都經過流體物質的處理程序，在這類繁雜的處理程序中，儀器操作要比機械操作爲多，而且多半爲自動。新式的設備，幾乎全爲電腦控制，而機械和設備的更新率，較其他工業比例大。

　　（五）環境污染是隱憂：化學工業如果對於廢氣、污水處理不當，最會造成環境污染。臺灣地區不斷發生地方人士與化工廠發生對抗，即係環境污染所引起。高雄後勁反五輕，桃園觀音反六輕，新竹李長榮化工事件，高雄縣林園事件等，即是最明顯的例子。

三、化學工業的區位選擇

化學工業性質各有不同，需要的地理條件也彼此不同。一般而

言；原料和市場因素列爲第一考慮。如果原料係由國外進口，市場因素即居於主導地位。在接近市場而又交通便利之地，選擇地勢平坦、地價低廉、地勢較高從無淹水紀錄，空氣甚少雜質，有充分的淡水供應，水中氯化物含量低、電力、勞工供應不缺，稅率又不能太高，有足夠的空間可以處理污水廢氣，得到社區居民的合作等都是基本要件。

四、化學工業的分類

化學工業可分爲兩大類：即重化學工業和化學產品工業。重化學工業包括石油化學工業，以石油和天然氣爲基礎，以生產各種基本原料爲主；基本化學工業，以鹽、煤、硫磺等爲基礎，生產各種酸類和鹼類。化學產品工業，即利用重化學工業所生產的原料，再經過不同的處理程序，生產人類生活所需要的成品或半成品。如玻璃、陶瓷、衛生用品、肥料、染料、合成纖維、合成樹脂、製藥、造紙、化粧品、塑膠、輪胎、P. E 製品等種類繁多，特別是塑膠工業，幾乎可以用塑膠製造大部分用品。

五、主要生產國家

化學工業的主要生產國家，包括美國、西德、日本、蘇俄、荷蘭、義大利、法國、比利時等國。化學工業可以用石化工業爲代表，凡是可以生產石化原料的國家，化學工業都很發達，如果石化原料全賴進口，化學工業可能還在起步階段。

表 1402　世界主要塑膠原料生產國及數量 (1992)

單位：千公噸

塑膠原料		合成纖維		人造纖維	
國家	產量	國家	產量	國家	產量
美國	16,730	美國	3,430	前蘇聯	555
德國	8,886	中華民國	1,625	日本	286
日本	7,334	日本	1,430	美國	238
前蘇聯	5,500	中國大陸	1,308	中國大陸	200
法國	3,050	南韓	1,288	德國	198
比利時	2,770	德國	1,000	印度	186
義大利	2,662	前蘇聯	976	中華民國	166
荷蘭	2,500	義大利	565	英國	104
英國	1,850	印度	385	義大利	26
中華民國	1,164	墨西哥	380	西班牙	24
捷克	1,140	土耳其	320	波蘭	20
中國大陸	896	西班牙	256	法國	12
澳洲	776	英國	250		
波蘭	631	巴西	221		
奧地利	590	法國	121		
匈牙利	415	波蘭	96		

資料來源：Commodity yearbook 1994, p.197.

本　章　摘　要

1. 營造工業分二大類：即房屋建造類與交通建設類。

2. 房屋營造業：又分為單一住宅與集合住宅。人少地多，多單一

住宅；地少人多，多集合住宅。

3. 交通建設類：交通為經濟之動脈，亦為國家重大建設之一。

4. 世界營造業類型：營造業為火車頭工業，可以帶動各行各業。

(1) 西歐各國中荷蘭一枝獨秀。

(2) 第三世界仍然落後。

5. 世界營造業發展趨勢：

(1) 成長快速。

(2) 投資穩固。

(3) 趨向國際化。

(4) 推陳出新。

(5) 預鑄流行。

(6) 單集分別發展。

(7) 政府大力支持。

6. 鋼鐵工業的重要性：鋼鐵工業為工業之母，現代文明的基石。
鋼鐵生產及消耗量的多寡，象徵國力強弱。

7. 鋼鐵的冶煉：礦砂→生鐵→鑄鐵→鍛鐵（鋼）

8. 鋼鐵工業的區位因素：原料和燃料列第一考慮。其次為市場及
勞工。理想的工業區位是二者兼具。

9. 世界主要粗鋼生產國家及地區：俄國、日本、美國、德國、中
國大陸、義大利、法國、南韓、巴西、英國、中華民國。

10. 世界鋼鐵的國際貿易：主要輸出國：美、德、義、英、瑞、
比、盧。主要輸入國為：挪、法、日、巴西、加。

11. 我國鋼鐵工業：中國大陸年產量 7,600 萬公噸，居世界第四，
中華民國年產量 450 萬公噸。

12. 化學工業的重要性：化腐朽為神奇，化無用為有用，化原料為
數不盡的成品以造福人類。

13. 化學工業的特性：原料少，產品多，研究陣容大，生產自動化，容易污染環境。

14. 化學工業區位選擇：市場、交通、自然、動力、勞工、稅率、水源與居民合作。

15. 化學工業分類：

　　(1) 重化工業包括石油化學和基本化學工業。

　　(2) 化學產品工業，包括一般化工業。

16. 化工業主要生產國家：美國、西歐各國、俄國、日本、韓國、中華民國、新加坡、香港等。

習　　題

一、填充：

1. 營造工業在基本上可分二大類，即：＿＿＿＿、＿＿＿＿。

2. 世界各國營造業所以蓬勃發展，主要因素是：＿＿＿＿、以及＿＿＿＿。

3. 世界營造業發展趨勢有：＿＿＿＿、＿＿＿＿、＿＿＿＿、＿＿＿＿、＿＿＿＿、＿＿＿＿。

4. 由鐵砂冶煉而成的是＿＿＿＿；由生鐵再熔化的叫＿＿＿＿；再次冶煉而成＿＿＿＿，再去雜質而成＿＿＿＿。

5. 世界主要粗鋼生產國是：＿＿＿＿、＿＿＿＿、＿＿＿＿、＿＿＿＿。

6. 世界主要生鐵生產國是：＿＿＿＿、＿＿＿＿、＿＿＿＿、＿＿＿＿。

7. 最能化腐朽為神奇的是＿＿＿＿工業，其與我國古代的＿＿＿＿煉丹術有一定關聯。

8. 化學工業有五項特性：即＿＿＿＿、＿＿＿＿、＿＿＿＿、

　　　　_____。

　　9．化學工業分為二大類：即_____、_____。

　　10．世界主要化工國家為：_____、_____、_____、_____、
　　　　_____。

二、選擇：

（　）1．目前我國何種工業的勞工最缺乏？ (1)營造工業　(2)服務
　　　　業　(3)旅遊業。

（　）2．世界填海造陸馳名全球的是：(1)美國　(2)日本　(3)荷
　　　　蘭。

（　）3．巴西新都—巴西里亞，基本上是成功還是失敗？ (1)成功
　　　　(2)失敗　(3)很難說。

（　）4．臺塑六輕在雲林麥寮設廠，而六輕是：(1)化學工業　(2)
　　　　製材工業　(3)電子工業。

三、問答：

1．營造業可分為那兩大類？各類又包含那些營建事項？

2．房屋營造業又分為那二種？各與地理環境有何關係？

3．營造業為何又稱之為火車頭工業？ 世界各地營造業之現況若
　　何？

4．世界營造業之發展趨勢若何？

5．鋼鐵工業有何重要性？其冶煉過程若何？

6．鋼鐵工業的區位因素若何？

7．世界主要粗鋼生產國家有那些？其國際貿易情況若何？

8．我國鋼鐵工業之條件若何？以大陸和臺灣分述之。

9．化學工業有何重要性？其特性若何？

10．化學工業區位選擇，以那些因素居優先考慮？

11．化學工業如何分類？世界上有那些國家化工業甚為發達？

第四章　工　業（二）

第一節　電機及電子工業

一、電機工業

（一）電機工業的重要性

電機工業主要是生產發電機及電動機及其他電氣用具的工業，而發電機是電力的主要來源，電動機則是一切工業動力的來源，沒有電力就沒有現代文明，沒有動力，則一切工業和交通工具都動彈不得，全球經濟會進入黑暗時代。

（二）電機工業的分類

電機工業簡分為三大類：

1. 發電機工業：以生產各種類型的發電機為主，大至核能電廠所用的發電機，小至自行車上使用的摩電機，二者所產生的能量有極大差別，但是所應用的原理則是一樣。在物理學中，我們習知機械能（Mechanical energy）有位能（Potential energy）與動能（Kinetic energy）之分，凡具有位能與動能之物體，可以對其他物體作功

(Work)。發電機卽利用這項原理產生電力。

　　2. 電動機工業：電動機卽普通所稱之馬達（Motors），是利用電能轉變爲機械能以產生動力，帶動輪帶，促成機器運轉。在所有的工業產品中，使用電動機的不知凡幾？只要它需要動力，幾乎都離不開馬達。而電機工業與電氣工業互爲表裏，電機工業同時也是電器工業，如東元電機、中興電機，事實上是以生產電機爲主的電氣工業。

　　3. 變壓器及其他電氣組件：電力之輸送會有損失，需要依賴變壓器增強電力，電力有時需要轉換，亦需依賴變壓器，因之，變壓器之應用在整個電氣工業上數量甚大，故需大量製造以應需要。在電氣工業中還需要其他組件，如電容器、電力表、電阻器、電流計、電壓計……等，亦爲電機工業的產品之一。

　　（三）電機工業的區位選擇

　　除了重電機之外，其他電機均爲輕工業的一種，其工業區位以市場因素作首先考慮，其次爲勞工因素、交通因素等等。由於電機需絕對乾燥，工業區位以地勢高亢從不淹水之地爲佳。故人口密集之大都會及其附近，電機工廠從不排斥。反而因接近市場和勞工，減少生產成本，增加競爭能力。

　　世界著名的電機工業，以美國的通用（GE）、西屋（Westing-house）、惠而浦（Whirlpool）、將軍（General）以及荷蘭的菲力浦（Philip）、日本的松下（National）、新力（Sony）最爲有名。我國的電機工業以大同公司爲最早，其次如中興、東元、國際、聲寶、三洋……等亦分佔國內外不少市場。

　　由於電機工業並非技術密集工業，稍有工業基礎的國家都有自己的電機工業。唯高品質的產品如核能電廠機組，則非國際著名之大公司莫屬。

二、電子工業

（一）電子工業概述

電子工業在近數十年來突飛猛進，進步速度之快遠超過任何一種工業。最新科技的產品中，幾乎沒有一樣不與電子工業有關。

電子爲構成原子的粒子之一，是在原子核周圍繞飛著的代表性粒子的一種。1897 年英國物理學家湯姆遜（Thomason）做眞空放電研究時，當作陰極線（電子的流動）所發現的。此後，研究和處理電子在眞空、氣體、或固體中活動的學問，即是電子學。1906 年，美國物理學家德佛瑞斯特（De Forest）發明熱電子管是三極眞空管，可以放大交流電力，也能夠以高頻率振盪。由於熱電子管的發明，在長距離電話、無線電通訊、無線電廣播的範圍中，發生顯著的發展。並且由於兩次世界大戰，熱電子管的需要量急速增加，因而大量生產，尤其是四極眞空管和五極眞空管出現後，更促進短波通訊的發達。而且除熱電子管以外，利用稀薄氣體的放電現象，產生出霓虹燈和螢光燈。利用金屬的光電效應的光電管，使得電視播放成爲可能。1948 年美國科學家貝爾研究發明由鍺和矽等半導體所製成電晶體，和眞空管一樣具有放大、振盪、發信、整流、調製等作用，而且比眞空管的體積小，其性質更爲良好。以電晶體收音機爲首，使各種電子機器小型化，而進入半導體的全盛時代。今日電子工業以充分開發宇宙作爲最高目標，被利用於製造飛彈等兵器、生產工程的管理和控制上，以及在家庭中所使用電器製品，在所有的範疇中都加以利用。尤其是超小型和超大型積體電路 IC 的發展，使電子計算機爲主的各種計量機、交換機體型更小，性能更高。電子學的成就開啟了資訊時代的大

門，有人稱之爲另一次工業革命。

（二）電子工業的區位選擇

電子工業可分爲一般電子工業和精密電子工業，一般電子工業則以生產初級電子產品，如電子錶、電算機、電子遊樂器、電子家電產品等。此與電機工業並無二致，工業區位以就市場、勞工、交通及稅賦等因素爲主。唯精密電子工業則以生產電腦、顯示器、電腦零組件，以及用於軍事用途各種電腦、電子組件。這些高科技產品，則需要更佳的工業區位條件，如安靜、清潔、晴朗、電壓穩定、高技術人力、高資本密集、高品質企管等。則以專業區爲最佳。如美國北加州的矽谷，臺灣的新竹科學園區，就是以生產高科技電子產品爲主的工業區。

（三）世界重要電子工業國家

世界電子工業，以美國最爲發達，其次是日本、德國、英國、法國、義大利。我國排名第七，新加坡第八。韓國排名十一，香港第十三。

在電子工業中的資訊硬體方面，我國有七項世界第一，包括電腦終端機、電腦監視器、個人電腦電路板、電腦影像掃描機、衛星電視低電訊放大器、電子計算機、電話機等。全球40％的電腦終端機由臺灣製造，民國80年出口3,366萬臺電子計算機。

第二節　紡織工業

一、紡織工業的重要性

食、衣、住、行被稱爲人類的四大需要，衣著、寢具、室內布置

等，無一不用到紡織品。世界各國無不追求經濟開發，而經濟成長愈快速，則紡織品的消費量愈大。今日，一般人穿衣不僅爲了禦寒、蔽體，追求美觀、流行、新奇，更刺激了人們對紡織品的消費。

二、紡織品的種類

紡織工業如依使用原料來分，可分爲棉紡織工業、毛紡織工業、麻紡織工業、絲織工業、人造纖維與合成纖維。由於人口不斷增加，生活水準不斷提高、消費紡織品的數量亦繼續增加之中。

羊毛和亞麻是人類最早使用的生物纖維。古埃及人在六千年以前就知道製造毛織品和亞麻織品。我國是世界上最早使用絲織品及棉織品的國家。大約在五千年以前或者更早，知道養蠶取絲及種植棉花。至漢代民間普遍穿用棉布。早期的印度人也生產棉織品，直至十九世紀之後，印度棉織品曾居優勢地位。就衣料的生產數量而言，棉紡織仍爲重要工業。然而，合成纖維在本世紀的紡織工業中，一直呈現快速的成長。

三、紡織業的地理分布

世界紡織工業可分爲四大區，依據 1988 年統計資料顯示，以歐洲居第一，占全球紡織工業 33%，其中以英國、義大利、法國、德國爲主。其次是美國，占全球 27%，俄國第三，占 15%，遠東第四，占 14%，以日本、印度、韓國、中華民國、香港、新加坡爲主，其他地區占全球 11%。自第二次世界大戰結束以來，世界開發中國家亦紛紛建立自己的輕工業，紡織工業幾乎是工業的起步，因此，紡織工業的地理分布將有大幅的改變。

在原料方面，歐洲和日本紡織工業所需的羊毛和棉花，大部分依賴進口，美國所需的羊毛及一部分棉花也靠進口，但也有大批的棉花輸往歐洲及遠東地區。俄國是唯一無需進口紡織原料的國家，俄國的紡織品也很少在國際市場上銷售。

世界上最大的紡織品市場是美國，東亞區的紡織品，尤其是中、日、韓三國及香港地區的紡織品，主要銷售對象為美國。而美國的紡織品也有 15％ 外銷。歐洲是世界紡織品最大的供應地，輸出仍占全球輸出量 50％，遠東占 35％。歐洲以毛織品輸出最多，占全球 90％ 以上。遠東區則以棉織品為最多，毛織品亦在增加之中。

四、紡織業的工業區位

紡織業對於區位選擇較為注重市場因素，由於紡織工業失重率小，不必遷就原料產地，同時布匹的運送價格比原料為高，將工廠設在市場附近較為合宜。布匹市場以服裝業及都市的布商為主，所以人口密集的大都市及其附近地區，是紡織業最理想的區位。

人工因素亦應注意，由於紡織業所需勞工較多，故勞工是否來源充足？工資是否低廉？應作充份考慮。其次是氣候因素，紡織業不同於其他工業，需要在適合的氣候條件下，才有高品質的紡織品。英國是世界上高品質紡織品出產的國家，主要原因除了資格最老、技術一流之外，英國的氣候特性——溫暖溼潤有關。英國本寧山脈西麓，氣候溼潤，溫差較小，可以紡織極細的棉紗，故棉紡業發達；本寧山東麓，氣候較為乾燥，適合於毛紡織，因之，毛紡業發達。臺灣紡織工業得以充分發展，氣候也幫了大忙，蓋臺灣北部溼潤，有利於棉紡織，南部較為乾燥有利於毛紡，此與英國極為類似，因之，臺灣的紡

織品可與英國媲美。

　　早期的紡織工業區位，動力因素甚為重要，如英國的棉紡織工業最初集中本寧山西部的曼徹斯特（Manchester），毛紡織則集中於本寧山東麓的約克夏（Yorkshire），最初即依賴本寧山的水力，後來又依賴附近的煤田供應動力。

五、棉紡織與毛紡織

（一）棉紡織工業

　　儘管化纖如何氾濫，人們對於棉織品仍然偏愛，原因是棉織品柔軟、吸汗、價廉物美。開發中國家，如果想要發展工業，也多數由棉紡織業開始，其原因有五：①開發中國家資金多不充裕，棉紡織機器設備，不需太大資金。②棉紡織不是技術密集工業，勞工亦非技術勞工。③開發中國家本身即是良好的市場。④勞工易求，工資低廉，成本降低有更大的競爭力。⑤棉紡業能吸收眾多勞工，有助於解決失業問題。

　　棉紡織工業包含三個部分，第一部分為紡紗廠，將棉紡成細紗。第二部分為織布廠，將棉紗織成各式各樣的棉布。第三部分為染整廠，又稱加工廠，將原色棉布加以漂白、印花、整理，有時先將棉紗加以整染，以供織布之用。

　　世界重要的棉紡織業中心，有英國的蘭開夏（Lancashire），曼徹斯特即位於本區，是世界上最大的棉紡織工業都市。附近的利物浦，是世界最大的棉花進口港。美國的棉織業中心有二：一為舊區，包括羅得島、康涅狄格、麻州及新罕布夏。一為新區，位於阿帕拉契山東麓。查洛特（Charlotte）、安德遜（Anderson）、奧古斯特

(Augusta)、 亞特蘭大 （Atlanta） 都是重要棉紡都市。 日本棉紡業集中於大阪地區，印度則集中於孟買地區。中國大陸則以上海及其附近地區最爲發達。

（二）毛紡織工業

用羊毛織成毛呢，是古老的手工業之一，羊毛長而堅韌，紡成毛線，製成毛呢衣料，保暖平整，爲人們所喜愛。然而大規模的毛紡織興起晚於棉紡織。英、美、法、德、日、義、俄，及中華民國都是當今世界毛紡織業發達的國家。英國爲毛紡業的先驅，以約克夏西賴定區（West Riding）最發達。以愛瑞（Aire）、喀爾德（Calder）、科恩（Coln）等地爲主。里茲（Leeds）是西賴定區最大的毛織品市場。俄國毛紡織工業以卡爾可夫（Kharkov）等地最發達。日本、法國、德國、義大利、波蘭、比利時、中華民國、香港等毛紡織工業均十分發達。

（三）麻紡織、絲織及化纖紡織工業

麻，作爲紡織原料歷史久遠。中國古代農村副業有績織紡麻，夏布爲我國農工階層最喜愛的衣料。而大規模的麻紡織業卻在歐洲。由愛爾蘭北部，通過比、法，直至歐俄，形成世界上麻織工業帶。北愛爾蘭的伯爾法斯特（Belfast）是著名麻織工業城，其次如法國的里耳（Lille），比利時的根特（Ghent），麻織工業亦甚有名。

絲織工業與生絲產地有密切關係，生絲以中、日、俄、義、法、韓等國最多，絲織工業亦以這些國家爲最發達。我國絲織工業以太湖流域的吳興、珠江流域的廣州、四川盆地的成都爲中心。日本絲織業集中於本州中部，以長野、山梨一帶最盛。義大利北部的波河平原產絲，以威尼斯爲絲織中心。法國則以里昂（Lyon）爲中心。

人造纖維工業爲新興的製織工業，曾經風行一時，近年以來，由

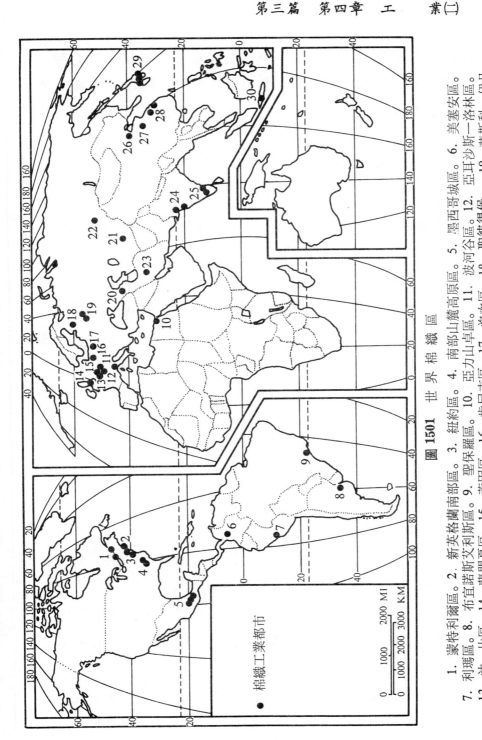

圖 1501　世　界　棉　織　區

1. 蒙特利爾區。2. 新英格蘭南部區。3. 紐約區。4. 南部山麓高原區。5. 墨西哥城區。6. 美塞安區。7. 利瑪區。8. 布宜諾斯艾利斯區。9. 聖保羅區。10. 亞力山卓區。11. 波河谷區。12. 亞耳沙斯—洛林區。13. 法—比區。14. 蘭開夏區。15. 萊因區。16. 肯尼支區。17. 洛次區。18. 聖彼得堡。19. 莫斯科—伊凡諾弗區。20. 哥利區。21. 塔什干區。22. 巴爾腦區。23. 伊斯巴罕平原區。24. 孟買區。25. 馬德拉斯區。26. 天津區。27. 濟南區。28. 上海區。29. 濟南區。30. 日本區。直葛區。

於消費者習慣改變，化學纖維製品不再受到靑睞。有欲振乏力之勢，主要是化纖製品缺點太多，人們又改用天然原料的紡織品，化纖工業品少數爲衣類服裝，主爲日常用品，如繩索、尼龍線及化纖麻袋等。

第三節　紙漿及造紙工業

紙漿和造紙工業爲化學工業之一種，以其重要性大於其他化工產品，故爲工業中重要的一環。

現代造紙的原料，主要是用木材，有時也使用其他纖維植物，唯用量不如木材之大。用木材造紙，是先將木材製爲紙漿(Wood pulp)，然後再用紙漿造紙。因此，可分爲紙漿工業和造紙工業兩種。有些國家生產大量的紙漿供應國際市場，同時也生產紙類以供輸出。一般而言，紙漿和造紙關係密切，不過，生產紙漿的國家一定生產紙，生產紙的國家，未必生產紙漿。因爲有些國家的造紙工業全然依賴進口紙漿。

一、紙漿工業

世界紙漿工業，大多數分布在高度工業化的國家，同時又富有軟木林 (Softwood forest)。世界紙漿生產以美國居第一位， 占全球紙漿生產總量的 44%，其次爲歐洲占 28%，加拿大占 22%，俄國占 3%， 日本占 2%， 但世界主要紙漿輸出國則爲瑞典、 芬蘭和加拿大，主要的輸入國爲英國、美國。

（一）紙漿的製造過程：木材製成紙漿，需要經過機械和化學程序。一般紙漿製法，是將軟質木材，如松、柏、杉等，送進機器中去

皮，再切成碎片，煮沸後加苛性鈉等化學藥品，將水質纖維分離，取得純質纖維以後，再放入機器中打成均勻的糊狀物，便成紙漿。將紙漿先壓成厚度一公分的紙漿板，然後打包裝箱才能外銷。如果紙漿廠與造紙廠同一系列，即可送入漿槽，經過各種造紙程序，做成各種紙張。

（二）紙漿工業的區位因素：　紙漿工業失重率甚高，　大部分紙漿廠設在原料產區。由於木材並非取之不盡，用之不竭，故伐木與造林必定等速進行。人工植林對於紙漿工業區位十分重要。其次，紙漿的製造過程需要大量清水，　因此，　紙漿工廠必須設在河川或湖泊附近，以便取得水源。同時河川和湖泊可以輸送大量木材，　河面或湖泊，還可以作為木材集中、分類、存儲之用。

紙漿工業需要大量電力，　所以適於設在水力發電豐富的河川附近，如果沿河又有軟質木材，必定成為紙漿工業的中心。

紙漿工業為高度水污染的工業，工廠所排出的廢水必須加以處理才可放流，否則造成河川或湖泊的嚴重污染，不符環保原則。紙漿工業多半遠離市區，　一方面是因為紙漿廠需要較大空間，　市區寸土寸金，難以有合適場地。加上市區地價高昂，不符經濟原則。

由以上各項區位條件來看，紙漿工業的所在地，自以美加之間五大湖區及西部太平洋沿岸，以及北歐的瑞典、芬蘭等地最為適宜，既有豐富的軟木林，又有便宜的電力，又有河川湖泊可資利用，難怪全球紙漿大部都來自這些區域。

二、造紙工業

世界上造紙工業與紙漿工業頗為類似。計美國占 50%，歐洲占 26

％，加拿大占 15％，蘇俄占 4 ％，日本占 3 ％。主要輸出國則是加拿
大，占全球紙張輸出 64％，北歐地區占 20％，輸入國以美國爲首，
英國次之，法國、義大利、西德又次之。美國有二億三千萬人口，消
耗全球 58％ 的紙張，其用紙之浪費可見一斑。

　　造紙工業的原料是用木材製成的紙漿、廢紙、廢布、竹材、麻
類、棉花、蔗渣、麥桿、玉米桿、稻草、鳳梨葉、蘆草等。高級紙張
用麻類纖維，如鈔票紙。白報紙則全用紙漿。厚紙類則多用廢紙，衞
生紙則用木材及棉花，書畫紙則用麻類棉花及竹材。造紙程序是將各
種原料，經過洗滌、浸泡、打漿、傾入長達數十丈的長形機器槽中，
加入化學原料，做成纖維均勻的流體紙漿，以滲水帶製成紙型，然後
去水，碾壓均勻，經過烘乾、壓紋、切邊，捲成紙筒。紙製品則由大
捲紙筒再加工製成。

　　造紙工業爲高度水污染工業，其區位選擇，有的偏向於原料，如白
報紙、包裝紙等。因爲運送白報紙較紙漿爲便宜，如北歐各國造紙工
業卽是。也有偏向於市場的，進口紙漿或利用廢紙爲原料的造紙廠，
運送紙漿與運送紙張差別不大，而市場附近也是廢紙的主要來源，就
地取材、就地生產、就地消費，最合經濟原則。

　　我國是世界上最早使用紙的民族，東漢時蔡倫卽發明造紙是世界
造紙的濫觴。只可惜未能及時改進技術。新式造紙技術反而來自歐
美。近年以來我國造紙業突飛猛進，各種高級紙類幾乎全可自製，紙
漿生產不足全省需要，需要由加拿大及北歐各國進口，高級紙類及部
分白報紙仍然有一部由加國進口。

表 1501　世界主要白報紙生產國及數量

單位: 千公噸

國　　家	1989	1990	1991	1992
加拿大	8,033	7,557	7,481	7,160
美國	4,603	5,000	5,172	5,510
日本	3,226	3,330	3,420	3,680
瑞典	1,808	1,890	1,645	1,765
前蘇聯	1,433	1,435	1,286	1,684
芬蘭	986	1,191	1,088	948
英國	750	752	762	768
中國大陸	323	333	370	449
澳洲	334	326	332	350
奧地利	213	277	319	345

資料來源: 聯合國統計月報 1994 年 六月份。

第四節　運輸工具工業

　　運輸工具包括汽車、火車、飛機、船舶等，是現代文明的代表事物。也是一個國家現代化與工業化的指標，高度工業化的國家無不擁有自己的汽車工業、火車工業、飛機工業及造船工業。並且有大量的產品可供出口。

一、汽車工業

汽車工業是工業化過程中一項必須走的途徑，除了少數幾個工業化國家沒有汽車工業之外（如瑞士、新加坡等），幾乎都有自己的汽車工業，而且，無不全力發展，希望在世界汽車市場上爭得一席之地。

（一）各國何以如此重視汽車工業，其理由不外下列數項：

1. 汽車工業有極大的綜合性：汽車工業可以帶動鋼鐵、電機、機械、化工、玻璃、塑膠、紡織、電纜、橡膠、石油……等工業發展。一部汽車，至少有三千至一萬個不同的零件併合而成，幾乎所有的工業產品都可以和汽車扯上關係。

2. 汽車在工業先進國家已成為世界性的商品：工業化國家最令人欽羨的事，就是能生產性能良好，外型美觀的汽車，並且向全世界推銷，成為世界性的商品，為國家賺取大量的外匯。而且一但打開了世界市場，還會源源不斷地銷售零件，是一種持續性購買的國際商品，如日本、美國、德國、英國、義大利、法國、瑞典等，已成為工業中的寵兒。美國的就業人口中，每四個人即有一人與汽車及相關工業有關。可見汽車工業在生產系統中，所占比重之大。

（二）汽車工業的區位選擇

汽車工業為高度技術密集的工業，汽車裝配則是勞力相當密集的工業。汽車製造包括引擎、零件、輪軸、底盤、車體等。汽車裝配則是把各種汽車零件，組合在一起。就連經濟甚為落後的國家，也可能有規模龐大的汽車裝配廠，如印尼、菲律賓都有龐大的汽車裝配廠。因此，汽車製造工業則仍集中於高度工業國家，而汽車裝配工業則逐漸分散到各地市場。唯各地情形有異，在海外設裝配廠仍有很多困

難，世界汽車工業仍以原廠製造較受消費者歡迎。

　　原料因素對於引擎和機件的製造影響甚大，因此，這類汽車組件的製造多半接近鋼鐵工業中心。如美國以底特律爲中心的三角形汽車工業區，就在美國鋼鐵工業附近。其他國家亦同。

　　人的因素亦甚重要，世界汽車工業城——底特律，固然該城地理區位本甚優越，更重要的原因是福特汽車公司的創始人——亨利福特（Henry Ford）是該城人士，於二十世紀初期即在其家鄉發展企業化生產方式。英國牛津東南的考列（Cowley），爲世界有名的摩利汽車公司（Morris Motors）所在地，即因其創辦人納菲爾（Lord Nufield）生於牛津，設廠於此而成了世界著名的汽車工業中心。

　　集聚作用在工業發展上亦甚重要，物以類聚的好處是容易僱到技術熟練的技師，也吸引其他工業及服務業。因此，世界許多大汽車廠，設廠地點都集中在同一區域。

　　㈢　世界汽車工業的地理分布

　　1. 美國：以底特律爲中心，東至布法羅，西至占斯維爾（Janesville），南至辛辛那提（Cincinnati）的三角地區。底特律爲全球最大的汽車工業城。俄亥俄、印第安那、紐約州和加州，也有汽車工業。美國三大汽車公司——通用（General Motors）、福特（Ford）、克萊斯勒（Chrysler）三家共占了 96%。

　　2. 日本：日本汽車工業集中於東京、橫濱和川崎。日本並在東南亞及中南美洲，投資建造了許多汽車裝配廠，大量推銷日本汽車。日本三大汽車公司——豐田、日產、三菱，占了日本汽車業的 80%。

　　3. 德國：汽車工業分布於西南部的法蘭克福（Frankfurt）、司徒加（Stuttgart）、曼海姆（Manheim）、烏爾姆（Ulm）、奧格斯堡（Augsburg）等地。德國的賓士、國民車（Volkswagen）均世界馳

名。

4. 其他國家：英國汽車工業則在密德蘭的柯芬特里(Coventry)、伯明罕至倫敦一帶。法國汽車工業中心在巴黎附近。義大利汽車工業則以杜林（Turin）為中心。俄國汽車工業則在莫斯科和高爾基(Gorky)，加拿大的汽車工業則在溫莎（Windsor）和多倫多(Toronto)。

我國汽車工業起步較晚，以裕隆公司成立最早，現有汽車製造公司七家：裕隆、福特、三富、三陽、中華、羽田、大發，年產小客車十九萬輛。

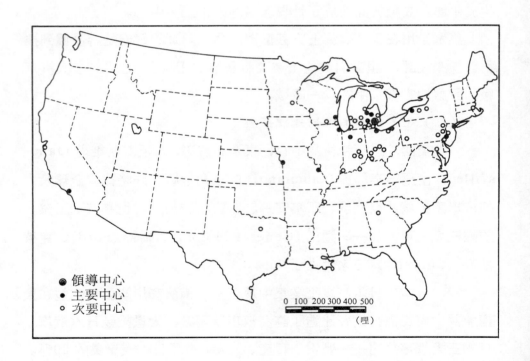

圖內大黑點是主要中心。中黑點是次要中心。圓圈是普通區。

圖 1502　美國汽車製造業

表 1502　世界主要汽車生產國及數量 (1992)

單位：千輛

國　　家	轎車	實用車輛
日本	9,899	3,560
美國	6,508	3,342
德國	4,656	382
法國	3,041	450
義大利	1,648	226
西班牙	1,634	324
英國	1,428	185
南韓	1,230	542
前蘇聯	995	760
加拿大	982	841
墨西哥	750	190
中華民國	410	74
巴西	288	752
瑞典	126	32
澳洲	106	10
波蘭	42	8

資料來源：World Automatic Forecast Report 1993 年二月份。

二、飛機工業

　　世界上沒有幾個國家有大規模的飛機工業，由於該項工業投資大、技術高、市場有限，非由政府支持不足以成事。故世界上主要飛機生產國都是有數的幾個富甲一方國家。毫無疑問的是美、俄二國領先各國，其他國家如英、法、德國、日本、瑞典、以色列、中共等也有生產。由於飛機工業關係戰略機密，各國生產量諱莫如深，故產量無正式統計數字公布。

　　(一) 世界主要飛機生產國

美國是世界上首要飛機生產國。其工業分布十分擴散，最大中心為洛杉磯，其次為紐約、西雅圖、聖地牙哥、維契托（Wichito）和哈特福（Hardfard）等二十餘處。公司三十餘家。最大的三家是波音（Boeing）、道格拉斯（Douglas）、洛克希德（Lockheed），這些公司製造了全球 70% 民航機。

俄國是世界上第二大飛機生產國，飛機工業區分布於高爾基、卡山（Kazan）、古比雪夫、莫斯科附近的新西伯利亞（New Sibiria）、托木斯克（Tomsk）、東西伯利亞的青年城（Komsoml'sk na-Amure）。英、法兩國飛機工業亦甚先進，英國生產的獵犬式戰機，法國生產的幻象式戰機，以及英法合作生產的協和式民航機、空中巴士，都有極高的評價。日本飛機工業一向十分進步，近年亦進行生產民航飛機。中共、以色列等，亦有能力生產高性能戰機，唯民航機生產則全賴美國。

近年我國亦全力發展工業，除與美國合作生產 F-5E 戰機外，並已獨自發展出 AT-3 教練機，準備大量生產。最近並發展出更高性能戰機，可以媲美美國的 F-16。國軍並可獨立生產軍用直昇機。

（二）飛機工業的區位選擇

飛機工業不同於其他工業，它不但高度的資本密集，更要高度的技術密集，也具有高度的國防效用。歐美各大飛機工業廠商，無不承造軍用飛機、火箭、飛彈，甚至太空艙。許多機種屬於高度國防機密，因此，設廠地點的安全因素特受考慮。蘇俄的飛機工業與火箭工業合為一體，都分布於內陸區域。美國的飛機生產廠商，經常業務是接受美國國防部委託，發展新式戰機。如美國空軍使用的 B-1 轟炸機卽係道格拉斯飛機公司所設計、生產。

由於飛機的價值極高，而使用的原料包括各種金屬，因此，不必

遷就原料因素，也不必遷就市場，因爲飛機的最大主顧是本國及外國政府，何況飛機本身可以飛航，只要價廉物美，甚至價貴物美，不必顧及距市場的遠近。

飛機工業與氣候因素關係重要，由於飛機的生產過程中要不斷地試飛，晴朗的天空是試飛的絕佳天氣。晴朗少雨的地區，飛機可以露天裝配、露天放置，節省廠房開支。因此，美國的飛機工業都集中西部太平洋沿岸，北由西雅圖、南至洛杉磯、聖地牙哥。英國的飛機工業集中於英格蘭東南部的朴茨茅斯（Portsmouth）。皆因上述各地少雨而晴天多，有利於飛機工業的發展。

飛機工業占地寬廣，除了廠房之外，尚有更大空間的機庫，零件倉庫、試飛場所，何況試飛的飛機，危險性本來就高，遠離人口密集中心較爲合適，否則，飛機因試飛墜入市區，其損失豈不更大。

三、造船工業

造船工業爲運輸工具工業中需要資金最大者之一，其技術密集程度高過汽車工業。過去擁有大批商船的國家，多半爲造船工業發達的國家，近十數年來，國際間「權宜船籍」大行其道，許多擁有商船船籍的國家，造船工業未必發達，如賴比瑞亞、巴拿馬、希臘三國，懸掛上列三國國旗的商船占全球三分之一以上，而這三個國家，只有希臘有造船能力。不過造船工業發展的國家，商船數目亦占多數，如日本、美國、英國、德國、荷蘭、俄國、挪威、南韓等。

（一）造船工業的區位選擇

造船工業茲事體大，非任何國家皆可發展，下列數項因素，列爲優先考慮。

1. 自然地理條件：第一，一定是臨海國家。第二，要有天然港口。港口是造船工業的首要條件，港口不但要港闊水深，還要終年不凍，沒有強風和綿長雨季，港口還要臨近平原地形。日本造船工業多集中於南部沿海，在地理條件上可謂得天獨厚。

2. 鋼鐵供應：造船工業所用鋼材最多，需要接近鋼鐵生產中心，在原料上方不虞匱乏。日本、英國、美國、南韓、德國、荷蘭以及我國都不例外。

3. 勞工因素：造船工業需要眾多勞工，勞工易求之地為優先考慮。工資是否低廉有關造船成本，因此，高工資國家的造船業均面臨競爭能力低下的窘境。我國中船公司亦面臨生死存亡的邊緣之上。

4. 政府的支持：由於造船工業是屬於高度資本及技術密集，沒有政府的支持，很難在競爭激烈的國際社會中生存。美國的造船工業，因與國防有關，不能任其倒閉，所以特由政府補貼。日本的造船工業，也由政府大力支持。我國中船公司，為國營事業，雖然虧損累累，仍勉力維持其生存。

（二）世界主要造船國家及其造船概況

自 1980 年以後，世界造船工業面臨生存困難的窘境，主要原因為航業不景氣已經連續了七年之久，一方面是因為貨源並未因世界經濟景氣而好轉，其次是航運成本日增，利潤減少，許多航商均緊縮開支，盡量不造新船，使各造船業者定單減少。以中船而言，新船下水寥寥無幾，修船反而成為主要業務。

世界主要造船國家，1987 年以後，有極大的變化，原先具有造船實力的國家如英國、美國、法國等，紛紛因連年虧損而減產，排名落在十名之後。1987 年世界新船完工量為 1,230 萬總噸，係 20 年來最低記錄，其中日本以 570 萬總噸居首位，其次是南韓 209 萬總噸，第

三名是南斯拉夫 35 萬總噸，我國中船公司以 34 萬總噸列居第四，第
五至第九名依次分別是德國、西班牙、義大利、波蘭、中國大陸。至
於新船訂單方面，截至1988年六月底止，南韓以 1,253 萬總噸居首，
日本以 993 萬總噸居次，南斯拉夫以 193 萬總噸排名第三，我國中船
公司以 150 萬總噸列第四，依次是巴西、中國大陸、西班牙、波蘭、
義大利、羅馬尼亞。

國際造船廠現況：

日　　本：縮減產能 50％，1986 年除三菱略有獲利外，其餘
　　　　　六大船廠均呈虧損。

韓　　國：近年來積極發展造船工業，目前產能僅次於日本，
　　　　　唯其營運亦呈虧損，但在政府造船立國之政策支持
　　　　　下，在市場上仍有強勁競爭力。

歐　　美：對一般商船建造已無競爭力，多賴政府補貼及建造
　　　　　海軍軍艦以維生存。

其他國家：南斯拉夫、波蘭及中國大陸近年來積極發展造船工
　　　　　業，成長迅速。

（三）我國造船工業概況

我國造船工業發展甚早，清代末年即在上海設立江南造船所、馬
尾造船所、大沽造船所。其他尚有廈門造船所，東北造船所等。可惜
經營未當，一直無世界地位。近年以來中國大陸大力發展造船工業，
在造艦方面小有成就。我中華民國自民國六十三年起成立中國造船公
司於高雄，為十大建設之一。各型船艦均有建造能力，唯船艦設計能
力，仍待急起直追。

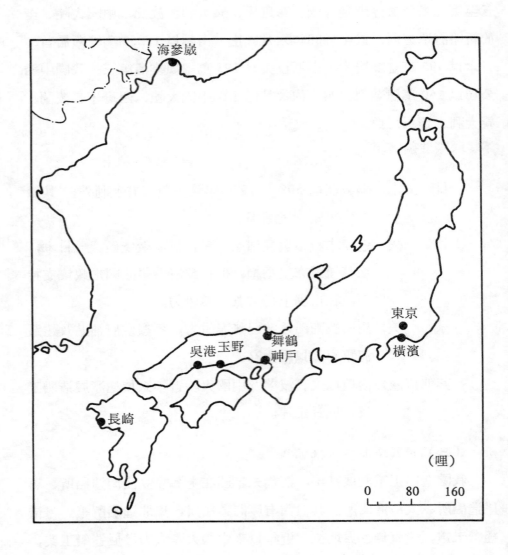

圖 1503 日本造船工業區

表 1503　世界主要造船國家及數量

單位：萬噸

國　　家	1970	1987	1991
日本	1,000	571	660
南韓	8	209	332
德國	162	34	92
英國	130	28	81
中華民國	11	34	58
中國大陸	―	29	49
南斯拉夫	31	35	47
丹麥	52	26	41
義大利	61	31	30

資料來源：1992 年 7 月 FAIRPLAY。

本　章　摘　要

1. 電機工業的重要性：發電機是電力的來源；電動機是動力的來源。電力和動力是現代文明的二大支柱。

2. 電機工業的分類：

   (1) 發電機工業。

   (2) 電動機（馬達）工業。

   (3) 變壓器及其他電氣組件工業。

3. 電機工業的區位選擇：市場因素為優先考慮，其次為勞工、交

通、地形等自然因素。

4. 世界著名電機工業：以美國的通用、西屋、惠而浦、將軍以及荷蘭的菲力浦、日本的松下、新力、日立、富士等最為有名。

5. 電子工業的重要性：由於電子工業的急速發展，使資訊時代來臨，在通信、音響、影像、電腦高科技方面產生另一次工業革命，根本改變了人類生活。

6. 世界主要電子工業國家：美國、日本、德國、英國、法國、義大利、中華民國、新加坡、俄國、韓國等。

7. 紡織工業的重要性：「衣」和「住」為人生四大需要中二種，在在需要紡織產品。在各種工業品中，使用紡織品者亦十分普遍。

8. 紡織品的種類：棉紡織、毛紡織、麻紡織、絲織及人造及合纖等六大類。

9. 紡織業的地理分布：分四大區——歐洲第一，英國為代表。其次為美國、俄國第三、遠東第四。

10. 紡織工業的區位選擇：市場、人工、氣候、動力居優先。

11. 棉紡織與毛紡織：棉紡柔軟、吸汗、價廉物美。最受歡迎。毛紡耐穿、保暖、平整久為人類所喜愛。

12. 麻、絲、化纖紡織工業：麻織涼爽、絲織輕柔華麗、化纖便宜，用途最多。

13. 紙漿工業：以林產富而高度工業化國家為主。美國第一，加國第二。紙漿生產過程：木材→切碎→煮沸→加料→分離→打勻→紙漿。

14. 紙漿工業的區位因素：原料因素居首，水源居次，電力又次之。由於紙漿工業為嚴重污染性工業，遠離市區也符合經濟要

求。

15. 造紙工業：與紙漿工業類似。其原料為紙漿、廢紙、棉花及其他纖維作物。造紙程序：原料→洗滌→浸泡→打漿→加料→紙型→碾勻→烘乾→壓紋→切邊→紙筒。

16. 造紙工業區位選擇：有偏於原料者，亦有偏向市場者。

17. 運輸工具工業的種類及其重要性：種類包括汽車、火車、飛機、船舶等。運輸工具工業是國家現代化的指標。

18. 汽車工業受到重視的原因：由於它有綜合性、世界性。汽車工業可帶動各種行業，而且是國際性商品，最能代表國家。

19. 汽車工業的區位選擇：勞工、市場、原料、人為、集聚等均被考慮。

20. 世界著名汽車工業國：美、日、德、英、法、義、俄、韓、西等國。

21. 飛機工業：只有富有國家才有大型飛機工業。美國第一、俄國第二、英、法、日本、中國大陸、以色列等國又次之。

22. 飛機工業的區位選擇：高度資本密集及技術密集。再配合氣候因素及廣大空間。

23. 造船工業的基本條件：資金充裕、技術高超、原料充沛、市場穩定，人力充裕。其區位因素——地理條件為臨海而有天然良港，鋼鐵供應充足、勞工充沛、政府支持。

24. 世界主要造船國家：1987年為日本、南韓、南斯拉夫、中華民國、德國、西班牙、義大利、波蘭、中國大陸。

習 題

一、填充:

1. 電機工業簡分為三大類: _____、_____、_____。

2. 電機工業的區位選擇, 以_____為優先考慮, 其次是_____、_____等。

3. 今日電子工業發達, 而電子學的兩位物理學家貢獻至大, 其一為英國的_____及美國的_____博士。

4. 世界紡織工業分為四大區, 即_____、_____、_____、_____。

5. 紡織工業主要可分為六大類, 即_____、_____、_____、_____、_____、_____。

6. 開發中國家的工業發展, 常由棉紡開始, 其原因: _____、_____、_____、_____。

7. 紡織工業的區位選擇, 以四種因素優先考慮: _____、_____、_____、_____。

8. 紙漿工業的區位因素: 依序為_____、_____、_____。

9. 汽車工業的區位選擇有五: _____、_____、_____、_____、_____。

10. 飛機工業的區位選擇有三: _____、_____、_____。

二、選擇:

( ) 1. 電動機是利用電轉變為: (1)機械能 (2)位能 (3)動能。

( ) 2. 電機工業是否為技術密集工業? (1)是 (2)否 (3)有些是有些不是。

（　）3. 世界電子工業最發達的國家是：(1)美國　(2)日本　(3)德國。

（　）4. 臺灣最大的外銷產品是：(1)紡織品　(2)電子產品　(3)工具機。

（　）5. 棉紡織品所以受人歡迎，是因為：(1)柔軟、吸汗、物美價廉　(2)棉織品質地較輕　(3)棉織品經久耐用。

（　）6. 世界最大的棉紡織工業城市是：(1)曼徹斯特　(2)利物浦　(3)倫敦。

（　）7. 世界毛紡織工業的先進國是：(1)美國　(2)英國　(3)日本。

（　）8. 我國絲織工業最盛的都市是：(1)吳興　(2)杭州　(3)蘇州。

（　）9. 造紙工業和紙漿工業的工業區位以何者優先？(1)人工植林　(2)工業用水　(3)動力因素。

（　）10. 世界最大的紙類輸出國是：(1)美國　(2)瑞典　(3)加拿大。

（　）11. 世界汽車工業以產量言，仍以何國為先？(1)日本　(2)美國　(3)德國。

（　）12. 造船工業的區位因素以何者列為第一考慮？(1)地理條件　(2)鋼鐵供應　(3)勞工因素。

（　）13. 世界造船國家居世界首位的是：(1)英國　(2)美國　(3)日本。

（　）14. 世界飛機工業仍以何國居先？(1)俄國　(2)法國　(3)美國。

三、問答:

1. 電機工業有何重要性? 如何分類?

2. 電機工業的區位選擇以那些因素為優先? 世界上以那些電機公司最為有名?

3. 電子工業的重要性若何? 世界上有那些國家電子工業發達?

4. 紡織工業有何重要性? 如何分類?

5. 紡織工業的地理分布及區位選擇若何?

6. 各種紡織品有何特點?

7. 紙漿工業有何特性? 紙漿之生產過程若何?

8. 紙漿工業區位因素若何?

9. 造紙工業的生產過程若何? 其區位選擇以何者居優先?

10. 運輸工具工業有那幾種? 有何重要性?

11. 何以汽車工業受到各國的重視?

12. 汽車工業的區位選擇, 通常作那些考慮?

13. 世界有那些國家汽車工業和飛機工業最發達?

14. 飛機工業的區位選擇何以僅注意氣候因素? 而不問市場及原料因素?

15. 造船工業有那些基本條件? 其區位因素若何?

16. 世界主要造船國家有那些?

第五章 工 業 (三)

第一節 世界主要工業區域

一、工業區形成的原因

工業區形成的原因從規模經濟、聚落經濟、工業連鎖等方面分述之：

(一) 規模經濟：當生產規模擴大時，工廠生產的單位成本就隨之降低，此一現象稱爲規模經濟。要達到經濟規模必須採取人力和設備專業化、大型生產機器、衆多的生產機器、大規模的採購及銷售始足以至之。

(二) 聚落經濟：許多工廠共同集中於某一地區，而形成的空間集中，稱之爲聚落經濟；其來源事實上就是許多國家開發工業區，將工廠集中於工業區內，其電力、水力、道路建設、廢棄物之處理等公共設施均可由區內之廠商平均分攤而降低成本。

(三) 工業連鎖：生產過程中，原料和產品的聯繫關係或廠商之間，基於業務上的需要所爲之接觸的現象，稱之爲工業連鎖。

二、世界重要工業區

商品製造的過程是由工廠購入生產原料，利用勞動力及機器，將其製成成品運至市場銷售，所以工廠不可任意設置，必須考慮一些因素，最重要的區位因素就是原料來源地區、燃料來源地區、勞動力來源地區、市場地區、運輸路線、土地、廠房、稅金、污染防治設備等，理想的工業位置，

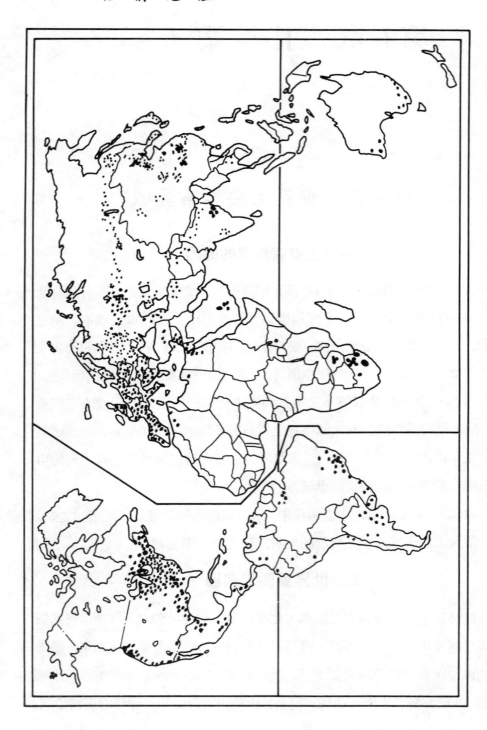

圖 1601　世界工業區分布

就是原料、燃料、勞動力、市場無一或缺，但是通常是不可兼得，於是大多數的工廠就在各項條件中，選擇若干有利的因素來決定其位置。茲將世界重要的工業區簡述如下：

（一）北美工業區

1. 北美東北部工業區：包括新英格蘭區，紐約大都會區及賓州工業區。

2. 阿帕拉契兩側工業區：包括東南山麓工業區及西側田納西工業區。

3. 渥太華 —— 蒙特利爾工業區。本區位於加拿大東南部。

4. 五大湖工業區：包括南安大略工業區、阿爾巴尼——布法羅工業區、匹玆堡——克利福蘭工業區、密西根東南部工業區、芝加

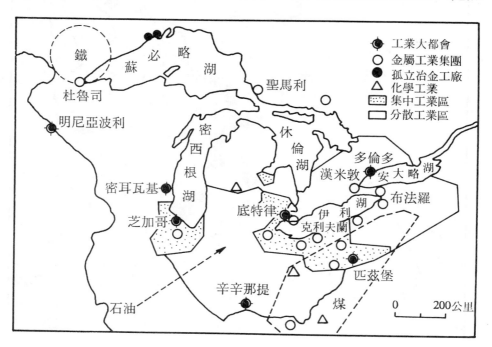

圖 1602　美國五大湖工業區

哥——密耳瓦基工業區。

　5. 中部大平原工業區：包括俄亥俄——印第安那工業區、聖路易工業區、奧馬哈——堪薩斯城工業區。

　6. 西岸工業區：包括洛杉磯工業區、舊金山灣區工業區及西雅圖工業區。

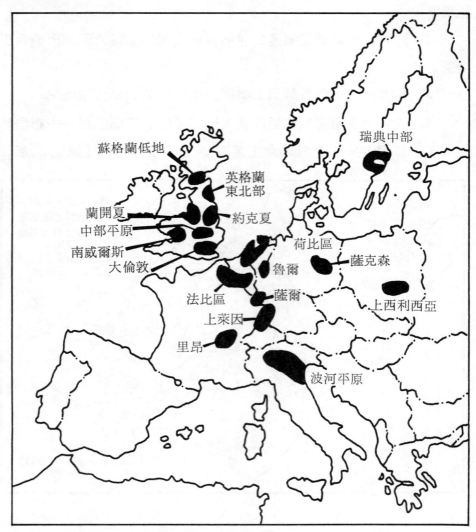

圖 1603　歐洲工業區分布

（二）西歐及南歐工業區

　　西歐的英、法、德、義、荷、比各國工業皆甚發達，皆有其重要工業區。

　　1．英國工業區：有蘇格蘭低地工業區、英格蘭東北部工業區、約克夏工業區、蘭開夏工業區、密得蘭工業區、南威爾斯工業區、倫敦大都會工業區。

　　2．德國工業區：有萊因河上游工業區、薩爾工業區、魯爾工業區、薩克森盆地工業區。

　　3．西歐工業區：法國有里昂工業區、法比工業區、荷比工業區。

　　4．南歐工業區：義大利有波河平原工業區。

（三）獨立國協工業區

　　1．莫斯科工業區：以紡織、成衣、輕金屬、橡膠、陶瓷、農機、電氣、食品等工業為主。

　　2．聖彼得堡工業區：位於芬蘭灣，以冶金、木材、造紙、火柴、棉紡織、造船等工業為主。

　　3．烏克蘭工業區：包括頓巴次工業區，原為俄國最重要的工業區，有鋼鐵、重機、化工、食品、核能等工業為主。

　　4．窩瓦河及烏拉山西部工業區：以石油化學、人造橡膠、合成纖維、肥料及造紙工業等為主。

　　5．烏拉山東部工業區：以冶金、造紙、紡織為主。區內馬克尼土克斯克以鋼鐵工業著稱，號稱「鋼城」。

　　6．加拉干達工業區：位於哈薩克共和國境內，以鋼鐵工業及化學工業為主。

　　7．庫次巴次工業區：位於巴爾喀什湖以北，蒙古的西北方，以

盛產煤炭而發展為鋼鐵工業區。

　　8．貝加爾湖工業區：係利用水電而興起的工業區，以冶金，木材及化學工業為主。

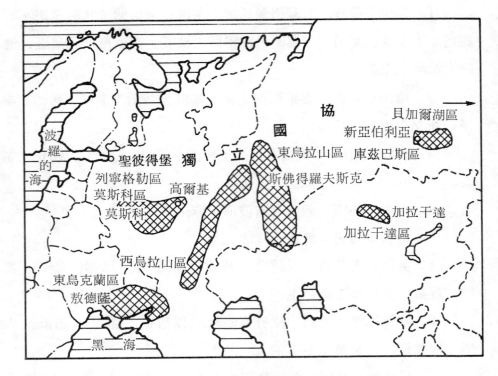

圖 1604　獨立國協工業區分布

（四）日本工業區

日本大部分工業集中於東京至北九州之間，可分為四大工業區。

　　1．大阪神戶區：位於近畿平原，面臨瀨戶內海，大阪是日本最大的紡織中心，也是重工業及機械工業的重心所在，神戶是外港。

　　2．東京橫濱區：位於關東平原，面臨東京灣、東京本身即為大都會工業區，橫濱為其外港。

　　3．名古屋區：位居濃尾平原，面臨伊勢灣，有陶瓷、毛紡織、

鐘錶和造船、機械等工業。

　　4. 北九州區：九州北部沿海，爲八幡煤田所在，爲鋼鐵工業中心，西側的長崎爲造船工業中心。

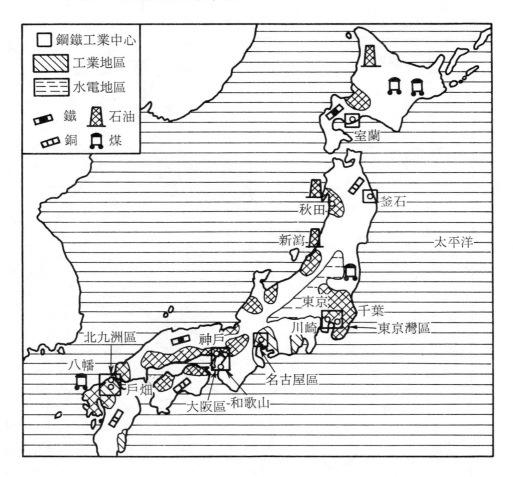

圖1605　日本工業區分布

（五）中國工業區

　　我國工業基礎極其薄弱，復經內憂外患，發展大受影響，長年以來中共對工業發展亦甚重視，工業略有基礎,其重要工業區分述如下：

　　1. 東北工業區：各大都會附近及鐵路沿線，瀋陽、哈爾濱、長

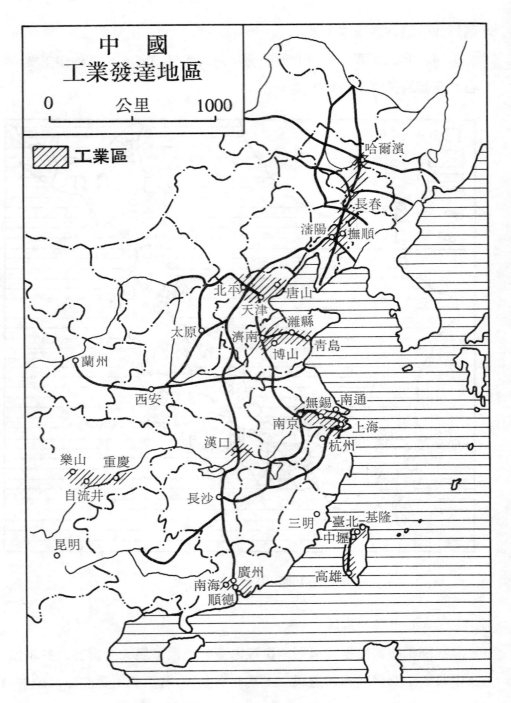

圖 1606 中國工業發達區圖

春、四平、佳木斯、大連各大都市，各類工業均極發達，重工業則分布於中長鐵路南段，　瀋陽至大連之間的工業走廊，　鞍山是中國的鋼城，撫順是煤都。

　　2. 華北工業區：　各大都市附近呈點狀分布。北平、　天津、　青島、太原、石門、鄭縣爲華北地區六大工業中心。

　　3. 華中工業區：小型工業分布於各大都市附近，重工業則沿長江兩岸，以上海、武漢、重慶爲三大工業中心。

　　4. 華南工業區：　集中於沿海各港口及內陸都市，　以廣州、　福州、三明、昆明、南寧等地。

第二節　　臺灣地區的工業區及其問題

　　臺灣工業區主要分布西部，北由基隆，南迄高雄縱貫線沿線。北部的工業走廊已由基隆經臺北都會區南延至新竹。南部的高雄工業港及其附近，是臺灣工業的重心。鋼鐵、造船、機械、石化工業均以高雄爲中心。中部則以農產加工業及一般工業爲主。

一、工業區的開發、分類與分布

　　臺灣地區的工業區，包括「都市計畫工業區」及「規劃開發工業區」兩種。前者係指都市計畫範圍內，經都市計畫程序編定爲工業使用者，其範圍在外觀上並無明顯的界限，而內部亦常有商店或住宅混雜；後者卽係指一塊經編爲工業用地的土地，由政府或公、民營企業

加以計畫開發，並予以適當維護者，這種工業區在外觀上有明顯的界限，而內部則除興辦工業所需要的公共與服務設施外，純爲工廠聚集之地。

(一) 工業區開發

臺灣地區工業區之開發，始於民國四十九年，迄今已開發完成各種規模的工業區七十餘處；整個開發過程依發展目標的不同，可劃分爲四個階段：

1. 第一階段：配合經濟發展目標（民國 49～60 年），此時開發的工業區，爲了配合經建計畫，多爲大規模者，且多集中於南北兩大都市附近。（圖 1607）

2. 第二階段：配合農村建設（民國 61～62 年），此一階段開發的工業區，多以促進農村地區工業發展，提高農民收入，緩和農村人口外流爲主。工業區多位於中南部農村地區或地方市鎭附近，規模較小，多爲農產加工業。

3. 第三階段：配合區域發展（民國 63～70 年），此一階段開發的工業區，不僅數量增多，規模亦大。工業區的位置多分布於各縣市（圖 1607）其目的在以工業區的設置以促進地方經濟繁榮，達成經濟均衡發展的目標。

4. 第四階段：配合工業升級（民國 71～78 年），此一階段除持續將工業區的開發與區域開發計畫相結合之外，更重要的是積極開設新竹科學工業園區及籌設自由貿易區。新竹科學工業園區的開設的目的，在適應國內工業結構的轉變，引進高級技術工業及科學技術人才，從事各種產品的研究與發展，以建立技術密集工業。發展迄今(七十年以後)，工業發展進入策略性工業時期，此時期由於面臨的國際貿易保護主義提昇，新臺幣升值、經濟自由化、環保意識抬頭、勞資問題等壓力與變化。政府乃推動策略性工業的發展，本著能源消耗小、汙染少、技術密集高、附加價值高的原則，

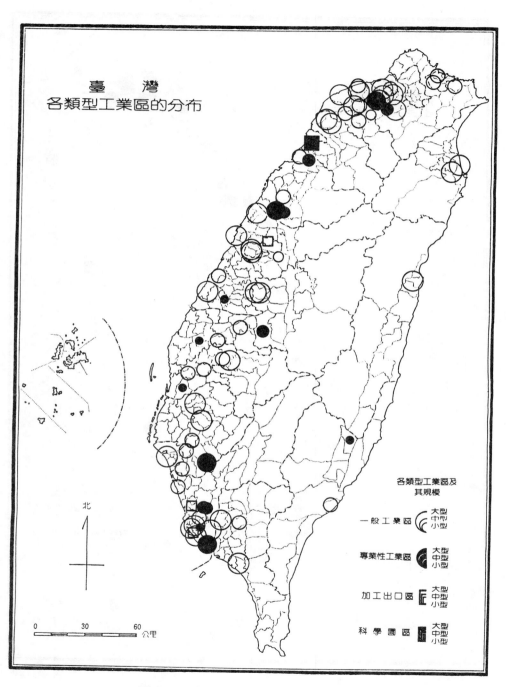

圖 1607 臺灣地區各類型工業區的分布

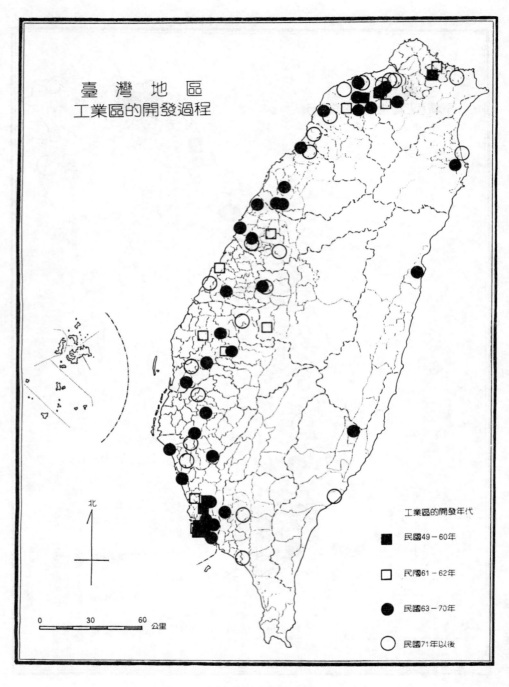

圖 **1608** 臺灣地區工業區的開發過程

以發展技術密集，並具外銷潛力的策略性工業為主，如電子、資訊、機械、生物科技工業等的研發生產。

（二）工業的分類與分布

工業區的分類方法很多，最常用的分類指標，包括面積、位置、功能三項，分述如下：

1. 依據面積分類：

（1）小型工業區：指面積在 20 公頃以下的工業區，臺灣地區此類工業區的數量不多，且其分布多位於鄉村偏遠地區。

（2）中型工業區：指面積介於 20 至 100 公頃之間者。其數量略少於大型工業區，而其分布，全部集中於西部地區。花蓮、臺東和宜蘭諸縣則少之又少。同時，西部地區平均分散於各縣市，多位於都市附近。

（3）大型工業區：指面積 100 公頃以上者。臺灣地區此類工業區最多，分布以西部地區為主，且集中於北、高二大都會區附近。

2. 依據位置的分類：

（1）都市型工業區：此類工業區多位於都市或都市附近，期以利用都市的高級技術或充裕的勞力，促進工業發展。臺灣地區絕大部分的工業區均屬此類。

（2）地方資源型工業區：此類工業區多為便利取得當地資源為目的，而設於資源產地附近。如花蓮縣美崙工業區，即係利用當地所生產的大理石而設的大理石加工工業區。

（3）農村工業區：此類工業區係為加速農村建設，緩和農村人口外流及均衡城鄉發展而設，因此，其分布多位於鄉間田野之中。如彰化坤頭鄉坤頭工業區、雲林元長鄉的元長工業區，以及南投竹山鎮的竹山工業區。

3. 依據功能分類：

(1) 一般工業區：又稱綜合工業區，其設置的目的在吸引一般工業設廠，對於所欲吸收的工業並無種類限制。臺灣地區此類工業區最多，約占總數 72%。多集中於都市附近。尤其集中北、高二大都會區附近占 50%。

(2) 專業性工業區：以吸收特定工業為目的，如高雄縣的林園、大社（石化）、臺北縣的樹林（木器）、苗栗縣的三義（汽車），臺東縣池上（蠶絲加工）、臺南縣的龍崎（國防工業）、南投縣的竹山（竹器）、臺北縣的鶯歌（陶瓷）等工業區，均屬此類。

(3) 加工出口工業區：此類工業區的主要目的，係以輸出勞服，擴大對外貿易為主。設在區內的工廠，其產品必須全部外銷。但其進口原料或輸出產品，均予以免稅優待。此工業區多位於港口附近。目前臺灣有三個加工出口工業區，位於高雄市有高雄、楠梓兩個加工出口區，另一個位於臺中縣的潭子加工出口工業區。

(4) 科學園區：設置此類工業區的目的，以引進高級工業技術，從事產品的研究與發展，而建立創新工業為主。因此，其設置位置，多接近主要科技學術發展中心。目前，臺灣地區已開發第一個「新竹科學園區」，附近就有清華、交通兩所大學，在科技與學術上容易取得人力支援。

二、臺灣地區工業區的問題

臺灣地區自開始開發工業區以來，二十餘年以來已開發者有七十三處，開發中的有八處，總計 81 處，總面積 15,703 公頃，對國家工業和經濟的發展，貢獻至為重大，唯仍有許多問題期待解決。

（一）工業區分布不均：不論工業區的數量和面積，均呈現顯著

集中南、北兩地的現象。例如：就數量而言，臺北縣市及基隆市，共有二十個工業區，占總數 25%。就面積而言，基、北市縣占全臺面積 10.21%，而工業區則占 24.02%；南部臺南、高雄二市及臺南、高雄、屏東三縣，工業區數爲二十一個，亦占 25%，土地面積爲全臺的 21.98%，工業區則占 37.94%。

工業區顯著的集中於南、北兩個地區，雖然對配合重大經建計畫，改善臺北、高雄兩地的工業投資環境，促進臺灣整體經濟的發展，具有莫大的裨益和貢獻，但集中的結果，不僅使原已密集發展的地區更形擴大，造成聚集不經濟、污染、擁擠等弊病，同時也使臺灣地區的經濟發展出現相當顯著的區域差異。

(二)工業區位居於偏僻地區：臺灣地區在第二階段（民國61～62 年）爲配合農村建設，以及第三階段（63～70 年）爲均衡區域發展，而在中南部偏遠地區所開發的工業區，雖然對創造農村就業機會、穩定農村人口等目標上，有其一定的貢獻，但因有些工業區，或規模過小，或地處偏僻，以致難以引起投資者的興趣，不但未能使工業區的功能達到預期的目標，其帶動農業地區的發展亦相當有限。例如民國六十一年至六十二年間開發完成的元長、義竹等農村工業區，截至八十一年底上其淨使用率僅分別達到 42% 和 54%，而其預期吸收的員工數，則只分別完成 24% 和 39% 的目標。除了農村工業區之外，亦有一些綜合性工業區，如彰化濱海的芳苑工業區，因過於偏僻，金融、資訊，甚至技術、原料等區位條件不足，自七十一年開發完成以後，迄今仍然少人申請設廠。

(三)工業區與區域經建發展未能配合：臺灣地區二十餘年開發了八十幾個工業區，速度之快，創全國紀錄，但開發過速的結果，亦引起兩個問題：①工業區外圍鄰近地區的建設，未能與工業區內部的

發展相配合。工業區開發完成後，工廠和勞工開始聚集，但因工業區外圍的建設速度比工業區內開發緩慢，以致或因缺乏勞工住宅，而形成大違建，或因通勤勞工激增而形成交通擁擠與混亂，或因工業區和鄰近原有社區之間缺乏適當的緩衝地帶，以致聚落常遭公害的威脅。如林園、大社等工業區，常因排出的廢氣，傷害到附近人畜的安全而時起糾紛。②工業區快速開發的結果，未能與地方的實際經濟發展需求相配合，而造成投資上的浪費。如民國六十年代以後，政府為了均衡區域發展的目標，而在臺灣中部地區加強廣設工業區，但因工業區開發速度超過工業發展需求 ， 以致開發完成的工業區， 部分投閒置散，利用率不高，造成投資上的浪費。如彰化福興工業區，臺中港工業區，利用率均在 50% 上下。其他如前述之元長、義竹、芳苑等工業區，利用率也在 60% 以下。

　　基於上述各種問題，臺灣地區工業區的開發，數量與面積已經滿足需要，根據以上檢討則今後應取消或合併效能不彰之工業區，以提高使用價值。

本 章 摘 要

1. 工業區的形式: 集中式、分散式、大都會式。
2. 世界重要工業區:
   (1) 北美: 東北部、阿帕拉契山兩側、渥太華區、五大湖區、美國中西部。
   (2) 西歐及南歐: 英、德、法、比、荷、義各國。
   (3) 獨立國協工業區: 莫斯科、聖彼得堡、烏克蘭、烏拉山東西部、加拉干達、庫次巴次及貝加爾湖區。

(4) 日本工業區：大阪神戶、東京橫濱、名古屋、北九州。

(5) 中國工業區：東北、華北、華中、華南、臺灣。

3. 臺灣地區工業區開發：分四個階段，第一階段民 49～60 年集中南北二大都市附近。第二階段民 61～62 年，多位於中南部農村。第三階段：民 63～70 年，多位於各縣市。第四階段民 71～78 年，注意區域開發及高科技的引進。

4. 工業的分類和分布：依面積分為小型、中型、大型。依位置分為都市型、地方型、農村型。依功能分為一般性、專業性、加工出口、科學園區。

5. 臺灣地區工業區的問題。分布不均、地居偏遠未能配合區域經建。

習　　題

一、填充：

1. 世界工業區形式有三，即＿＿＿＿、＿＿＿＿、＿＿＿＿。

2. 世界重要工業區有五：＿＿＿＿、＿＿＿＿、＿＿＿＿、＿＿＿＿、＿＿＿＿。

3. 臺灣工業區依位置分類可分為：＿＿＿＿、＿＿＿＿、＿＿＿＿三種。

4. 臺灣工業區有那些問題？＿＿＿＿、＿＿＿＿、＿＿＿＿。

5. 依功能分，臺灣有那些工業區？＿＿＿＿、＿＿＿＿、＿＿＿＿、＿＿＿＿。

二、選擇：

(　) 1. 美國飛機工業多集中於：(1)東北部工業區　(2)五大湖工

業區　(3)西岸工業區。

（　）2. 有俄國「鋼城」之稱的馬克土克斯克，是位於：(1)聖彼得堡工業區　(2)烏拉山東部工業區　(3)庫次巴次工業區。

（　）3. 日本重工業多分布於：(1)大阪神戶區　(2)東京橫濱區(3)名古屋區。

（　）4. 中國工業在華中區是以何處為中心？(1)上海　(2)武漢(3)重慶。

（　）5. 臺灣工業東移，在政策上有無可能之處？(1)可能　(2)不可能　(3)很難說。

（　）6. 「六輕」設在雲林麥寮的海濱，其利弊若何？(1)利多於弊　(2)弊多於利　(3)利弊各半。

（　）7. 臺灣工業區供過於求，其原因是：(1)投資緩慢　(2)工廠外移　(3)條件欠佳。

（　）8. 臺灣工業科學園區，位於(1)新竹縣　(2)桃園縣　(3)新竹市。

三、問答：

1. 工業區分那三種型式？試詳述之。

2. 世界有那些重要工業區？

3. 臺灣地區工業開發分那四個階段？各期有何特點？

4. 臺灣地區工業區如何分類？

5. 臺灣工業區有那些問題？試詳述之。

6. 調查你上學的途中，經過那些工廠？列出名稱及性質。

第 四 篇

第三級經濟活動

第三級經濟活動，爲供應服務，在人類經濟活動中地位日益重要，特別是高度經濟開發的國家，人們從事服務業的人數和比例，遠超過其他二種生產活動的人數。以臺灣地區而言，民國八十年統計資料顯示，農業就業人口爲一百零九萬二千人，佔總就業人口13％，工業就業人口爲三百五十萬七千人，佔總就業人口42％，服務業就業人口爲三百九十六萬二千人，佔總就業人口45％，並且每年以 0.5％的增加率增加。如果將五十餘萬名公務人員以及二十五萬名教職員，亦列爲服務業的話，全臺灣地區從事服務業的人口將近 430 萬。早已超過了工業就業人口。

第一章　服務業的類型

服務業可分為下列四大類型:

第一節　分配 (Distribution) 性服務業

這類服務業包括運輸、批發和零售業三大類。運輸業在整個生產活動中,扮演著非常重要的角色,從原料的運輸到產品的分配,在在都需要便捷的運輸,所謂「貨暢其流」是經濟發展的首要條件。批發業包括大盤商、中盤商等,在整個經濟活動中,扮演穿針、引線、間接銷售的中介和調劑地位。生產者為了專業生產,將銷售部分的工作交由批發商去處理。例如早期的裕隆公司,只管生產汽車,國產公司,只管銷售汽車。目前尚有許多農工生產者將銷售工作交由大盤商。梨山的果農有部分即採取只種不賣的生產方式。零售業則是藉助店舖或其他銷售管道將產品和服務供給予每一顧客。隨著財貨流通距離的增加和財貨、服務種類的增加,從事零售業的人數亦隨之增加。例如,古時候有三百六十行,而今,何止三千六百行甚至三萬六千行。尤其當經濟高度發展,國民所得提高以後,人們的需要越來越多,人們可以購買的財貨和需要服務的項目也越來越多。從事運輸、批發和零售的人員也日益增多。

第二節　財政 (Finance) 性服務業

財政和金融業，在整個經濟活動中居重要地位，尤其經濟高度開發國家，工商業者幾乎無人能與銀行、保險、地產等服務業不發生關係，工商業者需要貸款，就需要銀行，工商業者需要資金週轉，更需要銀行，其他如保險、地產、租賃、信託、投資、開發等各種與財政有關的經濟活動，亦隨經濟的蓬勃發展而業務日盛。由於這些經濟活動有連鎖的特質，故在城市的主要中心，有結合成「財政地區」的趨勢。換言之，每個大都市，必定有一個以上的金融中心。如紐約的華爾街，臺北市東區銀行街。

第三節　管理 (Administration) 性服務業

包括地方性與全國性的公職人員，以及各級學校的教育人員，以及各企業界的管理人員。政府公職人員的數目，亦隨著社會的日益進步而不斷膨脹，各級學校的教育人員，亦因國民教育水準的不斷提高，人數也有增無減，至於企業界管理人員，也因工商業日益繁榮，需要量也愈來愈大。政府需要各種人才以遂行政令，學校需要教職員工以推展教育工作，大小企業需要更多管理人才以推動企業的營運。

第四節　個人性質的服務業 (Personal service)

　　隨著社會的進步與生活水準的提高，以個人為服務對象的服務業愈來愈受到重視。這類服務業包括娛樂業、旅遊業、旅館業、餐飲業、醫療服務業、法律服務、會計服務、土地代書業、郵電服務、郵購服務、房屋仲介、個人投資、理髮美容、裁縫洗染、照相禮服等等，一切可供個人服務的行業均包括在內。以目前社會狀況而言，以個人服務業最具發展潛力，只要社會發展到某種程度時，隨時會有新的服務業出現。如視聽中心（MTV），在前幾年絕無僅有，而今則成為迎合青年人口味最受歡迎的一種個人服務業了。

本　章　摘　要

1. 服務業共分四大類型：分配、財政、管理、個人服務。
2. 分配性服務業：包括運輸、批發、零售三大類。
   (1) 運輸使貨暢其流。
   (2) 批發商負責中介調劑地位。
   (3) 零售商直接對消費者服務。
3. 財政性服務業：包括財政、金融、保險、地產、租賃、信託、投資、開發、證券等。
4. 管理性服務業：包括公職人員、教職員、企管顧問人員、各大小企業的管理人員。
5. 個人性質的服務業：包括食、衣、住、行、育、樂、醫藥、法

律、會計、地政、郵電等各行各業以個人為服務對象的服務業。

習 題

一、填充:

1. 服務業包括三大類，即_____、_____、_____。

2. 財政性的服務業有: _____、_____、_____、_____、
_____。

3. 管理性的服務業有: _____、_____、_____等。

4. 個人性的服務業包括: _____、_____、_____、_____、
_____、_____、_____、_____、_____、_____等不勝
枚舉。

二、選擇:

( ) 1. 經濟發展的首要條件是: (1)人盡其才 (2)地盡其利 (3)
貨暢其流。

( ) 2. 經濟越發達，那一種行業人數會越多? (1)製造業 (2)農
礦業 (3)服務業。

( ) 3. 臺北市的金融中心是那裡? (1)火車站附近 (2)中央銀行
附近 (3)東區銀行街。

( ) 4. 青年人第一次就業，最喜歡選的是: (1)製造業 (2)農牧
業(3)服務業。

( ) 5. 在商業活動中，那一階段利潤最大? (1)製造業 (2)批發
業 (3)零售業。

三、問答:

1. 服務業分為那四大類型?

2. 分配性服務業有那三大類? 各類之主要功能為何?

3. 財政性服務業有那些? 以那一種對生產者貢獻最大?

4. 管理性服務業有那些? 何者人數最多?

5. 個人性質的服務業種類繁多, 試列出二十種。

6. 如果你將來從事服務業, 你將選擇那一種? 為什麼?

第二章 克利斯泰勒的中地理論

1930 年代初期，德國地理學家克利斯泰勒(Walter Christaller)根據他對德國南部都市發展的觀察，提出了著稱於世的中地理論(Central Place Theory)，後來克氏理論經過不斷的補充和修正，遂成爲討論人類經濟活動的空間分布以及都市地理時必須明瞭的理論基礎。

一、克利斯泰勒中地理論的基本假設

影響人類空間行爲的基本要素是距離，在探討距離對都市發展的重要性之前，必須先假設其他的影響要素爲到處相同。也就是說先假設地表爲均質。居民特性亦爲均質。

（一）有關地表的假設：①地表是一片沒有邊界的平原。②平原上到處平坦，沒有任何阻止移動的障礙，平原上各點往各方的交通，難易程度相同。③平原上擁有同一性質的運輸系統，運費隨距離呈固定比例增加。④平原上的天然資源分配平均，土壤沃度各處一致，氣候條件各地相同，經濟活動所需的原料到處都有，而且售價不變。

（二）有關居民特性的假設：除地表爲均質之外，住在地表上的居民特性亦須假設爲均質。①居住在平原上的人口，平均分布於各處。②每一居民均有相同的需求、嗜好、謀生方式和收入。③每一居

民均擁有相同完整的知識，所有行爲均受其知識的指導。

二、一種商品一個生產者的空間組織

（一）供給、需要與價格的關係：就生產者而言，產品售價愈高愈有利，出售意願愈強；就消費者而言，產品售價愈低愈有利，購買的意願就愈高，由於生產者與消費者之間，在產品價格上處於對立地位，因此，產品的市場價格的決定，必須同時顧及兩者的利益，即在兩者之間取得均衡。如圖 1801 所示。不過產品的市場價格，並非等於消費者購買的眞正價格，因爲當消費者至市場購買時，還需付出往返

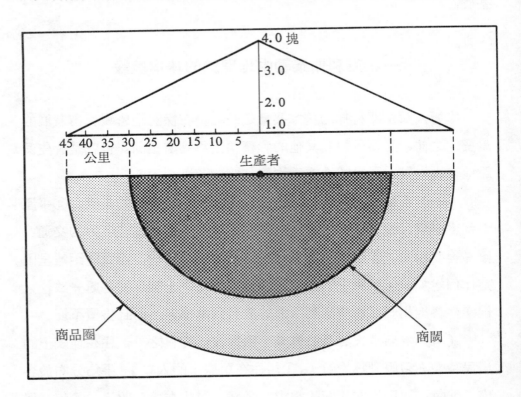

圖 1801 商品圈與商閾

的交通費用。事實上產品的眞正價格是市場價格和交通費用的總和。

（二）商品圈（Range of the good）：消費者的購買能力和消費者與市場的距離成反比，即消費者離市場愈近，購買能力愈強，遠則反是。消費者願意移動購買產品的最大距離即稱之爲商品圈。商品圈包圍的區域，即市場區域。

（三）商閾（Threshold）：生產者爲了維持生產成本及合理的利潤，必須有足夠的市場區域，亦即生產者的生存空間，此一維持生產者營業的臨界距離，稱之爲商閾，一般至少要擁有半徑 30 公里以上的市場區域，才可以維持營業而不致虧損。尤其是商品圈要大於商閾。如果商品圈小於商閾，則表示市場區域太小，營收不足以支付產銷過程的固定支出，廠商營運困難；如果商品圈等於商閾，則表示產銷過程和開銷收支相抵，廠商僅能勉強維持。只有商品圈大於商閾時，廠商才有利可圖，二者差距越大，獲利越豐。（圖 1802）

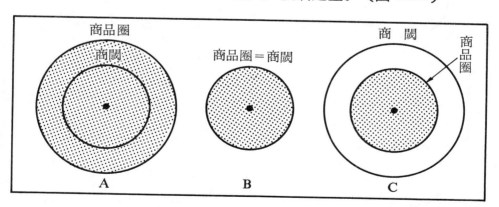

圖 1802 商閾與商品圈的關係

三、一種商品多個生產者的空間組織

當一個均質的地表，只有一個生產者時，其商品圈大於商閾時，

生產者利潤豐厚，足以維持另一個生產者存在，就會有第二個生產者
出現。第二生產者為了避免和第一個競爭，以致商品圈小於商閾，因
此，儘量避免接近第一生產者的區位。當第三個生產者出現時，甚至
更多生產者出現時，終至商品圈與商閾相等，此時，各生產者即將面
臨市場區域如何畫分的問題。一般而言，多以六角形的市場區域最為
常見。

（一）相切型：如圖 1803 A B 所示，各生產者的市場區域均彼
此相切，這種方式的缺點是平原上留下許多空隙，住在這些空隙上的
居民，將無法自生產者手中購得商品或獲得服務。

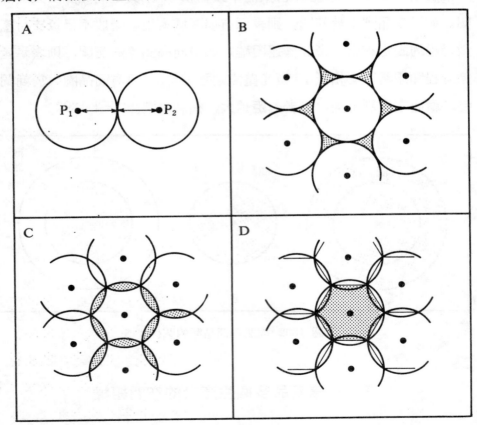

圖 1803　一種商品多個生產者的空間組織

　　（二）重疊型：如圖 1803 C 所示，各生產者的市場區域均相互重疊。重叠的結果，將互相競爭，部分生產者商品圈小於商閾，以致無法維持正常營業而趨向倒閉。

　　（三）重疊平分型：如圖 1803D 所示，此一分布型態是將重疊部分加以平分，而形成彼此面積相等的正六角形市場區域。這種畫分方式的優點是，既不留下空隙，也不減少市場區域，生產者各得其所。

四、商品等級與市場區域

　　商品等級的高低，和商品的價格及其需求頻率有關。一般而言，商品的價格愈高，其需求率愈低，其等級愈高。如高級汽車、巨型鑽石、高級服飾等。反之，商品的價格愈低，其需求率愈高，其等級愈低，如報紙、各種日用品等。

　　商品等級和市場區域的關係是如何呢？高等級的商品由於價格昂貴，需求率低，需要較大的商閾才能維持營業；低等級的商品，由於價格低廉，需求率高，即使是商閾較小，也可以維持生存。

五、中地與中地等級

　　當一個地點成為其四週居民所需商品的供應地時，此地點即稱之為中地。中地提供的商品，稱為中心性商品；而提供應這些商品的活動，就是中地的機能。中地提供的商品種類愈多，中地機能愈複雜。

　　中地所提供的商品並不相同，因此，各個中地市場區域亦大小不等。中地市場區域的大小，決定在商品的種類和商品的等級。一個中地所提供的商品種類愈多，或等級愈高則所需的商閾愈大，中地的市

場區域也愈廣。反之，一個中地所提供的商品種類愈少，或等級愈低，則所需的商閾愈小，其市場區域亦較小。提供較多和較高級商品的中地稱高級中地，提供較少或較低級商品的中地，則稱爲低級中地。高級中地所提供的商品又包括低級中地所提供的一切商品，而低級中地則無此項機能。

六、中地體系

既然高級中地所提供的商品從高級到低級都有，而低級中地則只有低級商品而無高級商品，因此，各中地之間乃形成一個具有階層關係的體系。

（一）中地階層：如表 1804 所示，C 級中地提供的商品種類最少，等級也最低，因此，所需要的商閾較小。C 級中地市場區域網均成規律的正六角形，每個正六角形的面積均較小。B 級中地和 A 級中地屬於高級中地，A 級中地除供給 C 級和 B 級中地所提供的商品外，尚提供前二者所無的商品，其市場區域均比 B 級和 C 級爲大。（圖 1804）由圖中可知，每一個 B 級中地的正六角形市場區域，均由一個完整的 C 級中地市場區域及六個各占三分之一的 C 級中地市場區域所組成。一個 A 級中地市場區域，亦由一個完整的 B 級中地市場及六個各占三分之一的 B 級中地市場區域所組成。

依據中地體系，正六角形的市場區域，具有下列的數量關係。卽一個 A 級中地的市場區域，相當於三個 B 級中地市場區域，九個 C 級中地市場區域（圖 1804）。凡中地體系，其低一級中地市場區域個數，爲高一級中地三倍的數量關係所組成，則稱此體系爲 K＝3 的中地體系。

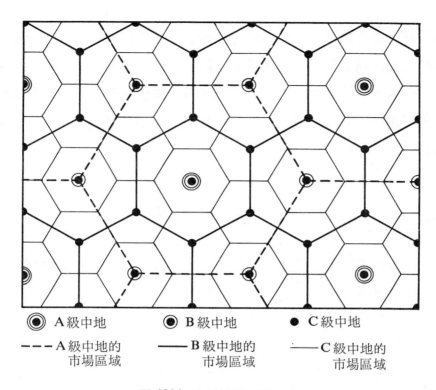

◎ Ａ級中地　　◉ Ｂ級中地　　● Ｃ級中地

——— Ａ級中地的　　——— Ｂ級中地的　　——— Ｃ級中地的
　　　市場區域　　　　　市場區域　　　　　市場區域

圖 1804　中地體系（Ｋ＝3）

（二）中地數：在 Ｋ＝3 的中地體系中，低一級中地的市場區域數，爲高一級中地的三倍，但其中地個數，則稍有差異。

在理論上，如果某一平原上可支持 45 個Ｃ級中地的存在，則應有十五個Ｂ級中地，五個Ａ級中地，但因每個Ａ級中地本身包括一個Ｂ級，一個Ｃ級，每一Ｂ級也包括一個Ｃ級，因此，實際中地數爲五個Ａ級、十個Ｂ級，三十個Ｃ級。中地數的分配比例爲：1：2：6：18⋯⋯。

七、中地理論的意義

中地理論的假設地表爲均質，居民的特性亦爲均質，但是現實世

界並沒有這種狀況。這是中地理論的基本弱點，然而，此一理論與實際的差距，並不稍減中地理論的價值。事實上中地理論的眞正貢獻，並不在於中地的實際分布或市場區域畫分提供解釋，而是由區域整體發展的觀點爲人類經濟活動的空間分布，指出一個最具效益的安排方式。

本 章 摘 要

1. 克氏中地理論的基本假設：地表爲均質、居民特性一致。

2. 一種商品一個生產者的空間組織：供需關係決定市場價格。

3. 商品圈：消費者願意移動購買產品的最大距離。

4. 商閾：維持生產者營業的臨界距離。

5. 一種商品多個生產者的空間組織：商品圈大於商閾時卽出現第二個生產者或第三、第四個生產者。其型式有

(1) 相切型

(2) 重疊型

(3) 重疊平分型。

6. 商品等級及市場區域。價格高，需求低；價格低，需求高。價格高，商閾大，價格低，商閾小。

7. 中地與中地等級：中地卽商品供應點。高級中地包括所有商品，中級中地及低級中地，提供商品較少。

8. 中地體系：K＝3 中地體系，卽低一級中地數爲高一級中地的三倍。

9. 中地理論的意義：從社會整體角度來看，爲人類經濟活動的空間分布，指出一個最具效益的安排方式。

習　題

一、填充:

1. 提出中地理論的是德國地理學家_____，時間是在_____年初期。

2. 克氏中地理論的基本假設為_____、_____。

3. 商品圈有三種類型，即_____、_____、_____。

4. 中地理論的意義在於_____。

二、選擇:

（　）1. 中地理論在臺灣能否找得到實例？ (1)能　(2)否　(3)很難說。

（　）2. 一座便利商店，其商品圈不得少於多少公尺？ (1)五百公尺　(2)四百公尺　(3)一千公尺。

（　）3. 消費者距市場愈近，其購買能力會: (1)越強　(2)越弱　(3)不一定。

（　）4. 最容易引起商家倒閉的是: (1)相切型　(2)重疊型　(3)重疊平分型。

（　）5. 在商業活動中，那一種中地的機能較多？ (1)高級中地　(2)中級中地　(3)低級中地。

（　）6. 中地理論的基本弱點是: (1)地表為均質　(2)居民的特性亦為均質　(3)中地理論已經過時。

三、問答:

1. 以嘉南平原為例，何地為Ａ級中地？何地為Ｂ級及Ｃ級中地？

2. 中地理論有何缺點？試作一檢討。

3. 你個人購物習慣是否符合中地理論？為什麼？

第三章　城市與都會經濟活動

　　城市（City）與都會（Metropolitan）是兩種不同的現代聚落。全球大多數的城市都是由鄉村演變而成，當一個城市不斷發展而產生許多衛星城市時，即形成一個所謂的都會或都會區。城市與都會區的經濟活動，主要有三大主題。

第一節　經濟基準的探討

　　經濟活動的主要機能，可分為基本經濟活動和非基本經濟活動二大類，所謂基本經濟活動，是指從該城市向外輸出財貨、勞務，而能在這過程中，獲取利潤，使資金流向城市本身的活動，有助於該城市的經濟發展。某些製造業活動，其產品輸出於廣大地區，而使交易資金流回，促進經濟成長，乃是基本活動的最好的例證。因此，地方城鎮常常將設立新的製造業，視為改善地區經濟條件的最佳途徑。反之，非基本經濟活動，例如該城居民購買消費財貨，是一種城內居民花費消耗的行為，該城的資金呈現向外流出的情形。

　　經濟基準的城市評估，基於許多理由，無法在城市分類中，提供較佳的結果。第一，何者為基本活動，乃是這種評估的主要問題；第二，城市地區的範圍問題，涉及基本和非基本活動的區別；第三，利用就業數、薪資值或社區所得和經濟值，進行不同時間的評估，也有

其困難。

「最小需要」（Minimum requirement）是城市經濟基準的重要研究方法。計算每一個城市每種產業占全部就業數的百分比，城市每一種產業的最低比例，當作每一產業的最小需要，其他高於這類就業數值的城市，分類為「基本」或「輸出」就業兩大類，在一般城市趨勢的評估中，利用廻歸分析（regression analysis）法，以決定某種產業的最小需要。在分析過程中如有非常顯著的例外，則只好割捨不顧。

第二節　城市機能的分類

城市機能各有不同，在某一階段中，單一機能或某羣機能，成為支配該一城市的主要活動。觀察都市的機能，最好用就業結構來衡量。這項統計是以全市員工就業人數作為 100%，然後將各行各業作合理分類，看每類就業人員工人數所占全體百分之幾？便知各業所占比例之大小，也代表各項機能的組合情形。

都市的行業很多，分類項目有繁有簡，但以商業最為普遍。即使是專業化的林業城市、漁港、礦業城市，也會有許多商業，其所以稱作專業化都市，只是那一種行業就業人數所占全體百分率，比全國該行業的平均百分率較大而已。

臺灣地區人口普查行業類別，分為：①農、林、漁、及狩獵。②礦。③土石採取。④製造。⑤水、電、煤氣。⑥營造。⑦商業。⑧運輸、倉儲、通訊。⑨金融、保險、不動產及工商服務。⑩公共行政、社會服務及個人服務。⑪其他等共十一項。都市機能即可參考這些項目來分類。唯商業機能為任何都市必然具有的機能，而城鄉之分即在於城市的商業機能明顯，而鄉村則否，任何城市無可避免的必有商業，

這也說明學習商業大有前途可爲。

　　如前所言，都市可以依某一項機能特別重要，而分爲某種都市，如林業城、礦業城、大學城等。分辨都市某種機能特別重要的方法有好幾種，較爲常用的有就業員工總數分類法和全國平均數差別法。

一、就業員工總數分類法

　　就業員工總數分類法，是依照各都市就業結構中，各業人數所占全體就業總人數的百分比。擇其兩三種最多者即定爲該兩三種行業爲該市機能。

二、全國平均數差別法

　　全國平均數差別法，是將各都市就業結構每一種行業人數所占全體就業總人數的百分比，減去全國都市平均就業結構的各業所占百分比，其超過最多的一兩項，便作爲該市的主要機能。

第三節　都會內的服務業

　　一個都會區包括種類繁多的都市聚集和都市類型，如臺北市都會區，人口在五百萬人以上，其內部的都市類型，遠較一個僅三十萬人口的基隆市複雜得多。因此，都會區的服務業，也顯然地較一般城市或小都會複雜。

　　都會內服務業的類型分爲下列四種

一、購物中心

　　都會區內的零售業，依都會區體系的地理型式而作合理的分布。都會體系的基礎是地方購物中心 (Shopping center)，每一個地區性購物中心都是以吸引中間地帶的顧客爲主。購物中心規模的大小彼此不同，其商品圈的大小和形狀亦有差異，不過商品圈通常傾向圓形或橢圓形，與鄰近的購物中心的商品圈，有某種程度的重疊。亦卽在鄰接的兩個或三個購物中心的顧客，可能購買某種貨品時赴Ａ處，購買某種貨品時赴Ｂ處或Ｃ處，特別是具有特色的購物中心，常能吸引遠方的顧客。如美國洛杉磯市，華人分布無處無之，華人在購買美國貨品時，多數在附近的購物中心，而在購買中國貨品時，則特別走訪華人聚集最多的蒙特利公園市的幾家大型華人經營的購物中心。

　　購物中心的分布正如中地理論所說的分爲Ｃ級Ｂ級和Ａ級，以美國的都會情形來看，任何一個社會都有一個Ｃ級購物中心，數個社區必有一個Ｂ級購物中心及Ａ級購物中心，Ｃ級以日常用品及食物爲主，Ｂ級則擴及各種材料、器具……。Ａ級則是一個商城，你所想要買的，幾乎應有盡有。

二、批發市場

　　批發市場也是都會區服務業最普遍的行業之一，十九世紀末期和二十世紀初期，都會中的批發服務，相當集中在中央商業區的邊緣上，且有廉價水運之處，如臺北都會區的批發業，是以大稻埕爲中央商業區的四週——後火車站及迪化街一帶。萬華批發市場則是西門商

業中心的邊緣。但是近數十年以來，這種區位已經改變，新的批發市場都已遠離商業中心，特別是果菜、魚貨、肉品及家具等批發市場，都遠離商業中心，因爲每天有無數的卡車進出，有無數的貨車進出，商業中心已經無法負荷。唯有遠離都會中心而移至邊緣地帶。美國都會區的批發市場，都在土地較爲廉價的都會邊緣，一方面規模龐大需要鉅大的土地作爲集貨場、倉庫、貨品陳列場及足夠的停車場。在市區幾乎沒有可能。

三、公共服務

　　都會區的公共服務業，包括郵政、電信、福利和地方政府的服務，如市政府、警察局、救火隊、圖書館，以及教育服務等。基於中地原則，都會區的居民所要求的公共服務均不出社區之外，因此，這種服務是獨占性的或半獨占性的。都會區如果不能提供良好的公共服務或服務品質日益下降，這將是此一都會區某地即將衰落的先兆，紐約的哈林區之所以淪爲貧民窟的主要原因，乃是它的公共服務到了叫人無法忍受的地步，稍有能力者，只好一走了之。

四、其他服務業

　　包括醫療服務、保健服務、郵件快遞、保險、運輸、銀行金融、個人理財、會計納稅、法律代書、商品代理、廣告傳播、公共關係、工商企管、旅遊探親、公會同業、勞工工會、商業製造等有關食、衣、住、行、育、樂、醫、保，甚至喪、葬，即由出生到死亡的一切

服務。在上述的各項服務中，多數需要受制於專門職業者，如醫療服務，生病找醫生乃是普通之事，當個人權益受損，委由律師處理也是現代人的基本訴求，其他涉及較為專門的事務，委由專業人員處理，是社會分工後必然的結果。

由於各行各業有其固定顧客，並且受相關行業的影響，其分布亦各有特色，如律師事務所，以法院四週及其附近地區數量最多，其次是商業中心。會計師事務所亦以商業中心區及國稅局附近地區較多。其他如以「死亡」為中心的服務業則集中於各大殯儀館附近。

近年以來，中央商業區的零售業有日趨式微之勢，代之而起的是各項服務業，因此，中央商業區已經越發形成一個中央管理複合區 (central government complex)，除了政府各部會辦公大樓之外，此地乃是各方人材薈萃之所，甚至為服務者所提供的服務——如最原始的特種營業，也會在此滋生。

本 章 摘 要

1. 經濟基準的檢討：都會經濟活動先確立經濟基準，亦即其中央機能，也就是基本經濟活動。最小需要的研究為最常用的方法。計算每一種產業的最低比例，當作每一產業的最小需要。利用迴歸分析法以決定某種產業的最小需要。

2. 城市機能的分類：用就業結構來衡量城市機能。有二種方法——就業員工總數分類法和全國平均數差別法。

3. 都會內服務業：服務業類型——購物中心、批發市場、公共服務、其他服務。

習　題

一、填充:

1. 城市與都會區的經濟性三大主題: 即＿＿＿＿、＿＿＿＿、
   ＿＿＿＿。

2. 分辨都市機能的方法，常用的分類方法有三: ＿＿＿＿、
   ＿＿＿＿、＿＿＿＿。

3. 都市內服務業有四大類型: 即＿＿＿＿、＿＿＿＿、＿＿＿＿、
   ＿＿＿＿。

4. 在本校附近五百公尺以內的服務業有: ＿＿＿＿、＿＿＿＿、
   ＿＿＿＿、＿＿＿＿、＿＿＿＿。

二、選擇:

( ) 1. 以都市機能而言，臺北應屬於: (1)政治、文化、工商業
綜合都市　(2)政治性都市　(3)商業性都市。

( ) 2. 批發市場由都市中心移向外緣，主要原因是: (1)需要大
面積土地　(2)交通阻塞帶來不便　(3)人口也由都市中心
移往外緣。

( ) 3. 美國紐約的哈林區商業衰落的原因是: (1)治安不良　(2)
公共服務欠佳　(3)土地太貴。

( ) 4. 在所有的服務業中，以何種服務業永不褪色? (1)飲食業
(2)娛樂業　(3)醫藥服務。

三、問答:

1. 經濟基準的探討與都會經濟活動有何關聯？如何確立一都會區的基本經濟活動？

2. 如何根據城市機能加以分類？

3. 都會區內的服務業有那些類型？各類型有何特點？

4. 臺灣五大都市——北、高、中、南、基——之都市機能有何差異？

5. 何以大多數城市都缺少顯明的特殊機能？

第四章　銷　　售

　　銷售是第三級經濟活動中不可缺少的過程，因爲所有由第二級經濟活動中所生產的商品，不僅需要從生產地區運輸到消費地區，而且需要從生產者手中，藉著採集和分配，移轉到消費者手中。這種採集和分配活動，也就是銷售過程。

　　銷售活動有二大主題，第一是銷售路線的變遷分析，第二是影響銷售的一般因素，至於涉及市場的分界和度量，則是市場學的講授範疇了。

第一節　銷售路線

　　銷售活動之所以列入第三級經濟活動卽在於它和生產活動息息相關，尤其是銷售路線是否良好，對於生產者乃是生死存亡的關鍵，生產者如何努力生產，如果沒有良性銷售，必定造成「穀賤傷農」的悲慘結果。

　　以食物類產品的銷售爲例，包括批發、零售和其他服務公司。一般而言，農產的銷售，包含三個明顯的過程，那就是——集合(Assembly)、批發和零售，這些過程有其理想的一面，亦有可能未盡理

想。如圖 2001 所示，四種不同的銷售路線，它代表世界上不同地區的生產者，在經濟發展和農業專業化階段中不同的經營方式。

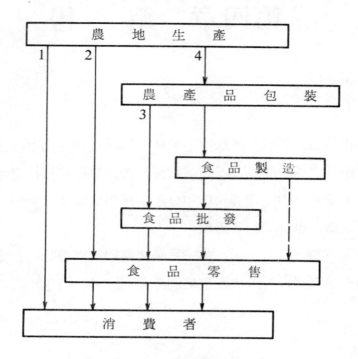

圖 **2001** 農業生產的銷售歷程

　　圖中 1 所表示的是農業生產者，直銷給消費者，在自給經濟的社會中，均採用第一種方式，也許根本沒有眞正的銷售行爲，只是以物易物的交換方式而已。

　　圖中 2 所表示的情況是農業生產者直接零售給消費者。在貨幣經濟的社會中，通常透過市場或定期市集來完成這種經濟行爲。到市場上零售的可能是農夫自己，也可能是向農夫採集農產品以維生的零售小販，這種現象在開發中的國家甚爲普遍。

　　圖中 3 所示情況是將農產品批發或集合，以納入銷售序列中，先做好分級、包裝，經由產品批發、零售而到消費者手中。一般經濟開

發和農業專業化的國家都是這樣做法。工業國家的人口均集中於都市地區，專業化的生產者與專業化的批發商以及專業化的零售業是分工合作。由於產地都不在消費地附近，必須經由批發商作產銷分配工作，批發商可以是運銷合作社，也可以是農會或產銷合作社，或由會員組成的運銷公司，總之，農人直接將產品供應消費者絕無可能，因爲一個成功的農人絕無可能又是一個成功的商人。

圖中 4 所表示的情況包括食品的製造，這種製造或處理過程在歐美國家日趨重要。農業產品由產地集合後，先運往製造商，或者作一適合市場需要的處理，如火雞宰殺後，經由製造商，將不同的部位先作處理，然後再交給零售商。新鮮水果、蔬菜、花卉等雖非製造品，但分級包裝、超市處理仍有其必要。有時並不經過批發商，由製造商直銷各大超級市場以及連鎖商店，供消費者選購，臺北市許多果菜公司經營的超級市場即屬於此類。

至於當地小規模生產的農產品，農人直接向消費者零售，在任何國家均有，所謂農夫市場（farmers market），不但價廉物美，而且還可以由農夫滿足的臉上，獲得一分購物後的溫馨。

第二節　影響銷售的因素

銷售活動有三大動力，即運輸、廣告和銀行事務。運輸是否便利、快捷、安全；廣告是否深入、普遍和持久；銀行事務是否方便、息低和週到，對於銷售有直接關係。

（一）運輸：自從運輸工具及鐵公路有了大幅改善之後，產品的運輸成本已呈現下降趨勢。過去，汽車、飛機、輪船，載量旣小又

慢，現在則是載量旣大又快速，高速公路提高了公路運輸的效率，貨櫃運輸也提高海運效率和品質，大型貨機更使世界各地貨品，在一週之內卽可上市。這種改進，促使財貨的服務範圍擴增，批發和零售業者的數目增加，各類市場銷售範圍擴大，市場與市場貿易區的重疊競爭無可避免，如此也淘汰了缺乏創意的經營者，只留下有實效的經營者在作連鎖性的銷售活動。

　　往常，運輸不便時期，商品的銷售僅及於數里或數十里，而今，只要是優秀產品，幾乎是無遠弗屆，今天臺灣出品的貨物在世界各地均可看到，一半的功勞是由於運輸活動獲得大步驟的改善。臺灣也可以有世界各國名牌產品，固然由於政府推行國際化、自由化的經濟政策，但是基本條件還是運輸活動將臺灣與世界連爲一體。

　　（二）廣告：今日的銷售經濟中，更多的個人選擇，受了廣告的影響。廣告和傳播業之所以成爲第三級經濟活動，乃是廣告和宣傳費用迅速成爲商品成本中最大開支。卽以臺灣地區工商界爲例，每年用於廣告宣傳方面的費用，總數超過五百億，廣告媒體包括電視、電臺、報紙、雜誌、海報、看板、電視牆、傳單、氣球、車廂、電影及電視片……等，所有可供視覺、聽覺、味覺（免費試吃）、觸覺（免費試用）的都爲廣告界所利用。整個社會幾乎是廣告世界。一部電影的拍攝預算如果是一千萬臺幣，廣告預算常在三百萬上下，幾乎占了 25% 以上，食品廣告更爲猖獗，廣告成本占了生產成本的 40%。許多名牌產品，並非眞的是高品質、高價位，只是廣告費用浩大，因廣告而成爲名牌。

　　廣告是一種奢侈品，只有有財力的廠商才付得起。一種產品的品牌愈多，顧客選擇的範圍愈大，銷售業的競爭愈激烈，廣告的費用就更大。

廣告本身也是一種商品，生產「廣告」的廣告代理業和傳播業成為工商業時代的寵兒，廣告或傳播公司，雇用大批人手為客戶作最好的企劃和製作，以達到促銷的效果。因此，廣告代理業的區位趨勢就顯得十分重要。廣告代理業出現在大都會中央經濟區勢所必然。臺灣地區的大型廣告公司或傳播公司幾乎均集中臺北市，分公司則以高雄市較多。

（三）銀行服務：廣告只是推介一種產品，而實際去購買一種產品，還要有財力上的考慮。西方國家的人民在消費觀念上，多趨向先消費、後付款，因此，貸款、分期付款、信用卡、金融卡便成為最常使用的購買方式。信用貨幣在先進國家是一套複雜結構的財政制度。它為消費者提供了充分的服務，也為廠商提供了銷售可能的良好方法，也使銀行界的資金得以流通，是一石三鳥的聰明做法。

近年，國內銀行業者也在積極推展消費性貸款及特別貸款，只要有條件貸到款的消費者，都可以由銀行貸到資金，購買自己生活上需要的物品，唯在照顧消費者方面還未能趕上先進國家的服務水準。

由於銀行服務可以促進銷售乃是不爭的事實，而銀行的區位選擇在都會區服務業當中就顯得十分重要了。銀行、金融、保險、經紀等業，以中央經濟區為首要考慮，其他如副都市中心或附近衞星城市設立分行或分公司是最合理不過了。全國工商中心必定是全國金融中心。由於金融服務業與工商業如同孿生兄弟。當然是「如影隨形」了。

本　章　摘　要

1. 銷售活動有二大主題：銷售路線的變遷分析和影響銷售的一般

因素。

2. 銷售路線──四種不同的銷售路線:

(1) 代表直銷。

(2) 代表生產者銷予零售商。

(3) 代表生產者經批發等銷售序列而至消費者。

(4) 生產者則經由食品製造、處理、批發、零售而至消費者。

3. 影響銷售的因素:運輸、廣告、銀行服務三大項。

習　　題

一、填充:

1. 銷售有二大主題,第一是_____,第二是_____。

2. 農產品的銷售包括三個明顯的過程,即_____、_____、
_____。

3. 銷售活動有三大動力,即_____、_____、_____。

4. 一種商品的品牌愈多,顧客的_____愈大,銷售的競爭愈激
烈,_____費用愈大。

二、選擇:

(　) 1. 產品能否使生產者和消費者同時獲利,全看(1)產品運銷
(2)產品品質　(3)產品數量。

(　) 2. 產品包裝在產品行銷方面有無影響?(1)有影響　(2)無影
響　(3)影響不大。

(　) 3. 運輸成本最高的是(1)海運　(2)陸運　(3)空運。

(　) 4. 廣告本身也是(1)一種商品　(2)一種噱頭　(3)一種包裝。

（　）5. 臺灣廣告業的營業總額，每年超過：(1)五百億　(2)七百億　(3)一千億。

三、問答：

　　1. 銷售有那二大主題？其在經濟活動中地位若何？

　　2. 銷售路線在基本上有四種，試一一略作分析。

　　3. 運輸與銷售有何關係？

　　4. 廣告在銷售活動中所扮演的角色若何？

　　5. 銀行服務與銷售有何關係？

第五篇
貿易和運輸

第一章 貿　易

第一節　貿易的基礎

一、貿易的起源

　　人類早期求生存的方法，只是採集和漁獵，靠自然界所供應的生活資源，過最原始的生活。當採集和狩獵到的食物有剩餘時，人類卽嘗試和鄰近的部落進行實物交換，以物易物卽發生貿易活動。當人類文明進入農業時代時，專業化的勞工如陶工、木匠、鐵匠、泥水匠等皆一一出現，在生產者當中就產生兩大類，卽食物生產者和財貨生產者。食物生產者以食物換取財貨；而財貨生產者以財貨換取食物。等到人類文明進步，生活水準提高，人們所需要的貨品的種類和數量日益增多，爲了滿足更多的需要，人們必須遠至貨品產地，以獲得這些財貨，大規模的貿易行爲於焉發生。早期阿拉伯商人遠至中國購買絲綢和瓷器至歐洲販賣，歐洲人遠赴遠東地區購買香料，這些都是吾人所熟知的事實。至於今日，各國貿易人員穿梭於各大洲之間，貨品種類和數量亦屬空前。卽以我中華民國而言，國際貿易總額已突破壹仟

億美金。列入世界第十三大貿易國。世界貿易總額據 1987 年估計已
超過五十兆美元（萬億為一兆）。

二、貿易的基礎

貿易的主要基礎包括：

（一）*產品的差異*：由於自然地理條件不一，氣候、土壤、地質
與自然植物各有不同。各國天然資源互有不同，這種差異構成了各國
間最重要而持久的貿易基礎。熱帶地區與北溫帶大量貿易，即基於此
項原因。世界各地人文地理條件差異更大，不同文化的民族，導致生
產上的差異，一個具有技術、進取和發明能力的民族，可以使該國生
產技術進步，製造出高品質和具有民族特色的產品，廣為各國消費者
所歡迎，逐成為今日貿易上最搶手的國際商品。

（二）*產品的盈餘*：產品部分盈餘不一定需要貿易，但是大量的
盈餘，有促進貿易的傾向。如我國北方大量生產溫帶水果——紅棗、
黑棗、胡桃、栗子……。南方則大量生產副熱帶水果——荔枝、龍
眼、香蕉、鳳梨等，因此，北貨南銷，南貨北運，便成為基本事實。
我國南北貨固然由於地理環境不同，產品有大量盈餘，確是發生貿易
的基礎因素之一。

（三）*市場的需要*：貿易的有無基於市場原則，市場的基本原則
是供需，當市場有某一種產品需求時，不管產地在那裏？商人有辦法
將產品弄來供應消費者。燕窩、熊掌並非到處都有，然而，真正想吃
的消費者，仍然可以吃到，這是市場需要促使貿易商，不遠千里想
辦法將市場需要的產品弄來。大陸生產茅臺酒之所以在臺灣市場上搶
手，市場需要是基本原因。

（四）文化的差異：人類文化的差異是不容否認的事實，而不同文化的產品，會表現出各自的特質。消費者對世界各地生產的貨品，基於個人喜愛的不同，特別愛用某國產品，有時消費者所購買的不只是商品，而是購買「文化」，例如，我國進口各國汽車，在市場上廣受歡迎，基本原因是消費者認同文化上差異所設計出來產品，最適合自己的品味，而變成該國產品的國外知音。

（五）運輸的改善：貿易的基本條件是運輸，交通蔽塞，運輸不便，產品再好、再多仍難發生貿易。自古以來貿易的發生均在交通便利的地方。然而大量的貿易基礎則是運輸工具的改善，往昔，肩挑、手提，究竟數量有限，迨運輸工具利用飛機、輪船、火車、汽車之後，貿易因而更為快速、便捷、安全、低廉。過去被認為珍貴商品因大量供應，一般消費者也可以享用了。

（六）安定的環境：社會生活能發揮正常機能，政治條件保持穩定，是貿易和商業得以發榮滋長的必要條件。社會秩序與社會治安的敗壞是貿易衰敗的主因，政治條件不穩定或適應不良，亦難有繁盛的貿易景象。兩次世界大戰，受害最大的是商業，一地如果有局部戰爭，亦影響貿易。內戰、叛亂、戒嚴、管制、高關稅等，都不是良好的貿易環境。國際化、自由化、制度化的貿易政策，再配合自由、民主、均富、安定、公正的社會環境，是貿易發展的基石。

第二節　貿易的型式

一、貿易類型

一般而言，任何國家的貿易，均可分爲二大部分，即：

(一) 國際貿易 (International trade)：乃是指國與國之間商品和勞務的交換行爲。由於地理環境不同，物產及經濟活動各異，想要在一定的區域內，達成自給自足的經濟，以現在的標準去衡量，是不可能之事。最好能「貿遷有無」而與其他地區發生商業行爲，國與國之間的貿易乃不可避免。國際貿易的重要性，各國互異，英國、日本以及我中華民國等都是對國際貿易依存較重的國家。半數以上的糧食及大部分的工業原料均依賴進口；而產品中外銷比例一向重於內銷，因此，「無外貿即無以生存」對於英、日及我國臺灣地區而言，乃是不爭的事實。

(二) 國內貿易：是一國內部的貿易，它涉及國內個體的買賣財貨。各國國內貿易亦有不同，視各國國土的大小、資源種類和數量、人口多寡、國民生活水準，以及國內交通運輸條件和市場組織的發展程度而定。世界上一等富強的國家，如美國、蘇俄、英國、法國、日本等，都有大量的國內貿易；有些國家，由於經濟正待開發，如緬甸、高棉、祕魯等國，只有少量的國內貿易。一個國家的國內貿易不可輕估，如英國，國內貿易約占其貿易總額 65%。美國則超過 75%。因此，國內市場反而是生存的最大空間。

二、國際貿易的類別

國際貿易可以分為兩類：①輸入貿易(Import trade)：包括由國外輸入本國的財貨和服務。②輸出貿易 (Export trade)： 包括運往國外以供銷售的財貨和服務。有些國家對其鄰近的國家從事大量的輸出貿易，亦對遙遠的國家和地區也儘可能輸出貨品，如日本、西德等國。有些國家只對某些特殊條件的國家進行國際貿易，如北韓及東歐共產國家。

各國均力求國際貿易平衡， 如果其輸出值大於輸入值， 則為出超，亦卽處於順差地位；輸入值大於輸出值，則為入超，貿易則處於逆差地位， 也就是所謂的貿易赤字， 該國可能出現財政拮据現象。1987 年美國的貿易赤字達 700 億美元。我中華民國貿易順差則為 150 億美元，外匯存底超過 750 億美元。

三、國際貿易商品分類

國際貿易商品，種類繁多，大別之，可分為以下四大類：

（一）食品類：又可分為小麥、玉米、黃豆等穀物類；豬肉、牛肉、羊肉等肉類；洋菇、蘆筍、鳳梨、蘋果、梨、杏等水果類。

（二）紡織品類：世界人口眾多，對於衣著的需求量大，因之，棉、毛及各種人造纖維的紡織品貿易為大宗。

（三）礦產品類：煤、鐵、銅、鋁、石油為主，尤其是石油，近年成為各種能源中的寵兒，石油輸出國身價倍增，石油消費國的成本加重， 經濟發展深受影響。 近年石油價格下降， 經濟方呈現緩慢復

甦。

（四）工業成品類：如電氣、化工、機械、電子、船舶、汽車、飛機等工業產品。

四、世界貿易概觀

（一）石油為世界最大的國際商品：在國際性商品中以石油居第一位，1987 年國際貿易量達美金 18,000 億以上。

（二）美國為世界最大的貿易國：美國雖地大物博，美國人消費量大，據估計，美國 2.3 億人口，消費全球 50% 的自然資源。

（三）西歐、美加、日本為世界三大工業品產地：西歐為世界最早的工業化地區，美國亦後來居上，日本在第二次大戰後也以蕞爾小國，列入經濟大國之林。

（四）南半球國家經濟開發較遲；北半球國家經濟開發國較多：一般所謂南北對峙，即南半球貧窮國家多，北半球經濟開發國較多。

（五）非洲、澳洲、南美、南洋羣島為世界四大原料供應地：非洲天然資源豐富甲於各洲，澳洲、南美、及亞洲的南洋羣島天然資源豐富，工業在起步狀態，故生產各種工業原料以供應世界各地。

五、世界主要貿易組織

（一）貿易集團：

(1) 美元集團：以美國為首，加拿大、中南美洲、東南亞洲、日本及中華民國。這些國家對外貿易以美國為主，各國貨幣也以美元為匯兌基準。

(2) 英鎊集團：以英國為主，其次為英國協國家，如印度、香港、新加坡、馬來西亞等國屬之，他們和英國貿易享有關稅上的優待。

　　(3) 法郎集團：以法國爲首。但自法國參加歐洲共同市場後，非洲各國成爲此組織的副會員國，享受土產品銷歐優待。

　　(4) 盧布集團：原蘇俄及其各附庸國，以盧布爲貨幣，相互貿易，現蘇俄解體，盧布集團已名存實亡。

　　(二) 歐洲共同體(European Economic Community E. E. C.)：西歐的德、法、義、荷、比、盧六國首先發起，於 1958 年 1 月簽訂共同協定，規定六國於四年內對會員國的關稅削減 40%，於最長 15 年內，消除關稅及進口稅，六國並對共同市場以外的各國的輸入貨物劃一關稅。1973 年，丹麥、愛爾蘭、英國加入。1981 年 1 月 1 日，希臘加入 E. E. C.，1986 年後，西班牙及葡萄牙也宣告加入，共同市場變成十二國。歐洲共同體在歐洲國際經濟上之比重極大，1990 年貿易值，輸入占自由世界輸入總值 41%，占自由歐洲 80%；輸出占自由世界 39.4%，占自由歐洲 83.2%。E. E. C.經濟實力，有地域面積 1,538,000 方公里，人口 2.8 億，國際外匯準備金，1990 年爲 1,950 億，占自由世界國際外匯準備金總額 32%。(圖 2101)

　　(三) 歐洲自由貿易協定(European Free Trade Association)：係於 1960 年 1 月，由奧地利、丹麥、挪威、葡萄牙、瑞典、瑞士及英國聯合簽署成立，其後芬蘭、冰島相繼加入，而英國、丹麥於 1972 年退出。同年 7 月，ETA 與 EEC 簽約先取消工業品關稅 (芬蘭除外)，1987 年再將所有貿易中 90% 免除關稅。

　　(四) 石油輸出國家組織(The Organization of Petroleum Exporting Countries)：簡稱 OPEC，於 1965 年成立，參加國家有伊朗、伊拉克、沙烏地阿拉伯、科威特、阿拉伯聯合大公國、卡達、印尼、阿曼、利比亞、巴林、加彭、委內瑞拉、厄瓜多爾等十三國，目的在協調石油價格，保障石油輸出國的利益，是目前世界上最富有的貿易集團。另有關稅貿易協定 (The General Agreement on Tariffs and Trade，簡稱 GATT) 有 96

國參加，主要目的在於簽約國應遵守自由貿易原則，不以政治力量來限制
國際間的經濟環境，我國正準備重返該組織。

（五）其他：尚有東南亞國家聯盟(ASEAN)、中美洲統合聯盟
(LAIA)、西非國家經濟共同體(ECDWAS)、亞太經合會議(APEC)、澳
洲與紐西蘭自由貿易協定、美國與以色列自由貿易協定、美國、加拿大、
墨西哥三國所組成的北美自由貿易協定(NAFTA)，已於 1994 年初正式
實施，近年來美國與亞洲新興國家貿易糾紛日增，有意與日本簽訂貿易協
定，或組成太平洋邊緣經濟協定(Pacific Rim Economic Pact)以解決與
亞洲國家貿易紛爭（表2101）。

表 2101　世界主要經濟聯盟（自由貿易區）

名　　　　稱	生效日期	目前參加會員國
歐洲共同體(EEC)	1958 年 1 月	法國、英國、西德、義大利、比利時、荷蘭、盧森堡、愛爾蘭、丹麥、希臘、西班牙、葡萄牙。
歐洲自由貿易協定(EFAT)	1960 年 1 月	挪威、冰島、瑞典、芬蘭、瑞士、奧國。
中南美統合聯盟(LAIA)	1981 年 3 月	墨西哥、阿根廷、巴西等 11 國。
澳洲與紐西蘭自由貿易協定	1982 年 12 月	澳洲、紐西蘭。
美國與以色列自由貿易協定	1985 年 8 月	美國、以色列。
美國與墨西哥	1989 年 1 月	美國、墨西哥。
美國與加拿大自由貿易協定	1987 年 11 月	美國、加拿大。
北美自由貿易協定(NAFTA)	1994 年 1 月	美國、加拿大、墨西哥三國所組成。

資料來源：世界經濟評論

第三節　我國對外貿易

我國地大物博，人口眾多，應是世界大貿易國才對，唯以工業尚不及
歐美國家發達，國民所得亦屬中下，特別是大陸地區，溫飽尚有不足，國

際貿易量與人口數不成正比，唯中華民國臺灣地區，經濟開發、工商發達，國際貿易量與大陸等量齊觀。民國 81 年，全年總貿易額爲 1,400 億美元，出超 133.2 億美元。

一、我國的對外貿易

（一）民國 38 年以前的我國國際貿易

政府在遷臺以前，我國對外貿易可分爲兩個時期：

1. 抗戰以前的對外貿易：主要輸出品爲生絲居首，豆類、豆餅次之，棉、蛋、茶、絲綢等再次之，可見戰前我國主要出口貨品爲農產品及其加工品；重要輸入品爲衣、食兩類貨品爲主，如棉布、棉紗及呢絨織物爲主，糖、米次之，麵粉、煤油又次之。主要貿易港口爲上海、大連、天津、廣州、青島、汕頭、安東等港。

2. 抗戰以後的對外貿易：輸出品以桐油、白臘、豬鬃、礦砂、茶葉爲主；輸入品則以棉花、棉紗、石油產品、機械工具、化學品等爲主。貿易港以上海、九龍、天津、廣州、大連、葫蘆島等港爲主。

（二）我國現階段的國際貿易

1. 近年貿易總額：我國各年貿易額佔國民生產毛額比例高達 11.8%，民國八十四年國際貿易總額達 2,152 億美元，年增率達 21%，爲世界第十四大貿易國，說明貿易依存度高的事實。

2. 輸出品內容：近年以來，我國生產事業繼續開拓新輸出產品，並提高品質，降低生產成本，因之，我國輸出品，在工業國家，保持物美價廉的優越地位。民國六十九年工業產品已占輸出總值 93%，至民國八十年又提高至 94.3%，至民國八十六年六月，升爲 97.6%。其中重化工業產品九千九百四十一億元，較上年同期增加 6.3%，非重化工業產品五千八百四

表2102　中華民國臺灣地區進出口貿易（以美金表示）

中華民國七十年至八十五年　　　　　　　　單位：百萬美元

年　別	出　口	進　口	出超(＋)或
	貿易值	貿易值	入超(－)
七十年	22,611	21,200	(＋)　1,412
七十一年	22,204	18,888	(＋)　3,316
七十二年	25,123	20287	(＋)　4,836
七十三年	30,456	21,959	(＋)　8,497
七十四年	30,723	20,102	(＋)　10,621
七十五年	39,789	24,165	(＋)　15,625
七十六年	53,679	34,983	(＋)　18,695
七十七年	60,667	49,673	(＋)　10,995
七十八年	66,304	52,625	(＋)　14,037
七十九年	67,214	54,716	(＋)　12,498
八十年	76,176	62,861	(＋)　13,318
八十一年	81,470	72,007	(＋)　9,463
八十二年	85,091	77,061	(＋)　8,030
八十三年	93,049	85,349	(＋)　7,700
八十四年	111,659	103,550	(＋)　8,109
八十五年	566,152	550,739	(＋)　15,413

十三億元，　較上年同期增加3.3%，使我國工業產品超出勞力密集產品的範疇，而向技術密集及資本密集工業產品，顯示我國各項經濟建設已有極大的成果。

　　我國農產加工品的輸出值，雖然年有增加，但所占比率逐年降低，農產品及其加工品，僅占輸出總值2.1%而已。

3. 輸入品內容：臺灣天然資源有限，爲維持國民的充分就業，加工出口爲主要貿易導向，並且輸出勞務，以爭取更多的外匯收入。民國六十五年輸入總值已達 76 億美元，民國七十五年更創下輸入總值 241 億美元的紀錄。主要輸入品爲電子產品，占三十四億二千五百萬美元，鋼鐵產品，占十七億一千八百萬美元，化學品二十七億六千四百萬美元，機械二十四億美元，其他占一百三十八億美元。

八十六年六月重要輸入品，第一位爲農工原料，占輸入總額 66.8%，第二位爲資本設備，占 20.1%，第三位爲消費品，占 13.1%。

4. 主要貿易對象國家：美國占第一位，占我國對外貿易總額 29.3%，歐洲居第二位，占 18.43%，香港居第三位，占 16.3%，亞洲(不含日本)，占 12.5%，日本占 12.1%，其他地區占 11.4%(以上均爲進出口合併計算)。

民國八十四年出口總值達 1,117 億美元，較八十三年增加 20.1%；入口總值 1,036 億美元，較八十三年增加 21.3%；出超增加爲 81 億美元。

二、當前我國對外貿易的弱點

(一)貿易商品的結構轉變：在出口商品之中，勞力密集型商品，如紡織品、塑膠製品(主要爲塑膠鞋)、罐頭食品、電子產品等，約占 16%；另外，由於科技的發展，臺灣的電腦出口已排名世界第 3 (1996)。唯我國初級勞工供應逐漸短缺，工資持續上漲，勞動成本不斷增加，但政府開放外勞來臺工作，尚可彌補這方面的缺失。因此臺灣的貿易產品，除了在精密工業發展外，更爲自行研發創造發展以促進臺灣產業升級。

(二)貿易地區過於集中：我國對外貿易主要集中美國、日本、中國大陸，對美、日進出口占總貿易量 40%以上。近年以來，政府雖一再致力於分散市場，迄無顯著成效。1991 年對美貿易順差達 82 億美元，對日貿

易逆差達 97 億美元，對中國大陸貿易順差達 48 億美元，如此過度集中，極易遭受美、日、大陸經濟情勢變化或貿易政策改變的不利影響。同時也面臨，出口依賴大陸，進口依賴日本的雙層危機。

　　(三) 貿易公司家數多，規模過小：目前從事對外貿易的廠商，可分為三類：第一類是生產事業進口自用原料及出口自產商品。第二類是純粹出口商。第三類為具有進口與出口資格的貿易商。截至八十一年止，屬於第一類的 71,094 家，屬於第二類的達 4,450 家，屬於第三類者為 2,450 家。韓國在 1986 年與我國貿易出口相等，其貿易商只有 2,100 家。

三、海島型經濟與國際貿易

　　海島型經濟有三大特徵：①自然資源缺乏：世界上中小型海島國家，多半天然資源缺乏，日本及太平洋各海島國是最好的例子，臺灣島亦復如此。②以出口為導向的對外貿易：海島型經濟的命脈為國際貿易，進口工業原料、生產設備及技術，製造成工業成品再出口，造成順差以促進經濟繁榮。③人力資源充沛：大部分海島型經濟，人力資源均甚充沛，而人口素質亦較高，英國、日本等國，均以高素質的人力資源，領先各工業國，臺灣地區，由於教育普及，職業教育進步，在工業發展過程中對於社會的貢獻也不遺餘力。

　　臺灣經濟體制，無論是日治時期、進口替代時期、或出口擴張時期，由於國際依賴程度高，於民國 60 年代以後，深受國際經濟景氣或蕭條的影響，且對外高度依賴美日兩國，即出口高度依賴美國，美國市場佔我國出口總值的百分比以民國 73 年最高，達 78.8%，幾乎佔出口總值的一半；進

口則依賴美、日，總值高達 52.3%。臺、美、日的三角貿易，形成臺灣對外貿易的一項特徵，此即從日本進口半成品，經加工後，出口輸往美國，結果造成對美貿易順差越大，對日貿易逆差也越大的現象。增加生產與擴展輸出，是發展經濟的兩大支柱。

　　由於臺灣是個資源缺乏的海島，為海島型經濟，經濟能否快速成長，主要是依賴貿易。民國 70 年代中期以來，臺灣發生產業結構轉變，企業廠商大力推行海外投資，加上國際經濟大環境發生變化，亞太經濟興起，若干國家或地區極力吸引外資，而逐漸形成經濟依賴的關係。

本　章　摘　要

1. 貿易的起源：專業化勞工出現以後，生產者分為食物生產及財貨生產二大類，乃有貿易發生。人類文明進步，需要多，貿易更為迫切。

2. 貿易的基礎：

　(1) 產品差異。

　(2) 產品盈餘。

　(3) 市場需要。

　(4) 文化差異。

　(5) 運輸改善。

　(6) 安定的環境。

3. 貿易類型：國際貿易和國內貿易。國際貿易又分為輸出和輸入兩類。

4. 國際貿易的商品分類：食品、紡織品、礦產品、工業成品。

5. 世界貿易概觀：石油為最大商品。美國為最大貿易國。西歐美加日本是三大工業品產地。南半球開發較遲。非洲澳洲南美洲南洋為四大原料供應地。

6. 世界主要貿易集團：美元集團、英鎊集團、法郎集團、盧布集團、歐洲共同體、歐洲自由貿易協會、石油輸出國家組織、其他組織。

7. 當前我國對外貿易的弱點：商品結構落後、貿易地區過於集中、貿易公司過多。

8. 海島型經濟的特徵：天然資源缺乏、出口為導向的對外貿易、人力資源充沛。

9. 我國的對外貿易：民國八十年全年對外貿易總額達 1,400 億美元，居全球第十二位。主要貿易國為美國、日本、歐洲、亞洲、香港。對中國大陸的間接貿易正以巨大漲幅增進中。

習　　題

一、填充：

1. 生產者可分為二大類，即_____、_____。

2. 貿易的基礎有六，即_____、_____、_____、_____、_____、_____。

3. 貿易的類型分為二種，即_____、_____。

　　4. 當前我國貿易的缺點：_____、_____、_____、_____。

　　5. 海島型經濟的特徵為：_____、_____、_____。

二、選擇：

（　　）1. 在國際貿易中，居世界第一商品的是：(1)穀物　(2)石油　(3)機械。

（　　）2. 美國二億四千萬人口，消費全球資源占：(1)40％　(2)50％　(3)60％。

（　　）3. 世界最大的貿易集團為：(1)歐洲共同體　(2)石油輸出國家組織　(3)法郎集團。

（　　）4. 我國對外貿易主要商品中居第一位的是：(1)電子產品　(2)成衣　(3)鞋類。

（　　）5. 我國輸入品占第一位的是：(1)原油　(2)電子產品　(3)化學品。

（　　）6. 我國為世界第幾大貿易國？(1)十二　(2)十三　(3)十四。

（　　）7. 我國主要貿易國家中居第一位的是：(1)日本　(2)美國　(3)香港。

（　　）8. 我國對外貿易處於：(1)順差　(2)逆差　(3)平衡。

三、問答：

　　1. 試述貿易之起源？

　　2. 貿易有那些基礎因素？試詳述之。

　　3. 貿易如何分類？國際貿易的商品分為那四大類？

　　4. 世界貿易有那五大特徵？

　　5. 世界上有那些主要貿易集團？以那一個勢力最大？

6. 我國對外貿易有那些弱點？

7. 海島型經濟有那些特徵？

8. 現階段我國對外貿易的概況若何？

第二章 運　輸

第一節　運輸方式及發展趨勢

一、交通運輸的重要性

　　交通爲實業之母，國家之貧富，地方之繁榮與否，端視交通發展之情況而定。由於各地出產不盡相同，如無交通從中聯繫，各種產品無法充份發揮其效能，人類在生活享受方面，也無法豐盛裕如，故從原料至加工廠再到消費者，交通實爲最重要之媒介，正因爲交通之發展，可促進工商發達、經濟繁榮、文化傳布、政治團結與國防鞏固，我國十大建設中有六項屬於交通建設。

二、交通運輸的演進及發展趨勢

　　人類使用最早的交通路線爲陸上道路，我國即是世界上最早興築陸道的國家，早在 2,600 年前，秦始皇即修築「馳道」以通全國，不但促使貨暢其流，亦便於控制全國。歐洲有「羅馬古道」其作用亦同。

十八世紀，英人史蒂芬遜，發明蒸汽機車，開始有了有軌鐵路，這是交通現代化的開端；從此交通發展，進入劃時代的境界。

水上交通以我國為最早，秦始皇開鑿了世界上第一條運河——鴻溝，然後又鑿靈渠；隋煬帝開鑿溝通長江、黃河的大運河，是世界上最長的一條運河。海上交通亦以我國為最早，秦代徐福渡海求仙，隋通流球，宋通南洋，明代鄭和七下西洋，都是我國發展海洋事業的輝煌事蹟，這些都比西方為早，十三世紀舵槳的發明，造成西、葡兩國極盛一時的大帆船時代；十九世紀的後半期，海上交通進入輪機時代，使海上交通另闢歷史新頁。

空中交通，是發展最晚卻是最進步的交通。民用航空始於第一次世界大戰以後，而蓬勃發展則在第二次世界大戰以後，迨噴射引擎發明以後，空中交通更以驚人的姿態大步前進，而今廣體客機越洋飛行可以朝發夕至，即使是環繞地球一週，也只要二十多小時，真正是天涯若比鄰了。

陸上交通也因電氣化火車及高速公路和地下鐵路的普遍而有所改進，變得更為快速、安全、方便、無遠弗屆。水上交通也因核動力商船及專用船增多而進入新紀元，陸、海、空立體交通，使世界變得更小。

三、運輸方式

（一）鐵路運輸

1. 鐵路運輸的特性

（1）載重量大：各種運輸工具中，除輪船外，以火車的載重量最大，故火車的運費較廉。

　　(2) 速度較快：火車速度，在各種交通工具中，僅次於飛機。

　　(3) 操作方便：鐵路機車沿鐵軌行走，操作容易，煤、汽油、柴油和電力均可爲火車動力。

　　(4) 安全可靠：行車路線固定，行車定時，意外事件甚少發生。

　　(5) 運費低廉：笨重、價廉、易損、易腐之貨物，以火車運輸較爲廉宜，長途運輸，火車亦優於汽車。

　2. 鐵路軌距

　　兩條鐵軌間的距離，叫做軌距。軌距的寬窄受該地地形及經濟情況而決定。

　　(1) 標準軌：1.435 公尺，英、美、加、墨及我國大陸均採用之。

　　(2) 寬軌：1.524 公尺，蘇俄及印度均採用之。

　　(3) 窄軌：1.067 公尺，日本、印尼、挪威以及臺灣地區採用之。

　3. 世界鐵路的分布

　　鐵路的運輸量大，其修建受地形的限制甚大，臺灣可以修三條橫貫公路，卻無法修築一條橫貫鐵路，因鐵路的坡度應在 1％以下方才安全，而且鐵路的設施較公路爲多，投資大，營運成本較公路爲高，自汽車及高速公路興起以後，鐵路營運深受影響，臺灣地區鐵路營運即深受高速公路之影響以致年年虧損，美國亦復如此，美國私營的各大鐵路公司，均已裁員緊縮業務，有些已拆除改建高速公路。

　　(1) 鐵路在各洲分布：以歐洲最密，各國之中以比利時密度最大，每平方公里有鐵路 16 公里，英國居次，每平方公里有 14.1 公里。倫敦爲英國鐵路中心，巴黎和柏林則分別爲西歐及中歐的鐵路中

表 2201　世界主要國家鐵路網及客貨運量

1991 年

鐵路網		鐵路運客量		鐵路貨運量	
國　家	公里	國　家	每公里億人	國　家	每公里億噸
美國	199,938	前蘇聯	4,170	前蘇聯	37,000
前蘇聯	147,522	中國大陸	2,962	美國	17,000
加拿大	93,544	印度	2,436	中國大陸	10,000
印度	62,211	日本	2,304	加拿大	2,600
中國大陸	53,187	法國	610	印度	2,200
德國	43,015	波蘭	502	德國	1,900
澳洲	38,393	德國	500	巴西	1,050
法國	34,270	義大利	428	南非	980
阿根廷	34,183	南韓	226	波蘭	960
巴西	29,814	羅馬尼亞	220	羅馬尼亞	680
日本	20,254	美國	201	捷克	610
英國	16,584				
義大利	16,066				
西班牙	12,560				

心。

各洲之中，以北美洲鐵路最長，各國之中以美國鐵路長度居世界第一，芝加哥和聖路易爲美國最大鐵路中心。蘇俄鐵路長度居世界第二位，蘇俄有一條世界上最長的鐵路——西伯利亞鐵路，由東方的海參崴越過西伯利亞經過新西伯利亞、車里雅賓斯克、莫斯科直達聖彼得堡，全長 9,600 公里。最近又完成西伯利亞鐵路北線，直通蘇維埃港。

(2) 我國鐵路交通：我國鐵路創始於清光緒七年 (1881)，距今僅百餘年，然鐵路長度僅中國大陸地區27,989公里，除東北地方以外，尚未構成網狀，亦未能普遍達於邊疆，中共佔有大陸後，對於鐵路修築可謂不遺餘力，新建鐵路超過二千公里，已有網狀雛形，但是進步速率仍落在各國之後。

臺灣地區鐵路幹支線總長 1,104.7 公里，其中雙線 300 公里，北廻鐵路已修築完成，南廻鐵路由枋寮至臺東卑南，已於八十一年完工，臺灣已有環島鐵路了。

(二) 公路運輸

1. 公路的種類：

公路有兩類：一爲普通公路，路面可分爲水泥、柏油和碎石路面三種；一爲超級公路 (Super highway)，又稱高速公路：其特徵是：路面高架或以柵欄隔開，寬濶平直，無平交道，無紅綠燈。這種公路初由納粹德國興建以供軍事需用，美國仿建後稱爲超級公路。

2. 公路運輸的優劣點

公路較鐵路易於修築，受地形限制較小，崇山峻嶺亦可盤旋上下，故公路運輸可以深入窮鄉僻壤，機動性亦高，網路普及，利於客貨運輸，並可服務到家，鐵路、航空、水運難以比擬。但汽車運輸量較小，且以汽油或柴油爲燃料，運費較火車爲高是其缺點。

3. 世界主要國家公路分布

(1) 美國：世界各國公路線，以美國爲長，全國公路總長度超過 600 萬公里，其中 7,328 公里爲高速公路。1987 年，美國有汽車一億四千萬輛，平均 1.7 人即有一輛汽車，汽車數占全球總數50％。

(2) 法國：法國公路最密，大多數是古代羅馬道及拿破崙時代修築的。巴黎是全國公路幹線的中心，此外，更有許多較小的公路中心，使全國公路密如蛛網，尤以各盆地及各工業區公路網最密。公路總長居全球第二。

(3)獨立國協：公路長度不及法國，且客貨汽車不多，私人汽車更少，陸路運輸以鐵路爲主，且正邁向自由化，正迫切需要建造更多的高速公路，以利運輸。

(4) 其他國家：巴西是南美洲公路最長的國家，約有五十萬公里。非洲則以南非公路最發達。其他如加拿大、英國、義大利、德國、波蘭、澳洲等國，公路亦甚發達。

世界上最長的一條公路爲泛美洲高級公路，北起阿拉斯加的費爾班克（Fairbanks），南迄南美洲南端的奔德亞利拿（Punta Arenas）全長14,000公里。

(5) 我國的公路運輸：我國公路長度，大陸部分，也正積極興建中，1990年統計全長約89萬公里，與 國父實業計畫之 160 萬公里，相去不遠。大陸地區也在興建高速公路，有多條已完工通車。臺灣地區，八十一年統計公路長度達20,052.7公里，其中國道——中山高速公路 —— 381.8公里，北二高有部分路段已通車(中和至新竹全長94公里)。省道4,163.5公里，縣道2,649.5公里，鄉道12,471.3公里，並有三條東西橫貫公路。

(三) 水路運輸

水路可分爲兩大部分，一爲內河航運，一爲海洋運輸，茲分述如

下：

（甲）內河航運

1. 天然河川是否成為良好水道，與下列自然因素有關：

（1）河水深度：若河流淤淺，難有航運之利。臺灣的淡水河，昔日可由河口上溯航至桃園縣的大溪，今日巳不能通航。黃河雖長，中下游因河床淤淺而之航運之利。

（2）河川流向：如亞洲北部的大河川，鄂畢河、葉尼塞河和勒拿河，均向北注入北極海，愈向下游，封凍期愈長，難有航運之利。

（3）河川流域的氣候：酷寒的氣候有礙人類活動，如葉尼塞河，水量不亞於萊因河，唯位居寒帶地區，全年冰期甚長，水運狀況不若歐洲中型河川。

（4）優良河川的基本條件：水深河寬，流路綿長，支流眾多，便於轉運，河流水位季節變化小，多不結冰，途中無瀑布急流，俾使航船上下無阻。我國的長江堪具上列條件。

2. 各洲內河航運概況

世界各洲內河航運，以歐洲及北美洲最為發達，澳洲和非洲的內河航運最差。

（1）歐洲：歐洲的萊因河，自瑞士的巴塞爾（Basel）以下，流經法、德及荷蘭，在鹿特丹附近注入北海，是歐洲航運最繁的河流，每年運輸的貨物在2,000萬公噸以上，河口的商港鹿特丹（Rotterdam）是世界上最大的貨物轉口港，萊因河以東的威悉河（Weser R.）、易北河（Elbe R.）及奧得河（Oder R.）航運均極發達。法國的塞納河（Seine R.）、羅亞爾河（Loire R.）、加侖河（Garonne R.）、隆河（Rhone R.）均有航運之便。多瑙河（Danube R.）雖長，但因河水注入黑海，出口不良，航運較差。英國河川亦有航運之利，唯河

流短促，航運稍差。

(2) 北美洲: 本區以密西失比河 (Mississppi R.) 和西北的哥倫比亞河 (Colombia R.) 及聖羅倫斯河 (St. Lawrence R.) 水運最爲發達。尤以聖羅倫斯河，深入內陸五大湖區，連結成一個巨大的內陸河湖水運系統，其運輸量十分驚人，沿河各河港均爲工業大城，是北美洲最繁忙的內陸水運系統。

(3) 亞洲: 以中國的長江爲最盛，輪船自吳淞口可達四川屏山縣， 夏季洪水期萬噸海輪可直達漢口， 多季亦可通行 5,000 噸的江輪。漢口宜昌間可駛 3,000 噸江輪，宜昌以上可行 800 噸以下的淺水江輪。長江各支流亦可通航。珠江水運亦甚發達，江輪可深入廣西。黑龍江和松花江均可通航輪船，但多季封凍達 5～6 個月。印度的恒河和中南半島上的湄公河，下游均可通航。

(4) 南半球: 南美洲的亞馬孫河，水深流長，可航巨輪，大船可上溯至祕魯的伊奇多 (Iquitos)，深入內陸 3,600 公里，只可惜兩岸均爲赤道雨林，未曾開發，客貨輪均稀，只有阿根廷的拉布拉他河 (La Plata R.) 及其支流，航運較盛。

澳洲氣候乾燥，河流短淺，只有墨累河 (Murray R.) 下游有航運之利。非洲爲一廣大高原，河川中下游常有瀑布或急流，使航運中斷，如剛果河(Congo R.)、尼羅河(Nile R.)、三比西河(Zambezi R.) 等均有此缺點。

(乙) 海洋運輸

海洋爲廣濶的運輸大道，過去，海洋爲阻絕對外連絡的原因，而今海洋卻是通往世界各地最廉宜的途徑。水有浮力，又無地形限制，故運輸能力特別龐大，運費因而低廉。大洋運輸的工具，有專門載客的定期郵輪，有專門載貨的散裝貨輪及貨櫃輪，也有專運特殊貨品的如油輪、瓦斯輪、

穀物輪、汽車輪、木材輪、礦砂輪、冷凍船、家畜船等。今日海上貨運仍十分重要，唯因航空事業的競爭，郵輪客運已日薄西山。更由於世界性經濟不景氣，超級油輪也十輪九停，唯貨櫃輪有增無減。1991 年，臺灣貨櫃運輸占全部進出貨物 75%，其他國家亦不相上下，可見貨櫃運輸正方興未艾。

四、航空運輸

（一）航空運輸的優點

1. 運輸快速：水運由臺灣至美國西海岸，至少需時 15 天，以空運僅需 15 小時。快速達 24 倍。

2. 平穩舒適：廣體客機，機艙無異客廳，且飛行平穩舒適，無顛簸之苦，載貨亦安全可靠。

航空運輸的最大缺點為貨運量小，運費昂貴，在國際貨運量上仍不及海運 1/100。

（二）世界主要航路

1. 大西洋航路：為世界航空事業中最繁盛的一線，聯絡歐美各工業國。冰島、百慕達、亞速爾皆為重要中途站。

2. 太平洋航路：係亞、美、澳三洲的航空線。夏威夷、中途島、威克島和阿拉斯加均為重要中途站。

3. 歐亞航線：香港、新加坡、臺北、曼谷、加爾各答、開羅等，為重要航空站。

4. 北極航線：係大圓航路，為歐美、歐亞間的捷徑，因此戰略價值大，目前因受國際局勢的影響，商業運輸並不繁盛。

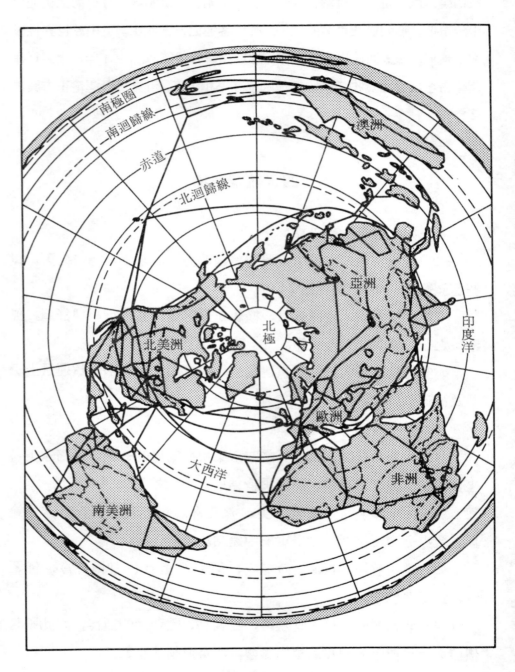

圖 2201 世界主要航空線

第二節　世界主要港口及其航線

　　世界主要海港數目在五百以上，由於篇幅所限，無法一一詳加介紹，茲依本國和外國二大部分，列表如下：

一、本國主要海港

（一）臺灣地區

　　高雄港、基隆港、花蓮港、臺中港、蘇澳港爲臺灣五大國際港。而高雄港已列世界第十大港。世界第四大貨櫃港。

（二）大陸地區

　　1. 東北的海港：安東、大連、旅順、營口、葫蘆島。

　　2. 華北的海港：秦皇島、天津、塘沽、龍口、煙臺、威海衞、青島、石臼港。

　　3. 華中的海港：連雲、上海、寧波。

　　4. 華南的海港：三都澳、福州、廈門、泉州、漳州、汕頭、澳門、廣州、香港。

二、世界主要海港

（一）亞洲地區

1. 日本：神戶、大阪、橫濱、長崎、廣島、名古屋等。

2. 韓國：仁川、釜山。

3. 菲律賓：馬尼拉(Manila)。

4. 印尼：雅加達(Djakarta)。

5. 馬來西亞：吉隆坡(Kuala Lumpur)。

6. 新加坡(Singapore)。

7. 越南：海防(Haiphong)、西貢（胡志明市）(Saigon)。

8. 印度：加爾各答(Calcutta)。

9. 斯里蘭卡：可倫坡(Colombo)。

10. 沙烏地阿拉伯：達曼(Damman)、吉達(Juddah)。

11. 波斯灣地區：科威特(Kuwait)。

12. 伊朗：布什爾(Bushehr)、阿巴斯(Bandar Abbas)。

13. 土耳其：伊斯坦堡(Istanbul)。

14. 伊拉克：巴斯拉(Al Basrah)

15. 以色列：臺拉維夫(Tel aviv Jaffa)、海法(Haifa)。

16. 黎巴嫩：貝魯特(Bayrut)。

17. 俄羅斯（亞洲部分）：海參崴(Vladivostok)、蘇維埃港(Sovet -skaya Gavana)。

(二)歐洲地區

1. 希臘：比里夫斯(Piraievs)雅典外港、薩羅尼加(Salonica)。

2. 保加利亞：伐爾那(Varna)。

3. 羅馬尼亞：康斯坦薩(Constansa)。

4. 南斯拉夫：阜姆(Fiume)。

5. 阿爾巴尼亞：發羅爾(Vlare)。

6. 義大利：熱那亞(Genova)、那不勒斯(Naples)、威尼斯(Ven-ice)。

7. 西班牙：巴塞隆納(Barcelona)、直布羅陀(Gibraltar)。

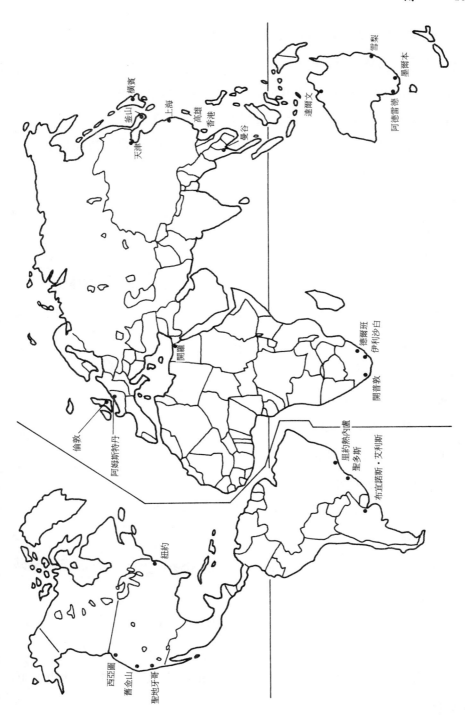

圖 2202 世界主要港口

8. 葡萄牙：里斯本(Lisbon)、奧波多(Oporto)。

9. 法國：馬賽(Marselle)。

10. 荷蘭：阿母斯特丹(Amsterdam)、鹿特丹(Rotterdam)。

11. 比利時：安特衛普(Antwerp)。

12. 英國：倫敦港(London)、利物浦(Liverpool)、曼徹斯特(Man-chester)、格拉斯哥(Glasgow)。

13. 愛爾蘭：都柏林(Dublin)。

14. 德國：漢堡(Hamburg)。

15. 波蘭：格坦斯克(Gdansk)。

16. 俄羅斯歐洲部分：聖彼得堡(St. Petersburg)、莫曼斯克(Mur-mansk)、敖德薩(Odessa)。

17. 丹麥：哥本哈根(Copenhagen)。

18. 芬蘭：赫爾辛基(Helsinki)。

19. 瑞典：斯德哥爾摩(Stockholm)、哥德堡(Goteborg)。

20. 挪威：奧斯陸(Oslo)。

21. 冰島：雷克雅維克(Reykjavik)。

(三)北美及中美洲地區

1. 加拿大：蒙特利爾(Montreal)、魁北克(Quebec)。

2. 美國：

(1) 西海岸：西雅圖(Seattle)、舊金山(San Francisco)、洛杉磯(Los Angeles)、聖地牙哥(San Diego)。

(2) 東海岸：波士頓(Boston)、紐約(New York)、費城(Philadel-phia)。

(3) 南部墨西哥灣：紐奧爾良(New Orleans)、墨比爾(Mobile)、休斯頓(Houston)。

(4) 其他：檀香山(Honolulu)。

　3. 墨西哥：坦比哥(Tampico)。

(四)南美洲地區

　1. 阿根廷：布宜諾斯・艾利斯(Buenos Aires)。

　2. 巴西：聖多斯(San Tos)、里約熱內盧(Rio De Janeiro)。

　3. 智利：法爾巴拉索(Valparaiso)、科昆波(Coquimbo)。

(五)非洲地區

　1. 北非地中海沿岸：埃及——塞得港(Port Said)、亞歷山大(Alexandria)；摩洛哥——休達(Ceuta)。

　2. 西非大西洋沿岸：摩洛哥——卡薩布蘭加(Casablanca)；塞內加爾——達喀爾(Dakar)。

　3. 東非地區：蘇丹——蘇丹港(Port Sudan)；莫三鼻克——貝伊拉(Beira)。

　4. 南非共和國：德爾班(Durban)、開普敦(Cape Town)。

(六)紐澳地區

　1. 澳洲北部——達爾文(Darwin)；東澳——雪梨(Sydney)、墨爾本(Melbourne)。

　2. 紐西蘭——北島奧克蘭(Auckland)、惠靈頓(Wellington)；南島基督城(Christchurch)。

三、世界主要航線

　(一)北大西洋航線：介於西歐與美國、加拿大之間，因西歐、北美為世界經濟最發皇之區，故其貿易額大，交通亦發達。全球有 1/2 的貨物通過本航線。

　(二)地中海→紅海→印度洋航線：通往遠東及澳洲。

　(三)好望角航線：由西歐經西非、南非好望角，東至澳洲紐西

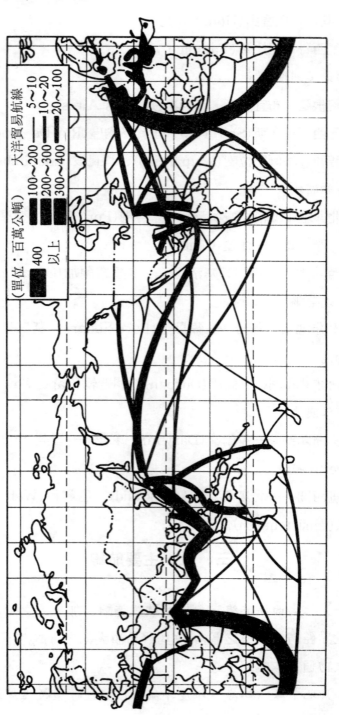

圖 2203   世界海運主要航線

蘭。

（四）南大西洋航線：由歐洲南行至巴西、烏拉圭、阿根廷。

表2202　世界現有船舶數量及噸數

種類＼年度數量	1984		1985		1986	
	數量(艘)	噸　數(百萬噸)	數量(艘)	噸　數(百萬噸)	數量(艘)	噸　數(百萬噸)
油　　　　輪	3,219	291.8	3,230	310.4	2,984	230.6
油 礦 砂 輪	417	54.2	426	55.8	476	58.8
散 裝 貨 輪	3,499	125.8	3,500	136.4	3,467	128.5
貨 櫃 輪	12,961	124.8	1,376	104.0	1,475	124.8
總　　　計	21,770	556.8	22,317	600.0	22,402	680.0

資料來源：Fairplay 1987。

（五）巴拿馬航線：經西印度羣島、通過巴拿馬運河至太平洋，分往夏威夷、澳洲、北美洲西岸及南美西岸。

（六）北太平洋航線：介於遠東國家與北美西海岸之間。

（七）南太平洋航線：分爲二線，一自舊金山至檀香山至遠東各港口另一自舊金山往檀香山、飛枝羣島至紐西蘭及澳洲。

四、國際運河

國際運河中航運最繁，經濟價值最大者，當數蘇伊士運河與巴拿馬運河，其他基爾運河與科林斯運河其航運價值遠不如前二者之盛。

（一）蘇伊士運河：聯絡地中海與紅海，實爲大西洋通往印度洋之捷徑。此運河北起塞得港(Port Said)，南迄蘇伊士港(Port Suez)，

全長 166 公里。此運河原爲法國工程師雷塞浦(F. D. Leseps) 所鑿，1859～1869 年完工，航運大權原操英人之手，1956 年由埃及奪回，此運河可縮短大西洋和印度洋間 5,200 公里之航程。

（二）巴拿馬運河： 由莫斯基圖灣（Mosquito gulf）的克利斯托巴 (Cristobal)，至太平洋巴拿馬的巴波亞港（Balboa），全長81.3公里，可溝通太平洋和大西洋交通，並縮短航程 15,000 公里。

（三）基爾運河：東起基爾灣，西迄易北河止，全長 99 公里，聯絡波羅的海和北海，可縮短航程 500 公里。

（四）科林斯運河：溝通柯林斯灣與愛琴海，全長 6.3 公里，船隻不必繞道摩里亞（Malea）南端，可縮短航程 400 公里。

第三節　世界主要航空站及其他航空站

世界航空服務可分爲二種類型，一種是由航空公司提供契約飛行服務，即由航空公司提供專機或包機爲了特殊目的而服務，如假日載送觀光客或朝聖團；第二種爲正規航線的經營，如中華航空公司分闢國內外航線，飛行固定班次之飛機。大型航空公司均開闢國內航線及國際航線。

一、世界主要航空站

世界主要航空線中，以大西洋航線最爲忙碌，由於兩岸均爲工業發達國家，國民所得甚高，國民旅遊、接洽商務、洽公、探親等，利用航空的機會最多，飛行班次也最多。其次是美國國內航線亦密如蛛

網，一方面由於美國地域遼濶，陸上交通緩不及急，二來美國國民所得較高，乘坐飛機尚不致構成負擔，因此，美國國內航空之盛冠於世界。至於歐洲地區的航空運輸也極發達，其原因與美國類似，而歐洲觀光客爲數在數千萬，乘坐飛機來往於各國之間乃平常之事。因此，世界主要航空站均在歐美二洲，其他地區則屈指可數。

（一）亞洲地區：東京最大，東京有兩個航空站卽成田和羽田二機場，成田爲國際機場，羽田爲國內機場。其他如漢城（金浦機場）、香港（啟德機場）、臺北（中正機場）、新加坡、馬尼拉、上海（虹口機場）、廣州（白雲機場）、北平、武漢、西安、天津、桂林、瀋陽、哈爾濱、曼谷、加爾各答、新德里、孟買、馬尼拉、雅加達、卡達、德黑蘭、巴格達、耶路撒冷、貝魯特、安曼、安卡拉等。

（二）歐洲地區：倫敦、巴黎、法蘭克福是歐洲最繁忙的三大航空站。其他航空站則以莫斯科、華沙、布拉格、布達佩斯、布加勒斯特、貝爾格勒、維也納、羅馬、米蘭、伯恩、蘇黎世、波昂、西柏林、里昂、盧森堡、布盧塞爾、阿母斯特丹、漢堡、赫爾辛基、斯德哥爾摩、哥本哈根、奧斯陸、雷克雅維克等地。

（三）北美洲地區：以紐約和芝加哥二航空站最爲忙碌，其次爲西雅圖、波特蘭、舊金山、洛杉磯、水牛城、匹玆堡、杜魯司、聖路易、達拉斯、休斯頓、鳳凰城、邁阿密等，每一個州政府所在地及工商業中心均爲一航空站。加拿大重要航空站則有渥太華、蒙特利爾、溫哥華。

（四）中南美洲：包括墨西哥、巴西里亞、里約熱內盧、布宜諾斯艾利斯。

（五）非洲地區：包括開羅、喀土木、約翰尼斯堡等。

（六）紐澳及太平洋區：包括檀香山、中途島、雪梨、墨爾本、

惠靈頓等。

二、其他航空站

在人口邊緣地帶，固然在經濟上無甚重要地位，可是因爲位於大圓航線 (Great Circle) 之上，卻成爲航空線上的寵兒，如位於阿拉斯加州的安克拉治，人口僅有十萬，是阿拉斯加首府，由於接近極圈，由歐洲飛往亞洲的越極飛機，均在該地起降，由北美北部來往於東北亞的飛機，也在此地加油。安克拉治卽成爲重要航空中間站。冰島的雷克雅維克亦有同樣地位。太平洋中間的檀香山、中途島、威克島、關島、薩摩亞島等，都是重要航空中繼站。印度洋上的莫里求斯島、大西洋上亞速爾島、百慕達亦爲航空上重要航站，特別對於輕型飛機，中間補充油料、檢查機件成爲飛行安全上所不可或缺的要件。這些次要航空站，其實其重要性並不亞於大型飛航中心。

由於重要航站多數均爲政治及經濟中心，均已見國中地理書中，不再加注英文。

本 章 摘 要

1. 交通運輸的重要性：交通運輸爲實業之母，可促進工商發達、經濟繁榮、文化傳布、政治團結與國防鞏固。

2. 交通運輸的演進及發展趨勢：先陸運而水運再空運。陸上交通公路佔盡優勢，水運亦因核動力商船及專用船舶增多開新紀元；空中交通因廣體客貨飛機的使用，將更好、更快、更安全。

3. 運輸方式：分為鐵路、公路、水運及航空四大項。

4. 鐵路運輸：

   (1) 鐵路運輸的優點——載重大、速度快、操作方便，安全可靠、運費低廉。

   (2) 軌距，標準軌——1.435 公尺，寬軌——1.524 公尺，窄軌——1.067 公尺。

   (3) 世界鐵路分布——歐洲最密、美國最長，世界最長鐵路——蘇俄西伯利亞鐵路。

5. 公路運輸：公路運輸的優點——易修、機動性高、服務到家。缺點——運量小、運費高。世界主要國家公路的分布——美國最長，法國最密。世界最長的公路為泛美公路。

6. 水路運輸：

   (1) 內河航運：良好水道的地理條件——河水深度足夠、河川流向良好，河川流域氣候良好、基本條件好。

   (2) 各洲內河水運概況——歐洲最佳、北美、亞洲尚可，南半球待開發。

7. 海岸運輸：優點——運量大、運費低廉，無遠弗屆。趨勢——客輪沒落，貨櫃輪方興未艾。

8. 航空運輸：優點——快速、穩適、安全。缺點——貨量小、運費貴。

9. 世界主要航空線：大西洋航線、太平洋航線、歐亞航線、北極航線。

10. 世界主要海港及其航線

    (1) 主要海港（略）

    (2) 主要航線——北大西洋航線、地中海 → 紅海 → 印度洋航

　　　　線、好望角航線、南大西洋航線、巴拿馬航線、北太平洋
　　　　航線、南太平洋航線。

11. 世界主要國際運河：蘇伊士運河、巴拿馬運河、基爾運河、科
　　　林斯運河。

12. 世界主要航空站及其他航空站。（略）

習　題

一、填充：

1. 鐵路運輸的特性有五：＿＿＿＿、＿＿＿＿、＿＿＿＿、＿＿＿＿、
＿＿＿＿。

2. 鐵路軌距，標準軌是＿＿＿＿公尺；寬軌是＿＿＿＿公尺；窄軌
是＿＿＿＿公尺。

3. 高速公路的特徵為：＿＿＿＿、＿＿＿＿、＿＿＿＿、＿＿＿＿。

4. 天然河川是否成為良好水道，其基本條件有：＿＿＿＿、
＿＿＿＿、＿＿＿＿、＿＿＿＿。

5. 航空運輸的優點有二：＿＿＿＿、＿＿＿＿。

6. 世界著名的國際運河有：＿＿＿＿、＿＿＿＿、＿＿＿＿、＿＿＿＿。

二、選擇：

（　）1. 世界上鐵路密度最高的國家是：(1)比利時　(2)英國　(3)
美國。

（　）2. 世界上最長的鐵路是：(1)美國東西橫貫鐵路　(2)西伯利
亞鐵路　(3)中國的隴海鐵路。

（　）3. 世界上公路最密的國家是：(1)美國　(2)法國　(3)英國。

（　）4. 世界上航運最發達的河川在歐洲為: (1)萊茵河　(2)易北河　(3)泰晤士河。

（　）5. 中國水運最發達的河川是: (1)黃河　(2)長江　(3)珠江。

（　）6. 世界港口何只數百，吞吐量排名第一的是: (1)紐約　(2)鹿特丹　(3)倫敦。

三、問答:

1. 交通運輸之重要性若何? 其演進及發展趨勢若何?

2. 運輸有那幾種方式? 以何者運量最大?

3. 鐵路運輸有何優缺點?

4. 公路運輸有何優缺點?

5. 優良河川應具備那些地理條件?

6. 海洋運輸有何優缺點? 其趨勢若何?

7. 航空運輸有何優缺點?

8. 世界有那些主要航空及航海線?

9. 世界主要國際運河有那些? 各聯絡那二大水域?

10. 舉出廿個重要海港及十個重要航空站。

第 六 篇

人 口 地 理

第一章　人口數量與分布

　　人是經濟建設的原動力，與自然環境同爲構成經濟地理的兩大要素。人也是所有經濟物品的生產者、交換者和消費者，故人口在經濟地理上占重要地位。

一、世界人口分布

　　根據聯合國在 1996 年所發表的統計，全世界人口爲五十七億七千二百萬，目前世界人口增加率約爲 1.8%，如以此速度增加，則世界人口每 35 年增加一倍。即在本世紀末，世界人口將達七十億人。在 1996 年全世界 57.72 億人口中，亞洲佔 34.3 億；歐洲（包括俄國）爲 8.0 億；北美 2.9 億；南美 4.9 億；非洲 7.3 億；大洋洲及澳洲 0.3 億。

　　世界人口的分佈極不平均，乃是人與地理環境互動的結果，人雖爲改造環境的動力，但也受到環境的自然條件限制。以下先以限制人口成長的自然條件來說明人口稀疏區的形成，再說明人口稠密區的實況。

　　(一)漠地：水爲人類生活的必需品，也是動植物成長的必需品。漠地缺乏水的資源，因而人口稀少乃理所當然，所以世界上年雨量在 200 公厘以下的地區，都人煙稀少，如北非撒哈拉、阿拉伯、中亞地區、中國的蒙新地區、澳洲中西部、西南非洲等。

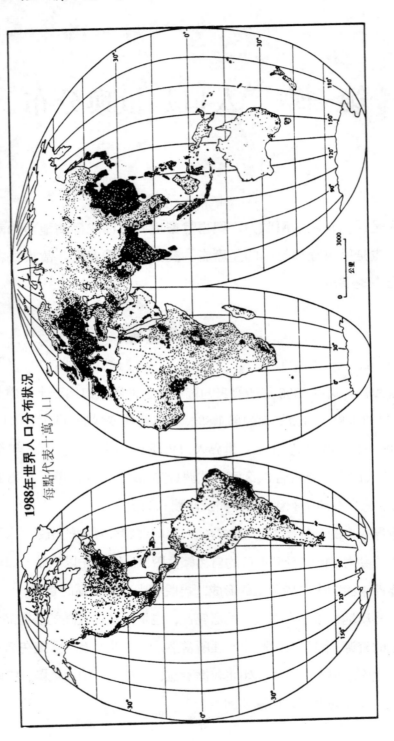

圖 2301　世界人口分布圖

(二)寒冷地：寒冷之限制人口成長的原因並非直接來自溫度，而是由於寒冷地區最暖月平均溫都在 20℃以下，生長季極短，無法提供食物來支持人口成長，廣大的西伯利亞、加拿大北部及阿拉斯加、與整個南極大陸都人口稀少。

(三)高聳地：世界上的高山高原如洛磯山、安迪斯山、阿爾卑斯山、及中國青康藏高原與臺灣中央山區，地勢崎嶇、交通不便、加上低溫，也不宜人口成長。然而東非高原因位於赤道、氣溫上等於溫帶，反而人口稠密。而安迪斯山上的古印加帝國，亦以同理而成為古文化人口中心。

(四)熱帶雨林區：南美洲的亞馬遜河流域及非洲的剛果河流域，地勢低平、雨量豐富、及全年高溫卻因生長力的旺盛而為茂密的熱帶雨林所覆蓋、使人類開發力量相對的削弱、故原住民文化落後、人口稀少。但如經開發如爪哇、新加坡及西非沿岸，則可供養大量人口。

(五)除了上述限制人口成長的地理條件外的地區，即溫帶平原區，就是世界人口稠密區，其中以中國為典型的古農文化區，現有人口達十二億，印度次大陸雖屬副熱帶，亦為古農文化中心，今印度（九億五千萬）、巴基斯坦（一億三千萬）及孟加拉（一億二千萬）亦共有人口十二億。印尼有二億人口，東南亞的馬、泰、越、棉、寮及菲律賓，亦共有二億四千萬人口，乃季風古農區，而東北亞的韓國（南韓四千五百萬、北韓二千四百萬）及日本（一億三千萬），原亦為古農文化區，近年工商業發達。

(六)美國東北部及西海岸為新大陸移民區，以歐洲人後裔為主，工商業發達為人口稠密的重要因素，美國在 1996 年的總人口為二億六千五百萬，其中 85%以上集中在上述兩地區，加拿大人口僅有二千九百萬，但卻集中在較溫暖的溫哥華及多倫多地區。

(七)歐洲原為古農牧及工商文化區，在古羅馬時代，沿地中海地區已有人口五千萬，但文藝復興時代之後，工業革命及民主國家的興起，西歐

人口成長速度最快，雖然大量人口向美澳非等新大陸移民，現仍有人口八億。

至於歐洲及歐洲人定居的地區，人口成長率爲何增加如此之速？關於這一問題，我們可以由近三百年來這些地區在技術、經濟及社會方面的發展情形獲得答案。人口成長率的加速，可能是受到許多技術的、經濟的及社會的變革的影響，這些變革可總稱爲「農業革命」、「技術革命」、「商業革命」及「工業革命」，而以「科學革命」爲變革的最高峰。由於這些進步所導致的生活方式和社會秩序上的巨大變化，又產生了「人口革命」(demographic revolution)。更明確一點說，因爲這些變革的綜合影響，使得死亡率空前的急劇下降，平均壽命大爲增加，從而人口成長率也加速上升。

歐洲及歐洲人所定居的地區，人口成長率其所以加速增加，固與出生率的某種變動有關，但很明顯的，其最主要的原因還是死亡率的下降。構成死亡率下降的原因有三：第一、由於技術的進步，生產力的提高，以及由於比較強有力的、和穩定的中央政府的出現，獲致了較長時期的和平，使得生活水準普遍提高；第二、環境衛生和個人衛生的改善：在十九世紀期間，在食物、飲水和個人清潔方面都有很大的進步，這些進步對於寄生性和傳染性疾病的消除，有很大的貢獻。第三、現代醫藥所作的巨大貢獻，此種貢獻由於最近化學醫療法和殺蟲劑的進步而日益擴大。

二、人口密度的表示方法

（一）**數學密度**：以一地區總面積除總人口：如民國 82 年 3 月分，臺灣地區總人口爲 2,088 萬人，以 35,981 方公里除之，其人口數學密度爲 579 人。其密度居世界第二，僅次於孟加拉國。

　　（二）農業人口密度：以可耕地面積除該地農業人口。中國可耕地面積僅一億四千餘公頃，農業人口約八億，即平均四至五個農業人口賴一公頃土地生存，與美國一個農業人口可有 18 公頃的土地，相差達七十八倍。

　　（三）生存密度：又稱之為經濟密度，是以一地已耕地面積除該地人口總數，如臺灣地區已耕地面積為 86 萬公頃，人口為2,088萬，生存密度已達二千四百二十七人以上。

　　（四）城鄉人口比率：城市人口與鄉村人口占總人口的百分比。雖不是純粹的人口密度，但可以表示出一國或一地區經濟基礎的所在。如英國工商業發達，城市人口占88%，中國以農立國，農村人口占 80%，日本工商發達，1990 年城市人口占 88%，鄉村人口僅占12%。臺灣地區工商業亦甚發達，民國八十一年，農村人口僅占 14%，至民國八十五年，可降為12%，可以與英、日二國類似。

三、世界人口的變動

　　世界人口的大量增加，乃是近百年之事，當西元一世紀，世界人口可能只有二億五千萬人，一千年後，也不到五億，1650 年為六億，1800 年為十億，1900 年則為十五億，自此以後，世界人口即作大幅度的增加，至 1960 年，即達三十億，至 1987 年底，打破五十億大關，至 2000 年底全世界人口達七十億以上。

　　世界人口迅速增加的原因：

　　（一）衛生的進步：公共衛生的進步、傳染病的預防、醫藥衛生的進步、兒童保健的注意，都使人類的死亡率大為降低，平均壽命增加。如臺灣地區死亡率由民國 36 年的 18.15‰。降至民國六十六年

的 16‰，迄民國 71 年，更降爲 3.02‰，平均壽命，民國 36 年爲 51
歲，民國八十一年男性 72.2 歲，女性 77.5 歲。

　　(二)糧食的增加：由於大規模開墾溫帶和熱帶茂草原，灌漑事
業的發展，化學肥料的使用，農業品種的改良，使世界耕地面積擴
大，且使單位面積的生產量增加，致使世界飢荒減少，人類營養充
足，人口迅速增加。

　　(三)戰爭減少：由於各國推行民主制度，各國的內戰與種族之
間的戰爭減少。尤其是第二次大戰後，近四十年當中，僅有幾場局部
戰爭，人類因戰爭死亡的數目不大。長期的和平時期，人民有休養生
息的機會，人口自然迅速增加。

　　(四)交通工具的改善：災荒或瘟疫發生的地區，獲得外界的支
援，不易造成大量的人口的死亡。交通工具的進步，促進國際貿易，
減少各地人口生活資料的缺乏，人口亦因而增加。

第二章　人口的移動

人口增加是人口數量的變動，人口移動是人口地區的變動。

一、人口移動的原因

（一）天災：人口密集區一旦發生天災，如旱災、水災、蟲災等，人民無以維生，即發生逃荒行動。如我國黃淮平原人民移入東北。九世紀北歐維京（Vikings）民族南侵，據考證是因爲北歐斯堪的那維亞地區變冷，糧食歉收，漁產量大減。

（二）人禍：人爲的災禍，人民不得安居樂業，乃鋌而走險，找出一條生路。如共產鐵幕內的人民逃避迫害而投奔自由，阿富汗人民逃避戰爭而投奔巴基斯坦等。

（三）政治：在國內受到政治上的壓迫，此種情形不唯在共產國家有之，一些漠視人權的國家亦不乏先例。如猶太人在各國遭受歧視，猶太人復國，號召世界各地猶太人重返以色列。

（四）宗教：宗教不同，被迫害的一方常會移出，另找棲身之地。歐洲中世紀的宗教戰爭，迫使新教徒移往新大陸。印度和巴基斯坦分裂，印、巴兩國大批交換移民，信仰回教的移往巴基斯坦，信仰印度教的移往印度。

（五）經濟：當地人口很多，居民謀生不易，向人力不足之地移動，如我國閩、粵人民移往南洋，義大利人移往南北美洲，愛爾蘭人移往美國等。

二、人口移動的方式

人口移動的方式很多，如以區域劃分，可分爲二類：

（一）國內移民：卽國民在國境以內移動。

1．鄉村人口移向都市：由於工業化的結果，世界各國都發生此一共同現象。1920 年以前，世界上人口超過百萬的大都市只有巴黎和倫敦，迄 1991 年止，全世界百萬人都市超過 250 個。臺灣光復初期，臺北市人口僅 30 萬，民國 82 年 3 月，人口已超過 290 萬。

2．內地移往邊區：民國以後，我國華北人民移往東北。近年以來，中國大陸內地人口紛紛流向沿海城市尋找工作，巴西將沿海地區人口移往巴西高原，臺灣地區也有產業東移之議以帶動西部人口往東部移動等。

3．其他：包括由都市移往鄉村，如高棉共產政權，強迫金邊市民移往邊區叢林地帶以消滅大量人口；由邊區移往內地，如中共曾在文化革命後鼓勵青年移往邊區，山地青年進入都市討生活等。

（二）國外移民：卽由國內移至國外，又可分爲：

1．暫時性移動：如東南亞各國人民赴中東及臺港或日本工作，俟合約期滿，卽行返國，少數亦會逾期居留。我國技術人員在國外工作的人數亦達數萬人，合約期滿卽行返國，此皆稱之爲暫時性的移動。

2．永久性的移民：如歐洲人移往新大陸，亞洲人移往美洲。移民路線如圖 2302 所示。

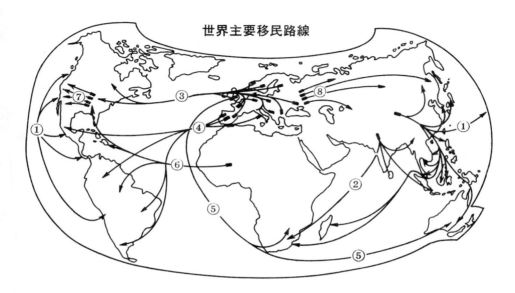

世界主要移民路線

世界主要移民路線

　1. 中國移民

　2. 印度移民

　3. 歐洲人移殖北美

　4. 南歐人移殖拉丁美洲

　5. 英人移殖南非和澳紐

　6. 非洲黑奴運至美洲

　7. 北美殖民西移

　8. 俄人向東殖民

圖 2302

第三章　國民經濟與人口問題

一、人和地的關係

　　人為地球表面生物中的主角，其在地球上出現的時間雖晚，卻能後來居上，貴為萬物之靈，而地理學為討論空間分布及其差異的科學，人在地表空間的分布自然是討論主題之一。

　　今日地表人口的分布，疏密十分懸殊，有渺無人煙的沙漠，也有人口密集的國際都市，其中原因自與地理環境的優劣有關。人不能離地而生存，地有賴於人類的開發和建設，才能地盡其利以改變地理景觀。凡此地理開發以增地利之事例不勝枚舉，由此可見，人和地的關係十分密切，「有人斯有土，有土斯有財，有財斯有用」，是最好的人地關係的說明。

二、自然環境對人口分布的影響

　　雖然全球人口已達54億，可是仍有廣大的地區因受自然環境的限制而渺無人煙，故我們通常將地表有人居住和活動的地區，稱為「人境」；而將人跡罕至，無人定居的地方，稱之為「無人境」，一般說來，有四種地區因自然環境惡劣而人口稀少：即赤道雨林、沙漠地

帶、兩極地帶以及高山地區。世界人口密集區均集中於北半球中緯度地區，尤以季風亞洲及歐洲區人口，占了全球 80%。

三、國民所得與國民經濟

(一)國民生產毛額(gross national product, GNP)：一國或經濟社會(economic society)在一段時間內，全部生產的最終財貨與勞務的市場總價值，包括本國居民在國外生產的，不包括外國居民在本國所生產的財貨與勞務。

表 2301 世界各主要國家（地區）平均每人國民生產毛額(1996)

單位：美元

年別	中華民國	美 國	日 本	德 國	法 國	英 國	加拿大	韓 國	新加坡	香 港	中國大陸
70 年	2,669	13,324	9,920	11,048	10,783	9,216	11,811	1,727	5,469	5,627	—
71 年	2,653	13,696	9,172	10,624	10,133	8,720	11,930	1,815	6,012	5,432	—
72 年	2,823	14,659	9,954	10,646	9,577	8,273	12,900	1,944	6,921	4,959	288
73 年	3,167	16,083	10,555	10,064	9,034	7,815	13,330	2,152	7,563	5,871	299
74 年	3,297	16,997	11,155	10,157	9,430	8,234	13,496	2,233	7,161	6,126	291
75 年	3,993	17,774	16,404	14,532	13,171	10,066	13,890	2,560	7,024	7,258	277
76 年	5,298	18,714	19,847	18,128	15,923	12,297	15,753	3,209	7,859	8,879	296
77 年	6,379	20,029	23,786	19,432	17,134	14,835	18,414	4,279	9,737	10,355	364
78 年	7,626	21,219	23,493	19,087	17,090	14,852	20,254	5,199	11,491	11,801	401
79 年	8,111	22,106	23,898	23,739	20,887	17,110	20,817	5,875	13,871	13,091	342
80 年	8,982	22,709	27,226	21,500	20,933	17,591	20,319	6,752	15,789	14,929	354
81 年	10,470	23,592	29,686	24,443	22,895	18,289	19,378	7,004	17,818	17,324	415
82 年	10,852	24,591	33,928	23,503	21,525	16,329	18,451	7,508	20,072	19,600	509
83 年	11,597	26,557	37,048	25,132	22,788	17,750	18,029	8,506	23,435	21,680	453
84 年	12,396	27,516	…	29,570	…	19,026	18,452	10,071	…	23,207	569

附註：1.德國、香港為平均每人國內生產毛額。
　　　 2.79 年以前德國資料僅指西德。資料來源：中華民國統計月報（85 年 11 月。）

表 2302　各國人口密度(1995)

(每平方哩計)

洲　別	國　　　別	密　度	洲　別	國　　　別	密　度
亞洲	寮　　　國	54	美洲	加　拿　大	7
	伊　　　朗	105		巴　　　西	49
	我國大陸地區	327		美　　　國	75
	以　色　列	688		古　　　巴	256
	印　　　度	779		薩　爾　瓦　多	718
	日　　　本	860	非洲	查　　　德	14
	南　　　韓	1,185		薩　　　伊	51
	我國臺灣地區	1,537		南　　　非	89
	孟　加　拉	2,160		埃　　　及	165
	印　　　尼	279		蒲　隆　地	553
歐洲	芬　　　蘭	39		盧　安　達	674
	西　班　牙	201	大洋洲	澳　　　洲	6.0
	法　　　國	276		紐　西　蘭	34
	波　　　蘭	320	俄　　　國		23
	義　大　利	494			
	英　　　國	621			
	德　　　國	606			
	荷　　　蘭	971			

資料來源：World Almanac 1997

表 2303　　我國重要經濟指標

項　　　目	單　　　　位	年		份	
		78	79	80	89
經濟成長率	%	7.33	6.5	7.24	6.5
國內需求占 GNP 比率	%	89.9	89.4	88.5	
國外淨需求與所得占 GNP 比率	%	10.1	10.4	9.8	
每人國民生產毛額	當年幣值美元	6,715	7,954	8,788	13,400
消費者物價上漲率	%	3.0	3.5	4.1	3.5

資料來源：行政院經建會。

89年欄中數字係78至89年平均值，以78年為基數。

表 2304　　我國國民福祉重要指標

項　　　目	單　　　　位	年		份	
		78	79	80	89
年中總人口	千人	19,999	20,360	20,560	22,658
就業人數	千人	8,275	8,280	8,439	9,893
失業率	%	1.7	1.37	1.51	3.0
製造業員工平均月薪	元	18,500	22,287	24,695	―
落塵量	（噸／平方公里／月）	8.2	8.4	7.9	7.5
自來水普及率	%	83.6	84.1	86.2	86.5
每人居住面積	平方公尺	22.3	22.5	23.1	25.0
每人每日消耗熱量	卡	2,765	2,770	2,785	2,807
每人每日攝取蛋白質	公克	78.9	78.6	78.8	84.8
汽車	輛／百人	11.1	11.4	12.0	20.0
社會保險投保率	%	43.3	44.8	45.2	100
在學率	%	26.1	26.4	26.2	25.0
訂閱書報份數	份數／萬人	27.6	28.1	29.2	71.5
旅遊活動	每人每年次數	3.3	3.4	3.6	4.8

資料來源：行政院經建會。

（二）人口職業的分級：人口的成分有各種分法，過去以城市人口和鄉村人口來區分。現在已不符需要。也有依職業來區分的，大致尚能表現出人口特性，一般均採用之。可分爲三級：

1. 第一級：包括從事原料生產的農民、漁民和礦工，而以農民爲主幹。

2. 第二級：包括從事原料加工的各種工業員工，而以工人爲主幹。

3. 第三級：包括從事運輸、貿易之公司行號員工和各級公務人員。

以上三級人口比例之不同，可以顯示一國經濟開發的程度，凡第一級職業人口占絕對多數的國家，表示一國尚屬原料生產國家或農業經濟國家。生產力差，國內經濟潛力尚待開發，故被列爲經濟落後國家；若國內已有相當的製造業，但第一級職業的人口仍占半數左右，除原料生產外，其他經濟潛力已在開發中，故被稱爲開發中國家；若一國第三級職業的人口數占就業人口的半數以上，第一級職業人口所占最少，此類國家的經濟資源已大量開發，國家經濟力強大，則被稱爲高度開發國家。

（三）各國人口職業的統計：世界各國經濟發展快慢不一，若一國工業尚未發達，經濟基礎主要建立在農業上，第一級人口最多，則是農業經濟國家。而在工業發達國家第二級及第三級人口最多，第一級人口卻降至最少，可說是經濟進步國家，各國三種職業人口的比例，足以說明各國經濟發展的程度。

由下表可以看出，美、加、澳、日、英、法、義、西德等國均爲經濟進步國家，蘇俄在重工業及國防工業雖稱發達，但第一級人口仍占總人口數36.5%，足見其國內經濟尚未完全開發。我中華民國臺灣

表 2305 　世界各主要國家職業人口組成比例(1995)

國　　　　家	人口總數(萬)	職業人口總數(萬)	第一級職業 %	第二級職業 %	第三級職業 %
美　　　國	26,556	11,148	5.0	31.0	64.0
加　拿　大	2,882	980	8.0	19.0	73.0
巴　　　西	16,266	4,066	31.0	27.0	42.0
澳　　　洲	1,826	584	6.0	36.0	58.0
俄　　　國	14,818	7,531	38.0	36.0	26.0
日　　　本	12,545	6,524	10.0	33.0	57.0
印　　　度	95,211	21,392	65.0	15.0	20.0
英　　　國	5,849	2,810	9.0	28.0	63.0
法　　　國	5,804	2,519	7.0	31.0	62.0
義　大　利	5,746	3,203	10.0	32.0	58.0
德　　　國	8,354	4,052	6.0	41.0	53.0
中華民國臺灣地區	2,147	873	16.0	53.0	31.0

資料來源: 行政院主計處。

地區，民國八十年第一級人口僅爲 13%，第二級人口已達 42%，第三級人口亦達45%，足證我國已由農業經濟進入工商業經濟，與美、加等國家已十分接近。在亞洲國家中，除了日本、新加坡之外，要數中華民國工商業最爲進步了。

本 篇 摘 要

1. 人口數量與分布: 全球人口共 57.72 億，亞洲佔 34.3 億。
2. 三大密集區——亞洲季風區佔50%，歐洲佔14%；北美8%。

3. 七大空疏區——中亞、 歐亞北部、 北美北部、 南極、 南美中部、 澳洲中部、非洲西南。

4. 人口密度的表示方法：數學密度、農業人口密度、生存密度、城鄉人口比率。

5. 世界人口增加的原因：衛生進步、糧食增加、戰爭減少、交通工具改善。

6. 人口移動的原因：天災、人禍、政治、宗教、經濟。

7. 人口移動的方式： 國內移民——鄉村移往城市、 內地移往邊疆。國外移民——暫時性與永久性移民。

8. 國民經濟和人口問題——人地關係、 自然和人口分布、 國民所得與國民經濟。

9. 人口職業分級：第一級原料生產，第二級製造業人員，第三級服務業人員。

習　　　題

一、填充:

1. 世界 57.72 億人口中，亞洲佔 _____ ％。歐洲佔 _____ ％。

2. 世界人口三大密集區為: _____ 、 _____ 、 _____ 。

3. 以一地區總面積除總人口是為 _____ ，以可耕耕地面積除農業人口是為 _____ ，以可耕地面積除人口總數是為 _____ 。

4. 世界人口迅速增加的原因為: _____ 、 _____ 、 _____ 、 _____ 。

5. 人口移動的原因有五: 卽 _____ 、 _____ 、 _____ 、 _____ 、 _____ 。

　　6.一國全年總收入除以人口總數即為＿＿＿＿。

二、選擇:

（　）1.下列三國，國民平均壽命何國為高? (1)日本　(2)中國 (3)美國。

（　）2.猶太人在戰後復國,世界各地猶太人紛紛返回以色列,此 為何種因素? (1)人為因素　(2)政治因素　(3)宗教因素。

（　）3.臺灣人口向都市集中，此種移動是屬於: (1)國內移民 (2)國外移民　(3)二者皆非。

（　）4.世界人口密度最高的國家是: (1)孟加拉　(2)印度　(3)臺 灣地區。

（　）5.世界上第一級人口多的國家必為: (1)工業國　(2)農業國 (3)皆有可能。

（　）6.下列三國，何國城市人口最高? (1)美國　(2)英國　(3)日 本。

三、問答:

1.世界人口分布情形若何? 三大密集區及七大空疏區各位於何 地?

2.解釋下列各詞: 數學密度　　農業人口密度　　生存密度

3.世界人口增加的原因若何?

4.人口的移動的原因若何?

5.人口移動的方式有那二種? 其意義若何?

6.略述人地之間有何重要關係?

7.自然環境對人口分布有何影響?

8. 解釋下列各詞:

　　①國民所得　　②低度開發國家　　③人境與無人境

9. 依職業分，可將人口分為那幾級？

10. 人口分級其百分比是在說明些什麼？

11. 中華民國臺灣地區在經濟開發方面應屬於那一類國家？